公元787年，唐封疆大吏马总集诸子精华，编著成《意林》一书6卷，流传至今
意林：始于公元787年，距今1200余年

一则故事　改变一生

意林青年励志馆

总有一些温暖，暖了你整个青春

《意林》图书部 编

吉林摄影出版社
·长春·

图书在版编目（CIP）数据

总有一些温暖，暖了你整个青春 /《意林》图书部编. — 长春：吉林摄影出版社，2025.5.
— （意林青年励志馆）. — ISBN 978-7-5498-6614-4

Ⅰ. B821-49

中国国家版本馆CIP数据核字第2025SF2620号

总有一些温暖，暖了你整个青春
ZONG YOU YIXIE WENNUAN, NUAN LE NI ZHENGGE QINGCHUN

出 版 人	车　强
出 品 人	杜普洲
责任编辑	吴　晶
总 策 划	徐　晶
策划编辑	王征彬
封面设计	资　源
封面供图	林　田
美术编辑	刘海燕
开　　本	889mm×1194mm 1/16
字　　数	350千字
印　　张	11
版　　次	2025年5月第1版
印　　次	2025年5月第1次印刷

出　　版	吉林摄影出版社
发　　行	吉林摄影出版社
地　　址	长春市净月高新技术开发区福祉大路5788号
	邮　编：130118
电　　话	总编办：0431-81629821
	发行科：0431-81629829
经　　销	全国各地新华书店
印　　刷	天津中印联印务有限公司

书　号	ISBN 978-7-5498-6614-4	定价　36.00元

启　事

本书编选时参阅了部分报刊和著作，我们未能与部分作品的文字作者、漫画作者以及插画作者取得联系，在此深表歉意。请各位作者见到本书后及时与我们联系，以便按国家相关规定支付稿酬及赠送样书。

地址：北京市朝阳区南磨房路37号华腾北塘商务大厦1501室《意林》图书部（100022）

电话：010-51908630转8013

版权所有　翻印必究

（如发现印装质量问题，请与承印厂联系退换）

目 录
CONTENTS

1. 虽然两手空空，但你可以打败风

属于自己的一生　李　蕾　002

徐霞客的旅费　马庆民　003

小飞侠的馈赠　沈东子　004

时间的突围　朱良志　005

当一条裙子扇动翅膀　李　子　006

30亿次心跳　[美]肖恩·卡罗尔　译/方　弦　007

先别慌，还可以补救　管洪芬　008

在秋天想起种子　高明昌　009

不用怕，我一直在　李　清　艾　苓　010

没有什么能伤害你　于轶群　011

丘处机之功　米　舒　012

妙悟的瞬间　张之陌　013

地平线　舒　州　014

亦是繁花　庆　山　014

晒　书　戴建业　015

善良就是在表明立场　[意大利]皮耶罗·费鲁奇　译/聂传炎　015

船上的杜甫　徐海蛟　016

低　眉　Ida爱尔兰　017

香农：头号玩家　尼　克　018

这就够了　张宗子　019

爱达，诗意的科学家　尼　克　020

纠偏能力　晨　曦　021

珍贵的同伴　[荷兰]桑德尔·拜斯　译/贺海燕　022

1

2. 何不远行，见山见海见世界的美与惊奇

几乎错过的美妙时光　[美]阿莱萨·林德斯佳　译/赵　宏　024

眼　睛　[挪威]卡尔·奥韦·克瑙斯高　译/沈赟璐　025

还有什么有意思的事情吗　流　泱　026

万物的名字　石　帆　027

迷失在树影里　章铜胜　028

不知道的力量　每晚CC　029

世界永不眠　[美]娜塔莉·隆佩拉　译/安吉拉　030

树的模样　[英]弗吉尼亚·伍尔夫　译/何　蕊　030

松涛阵阵　朱良志　031

蔓与攀缘　李雪涛　031

跟着兔子踪迹，踏上罗马古道　[英]罗伯特·麦克法伦　译/杭　海　032

与鸟对话　张奇斌　033

我们很难知道自己想要什么　编译/陈　影　隋莹莹　034

新绿之山　[日]松下幸之助　译/胡晓丁　035

唐诗里的少年精神与盛世气象　程郁缀　036

月光之盏　王志国　037

奏折上的"天气晚报"　梦　缘　038

谷　仓　陆　苏　039

诗人与驴　曹亚瑟　040

风过山林　詹文哥　041

大雪落满宋，灯火不成眠　清雅若诗　042

人在一滴水中　[英]凯莱布·沙夫　译/高　妍　043

金鸡纳霜改写历史　阿　宝　044

人是一种美好的动物　熊培云　045

都市听风　[英]特里斯坦·古利　译/周颖琪　046

美人脸上的"虫语"　张月悦　047

下落小猫：一个令科学家欲罢不能的谜题　孙　欣　048

热带雨林的德行　黄　梵　049

听　雪　张祚浩　050

经　霜　马　浩　050

3. 有什么需要明天做，就从现在开始吧

人性的故事　周国平　052

敬畏一粒米　林文钦　053

明亮而温暖的卡夫卡时刻　黄雪媛　054

"钓"成艺术家　解飞扬　055

法国同屋　程玮　056

铆钉寓言　胡泳　057

阅读是同万物的友谊　丛子钰　058

你HALT了吗　[美]萨姆·本内特　译/徐思思　059

叠加你的技能　[英]彼得·霍林斯　译/多宝　060

美好着就行了　刘炜　061

敢于蜕掉"旧皮肤"　[美]奥赞·瓦罗尔　译/苏西　062

遗忘的意义　罗新　063

那些发生在同一个时代的事儿　馒头大师　064

班固的失误　祁文斌　065

朋友圈　朱光潜　066

遥远的北极　[法]奥利弗·拉雷　译/冯艺洋　067

插板的响声　王厚明　068

没有多余的步骤　编译/乔凯凯　069

他对生活撒了一点儿谎　查非　070

当哀愁遇上艺术　[英]阿兰·德波顿　译/陈信宏　071

用"自黑"去化解完美困局　陈艳涛　072

"觅之"的气度　蓬山　073

起身散个步　[英]布鲁斯·戴斯利　译/尘间　074

亚特兰蒂斯的水手　杨无锐　075

从午夜到拂晓的灯光　听月生　076

用一生的时间看天　李元胜　077

晏子的改变　姚秦川　078

4. 不必才华横溢，但要试着改变固有认知

断章取义的代价　[美]奥赞·瓦罗尔　译/苏　西　080

两则传说　王鼎钧　081

你真的被低估了吗　吴嘉欣　082

麻烦的乐趣　[日]松浦弥太郎　译/张富玲　083

灯塔、猫和鸟　郁喆隽　084

镇定自若　戴建业　085

人类认知的陷阱　[美]托马斯·基达　译/慕　兰　086

当苏轼遭遇"塑料友情"　姚秦川　087

布莱恩的礼物　[美]科林·塞尔　译/张春波　088

少即是多　薄世宁　089

食盐掀翻了大唐　雷　音　090

把自己当外人　陈禹安　091

马克·吐温的"警示性遗产"　武宝生　092

紫色的鸟鸣　周毓之　093

"时光飞逝"是怎么一回事　彭　薇　094

有效花钱　吴　军　095

妙答与巧辩　刘金祥　096

被区分出来的角马　[加拿大]乔丹·彼得森　译/史秀雄　097

守门小吏，拒绝皇帝　姚　望　098

"秋花不落"的偏见　栗正民　099

梦想也需有尽头　清风慕竹　100

应　该　韩铁铮　101

一只猫的生活与哲学观　[法]依波利特·阿道尔夫·丹纳　译/莫　昕　102

井蛙共振　蓬　山　103

神秘的冰激凌　岑　嵘　104

一说便俗　徐　可　105

周公与太公谁更厉害　王兆贵　106

摆脱事件之链　骆玉明　107

恶不去善　叶春雷　108

5. 别怕走更远的路，重要的是去处和归途

瓦匠生活　戚　舟　110

三招化解人际冲突　陈天洋　111

如果摘下了月亮　赖春蕾　112

不必共进退　祁文斌　113

鱼羹饭与饱菜羹　霖同学　114

你就是那个陌生人　[英]柏瑞尔·马卡姆　译/陶立夏　115

父亲的菜园　毛西牧　116

遇到困境，大力开门　[美]盖伊·温奇　译/佚　名　117

渔人的脚步　刘益鸿　118

有这样一些孩子和大人　童　子　119

一双靴子　查　辛　120

一生何求　毕啸南　121

巴尔扎克的咖啡壶　张　生　122

在一朵雪花上轮回　许俊文　123

大多数的焦虑，来自"更好"二字　若　杉　124

天空是被打捞起的海　楚青梣　125

蕉鹿之梦的故事　黎　荔　126

荒　野　[英]罗伯特·麦克法伦　译/王如菲　127

两个"问题少年"的命运　孙卫卫　128

大道无术　王　蒙　129

新的独立　张　丰　130

笔墨童年　余秋雨　131

爷爷的麦子　爱　晴　132

蚊子如何变大象

　　[德]恩斯特弗里德·哈尼希　爱娃·温德勒　译/杨　丽　李　鸥　133

研究宇宙的他，爱上孔子　焦维新　134

有漫长的冬天是一件好事　[日]星野道夫　译/蔡昭仪　135

树纹、裂痕与生命　许艺菲　136

批　评　傅　聪　137

麦田里　余　华　138

6. 这个世界上，其实一直有人在默默念着你

背起旷野的男人　闫　佳　140

小世界　倮　倮　141

母亲的谚语　张眉平　142

念　想　周春梅　143

黑夜的火车　李朝德　144

种树的意义　林　深　145

鱼骨非骨　胡　烟　146

诞　生　朱胜国　147

灵魂画手列宾和他的模特托尔斯泰　蒯乐昊　148

你怎么不来接我　刘国瑞　149

珍惜"家"的理由　马家辉　150

送　别　陆庆屹　151

莴　苣　一　行　151

当浪漫停驻于日常　程　璧　152

缓慢之物　秦立彦　153

孤独者的自由　冯骥才　154

幸福的能力　吴伯凡　155

在晓色里远行　章铜胜　156

父亲只认识我的名字　冯海鹏　157

自深深处　扶　南　158

最温柔的收藏　马　俊　159

童年的"蔬菜盲盒"　袁晓露　160

我们把月亮弄丢了　舒丹丹　161

灯笼袖，长啊长　桑　枫　162

风声呜咽　[新西兰]珍妮特·弗雷姆　译/吴文权　163

狄仁杰：我不是"神探"　黄　琦　164

与风为友　[美]拜伦·凯蒂　译/周玲莹　165

海　边　刘　君　166

牡蛎与海龟　谢尚江　167

①

虽然两手空空,
但你可以打败风

属于自己的一生

□李 蕾

《漫长的余生》是北京大学历史系教授罗新的名作，其中所涉及的历史，要从考古发现说起。

20世纪20年代，有一方墓志在洛阳城出土，它的主人是北魏时期的一位尼姑，名叫慈庆，享年86岁。令人惊讶的是，这位尼姑的墓志是由北魏孝明帝亲自下令，由中书舍人常景撰写的，规格极高。而且在慈庆病危时，孝明帝曾亲自到寺庙探望她，并陪伴了她整整一天。

这位名叫慈庆的尼姑究竟是什么身份呢？她为什么会被皇帝如此厚待？罗新教授意识到，这方墓志背后可能隐藏着一个值得深挖的故事。他几次把这个故事当作讲座的主题去讨论，但等真的鼓起勇气动笔，已是2020年的春天了。用罗新教授的话说，"拖拖拉拉，《漫长的余生》演化成了漫长的写作"。

罗新教授的这本书讲述了慈庆漫长而跌宕的一生。根据墓志记载，慈庆出家之前只是北魏皇宫里的一名普通宫女，她的俗家姓名是王钟儿。王钟儿出身于南朝刘宋的中下层官僚家庭，后来因战争被掳掠到北方，进入平城宫做了宫女。那一年王钟儿已经30岁，对她来说，人生在这一年发生了惊天巨变，正常的生命轨迹骤然休止，剩下的只有暗黑无边的漫长余生。

王钟儿在北魏皇宫里生活了56年，侍奉北魏孝文帝的嫔妃高氏10多年，照料高氏的两个儿子、一个女儿长大——其中就包括宣武帝元恪。高氏与王钟儿之间建立了深厚的感情，但因为宫廷争斗，王钟儿只能眼睁睁地看着高氏死于横祸，自己也被迫出家。宣武帝元恪继位之后，慈庆帮着他照料怀孕的嫔妃胡氏，让皇子元诩顺利诞生。元诩就是后来的北魏孝明帝，正是这位皇帝下诏为慈庆书写并刻了墓志。

透过王钟儿的眼睛，我们看到了献文帝、孝文帝、宣武帝、孝明帝，看到了与王钟儿有关的80多年的北魏历史，也看到了很多被时代的惊涛骇浪席卷的人。大家是不是也被吓了一跳，这个普通的宫女怎么会和这么多事扯到一起？

罗新教授下决心写她，是因为大部分的历史书籍记载的都是大人物。他说："我们关注遥远时代的普通人，是因为他们是真实历史的一部分。没有他们，历史就不完整、不真切。"

每个还没有被写下的故事，都在等待一个时机。上至太后、皇帝、大臣，下到兵卒、商贩、奴仆，每一个人都有自己的故事，每个故事都有开始、有结束。但历史不同，历史是海洋，没有起点，也没有终点。你只有回头看时才看得清历史，可是历史中的人已经走完了他们的一生。

王钟儿只是历史长河中一个小小的角色。我们不知道弥留之际王钟儿是否会想到争斗重重的后宫岁月，是否会忆起在她膝下牙牙学语的那些小孩子。王钟儿的故事就这么结束了，但历史会一直向前。

这是一本很特殊的书。我们习惯了用王侯将相的生平来推进历史的进程，往往会忘记那些卑微的小人物。也许世界的确是围绕着大人物转动的，但这并不妨碍每一个小人物都可以拥有属于自己的一生。

徐霞客的旅费

□ 马庆民

徐霞客可以说是中国历史上最出名的"驴友"。他不仅爱旅行，花30多年时间遍访中国诸多地区，还爱写日记，留下超过60万字的游记，被后人整理成《徐霞客游记》。

明代晚期，旅游风气极盛，但徐霞客跟其他旅游者不一样。出游时，他不仅骑马，还带仆人，吃饭下馆子，住宿进"酒店"，还会经常带上礼物拜访朋友，带回纪念品孝敬母亲……可谓不差钱的主儿。

那么问题来了，徐霞客不做官、不经商、不务农，他的旅费从何而来？这得先了解徐霞客的身世。徐霞客并非寻常人家的子弟，他出身于梧塍徐氏，也就是江南巨富之家，自然是含着金汤匙出生的。所以，徐霞客的前期旅费主要靠家庭资助。但有一个问题，徐霞客出远门，游历时间很长，尤其到一些蛮夷之地，就算有钱也不安全。在他的游记中，曾记录多次遭遇强盗，几度绝粮。但徐霞客是有充分准备的，他不仅练就了野外生存的本领，解决资金困难的手段更是花样百出。

首先是借。比如有一次被打劫后，"余周身无一物，摸髻中犹存银耳挖一事"。这可怎么办？借呗！被打劫之后的徐霞客，弃舟登岸，直奔衡阳的朋友金祥甫家。"是日忽阄一会。得百余金，予在寓知之，金难再辞，许假二十金，予以田租二十亩立券付之。"金祥甫用民间集资方法东拼西凑了100两银子，这才借给徐霞客20两，而徐霞客要用20亩田的田租来偿还。

其次是蹭。比如徐霞客沿途到访、住宿很多寺庙，基本都是免费吃喝的。最幸运的是，徐霞客游广西时得了一个好东西——中军唐玉屏给的马牌。马牌是什么？马牌是明代军事人员给驿站出示的信物。只要出示马牌，沿途驿站就要接待，主要是派人挑行李和管吃住。徐霞客使用了大概两个月马牌，一直到他离开广西。

除了借和蹭，让自己的名声与独特魅力发挥最大作用，也是徐霞客解决旅费问题的重要手段。比如通过好友陈眉公介绍，徐霞客认识了昆明名士唐大来。唐大来不仅资助了徐霞客游云南的旅费，还为他写了数封推荐信，将他介绍给其他好友。这种"因友及友"，一环套一环的接力帮助，在很大程度上保证了徐霞客旅费的可持续性。

虽然徐霞客家底殷实，有很多朋友资助，自己也有很多办法，但当他在生命最后几年完成"万里遐征"时，还是出了很大的问题。1636年9月19日出门西游，9月30日的记录中就写道："是日复借湛融师银十两，以益游资。"刚出门12天就开始借钱，可见他已捉襟见肘。尽管困难重重，但徐霞客仍白天行、晚上记，乐此不疲，孜孜不倦。或许，他并没有想过所做的一切值不值得，纯粹只是为了满足自己的求知欲和好奇心。

哪怕险象环生，哪怕生死未卜，哪怕身无分文……徐霞客也从没有想过放弃。也正因如此，他在旅途中遇见的那些人、那些事、那些风景，成就了他非比寻常的一生，也成就了名垂千古的《徐霞客游记》。

在短短55年的生命里，徐霞客的大半生都在路上。他用行走和文字，给世人留下宝贵的精神："大丈夫当朝碧海而暮苍梧。"

总有一些温暖，
暖了你整个青春

小飞侠的馈赠

□沈东子

人们都说经典名著是文学宝藏，这里除了无价的精神财富，也包含世俗意义上的经济价值，通俗地说就是值很多钱。比如，《红楼梦》的印数不计其数，如果按版税算，那是要以亿元计的。按照《伯尔尼公约》，作家去世后50年内，作品的版税归其指定的继承人；50年后成为公版书，即进入公共领域，可以不计酬使用。我们现在出版的许多经典名著，如《简·爱》《呼啸山庄》等，如果用英文出版，不用给作家付酬；出版英文以外的译本，只给译者支付翻译稿酬。

那么作家去世后50年内的稿酬给谁呢，也即版税由谁来继承？版税的归属跟书有关，似乎是一件斯文的事，其实未必，因为牵涉到的是钱，而世上的事，跟钱有关便生出无数故事。

"侦探小说女王"阿加莎·克里斯蒂对自己的版权财富早有精心安排。她专门成立了一家著作权管理公司，管理其名下80部小说（包括短篇作品）、19个剧本和40部电视剧的版权事宜。公司先由她唯一的女儿罗莎琳德掌管，后来又传给罗莎琳德唯一的儿子马修。她心细，甚至将继承权归到特定的人名下，比如《窗帘》归罗莎琳德，《捕鼠器》归马修，《睡梦凶杀》归后任丈夫，丰厚的版税全归家族所有，分文不给外人。

相比之下，有的作家就比较潇洒。伦敦市中心的大奥蒙德街儿童医院建于1852年，首任院长韦斯特医生为筹建这家英国最早的儿童医院，可谓耗尽心血。当时经费不足，他想起了密友狄更斯，就把这件事和盘托出。狄更斯素来同情伦敦流浪儿，听说要给孩子们筹建医院，立马慷慨解囊，成为第一批捐款人之一，从此这家医院跟文学结缘。1929年，医院忽然接到一份意外的馈赠，数额究竟是多少，一时还算不过来，全医院的人都震惊了。

当时伦敦剧院最受欢迎的保留剧目是《彼得·潘》，剧中那个不愿长大的小飞侠，为伦敦市民所津津乐道，萧伯纳说这个剧目是"儿童的大餐，成年人的戏"。《彼得·潘》的作者是詹姆斯·巴里，该剧从1904年开始上演，每场演出都座无虚席，巴里作为版权所有者，自然也赚得盆满钵满。1929年，巴里69岁，身体不太好，他开始考虑《彼得·潘》的版税继承者。

巴里结过一次婚，那是他心中的痛。女方叫玛丽·安塞尔，是剧组里的女演员。他痴情得要命，可她跟别人好上了，要离婚。当时离婚可不光彩，朋友们知道巴里爱面子，纷纷跟伦敦的各家报纸打招呼，不要刊载巴里离婚的事，大报都配合，只有几家八卦小报刊登了消息。晚年的巴里孤身一人，但身价年年攀升，于是他想把《彼得·潘》的版税捐出去，捐给谁呢？捐给了那家幸运的医院，医院也没辜负他的期望，如今已成为英国最好的儿童医院之一。这笔捐款一直持续到1987年，这一年是巴里去世50周年。

时间的突围

□朱良志

多年前看西班牙超现实主义画家萨尔瓦多·达利的作品，留下了很深的印象。油画《记忆的永恒》画的是幻觉中的世界，达利要创造一种模糊的时间感，那种类似胎儿在母体中的时间感。他说："总有一天，友人会给我的软表上好发条，这样他们将能知晓绝对记忆的时间——唯一真实而先知的时间。"他的画就为这"唯一真实而先知的时间"而作。

它使我想到藏于上海博物馆的八大山人的《鱼鸭图》，画的是重阳登高的感觉，画家放眼天际，仰望苍穹，看到了一个与常人所见不同的宇宙。就像达利的《记忆的永恒》，这幅画以茫茫沧海为背景，作品透着森寒的气息，鱼大于山，山岛如同一块巨石，鱼在山上飞。长卷的尾部画了一只眠鸭，站在石上，如同石柱。远处的山边，也有一只眠鸭，鸭与山融为一体，绵延的山峰似乎是鸭的翅膀。现实的时空秩序完全被打破。

两幅画都是关于永恒的悬想，一个奠定在弗洛伊德精神分析哲学的基础上，一个汲取中国传统真幻哲学的智慧而生。达利是疯狂的，八大山人是冷峻的，但二人都隐隐感受到了时间的挤压，都幻想建立一种"真实"时空，从而突破人的生存困境。

人的生命存在，有个时间困境的问题。人类似乎被一张时间之皮覆盖着，在这层皮的包裹下生活，如同《庄子》中描绘的"醯鸡"——醋瓮中的小虫子蠛蠓，不知外部世界，瓮中的世界就决定了存在者的认知范围。

时间赋予人生命，又毫无怜惜地将其推向终点，时间的裹挟给人带来无限烦恼，令人滋生出说不尽的爱恨情仇，人生而为时间所塑造，微弱的生命在其碾压下呻吟。

人是知道时间的动物，又是会永远消失在绵延时间中的族类，所以被时间毒箭射中的人痛苦，却也存在解药。但不是每个人都能找到。桃花源中"不知有汉，无论魏晋"的一批人找到了解药。山中一日，世上千年，烂柯山中那盘棋局的对弈者也服了这剂解药，看他们的面色是那样淡定，不像打柴人回家后看到换了人间，那样惶恐。

真正的哲学家、艺术家，应该是一批寻找这种解药的人。哲学和艺术，就是给试图逃过时间魔掌的人提供一些韬略的劳作。在一些中国传统为艺者看来，人要有捅破时间之皮的勇气、智慧和手段，这样才能度过有意义的人生。

当一条裙子扇动翅膀

□李 子

1912年，在巴黎里沃利街上狭小的工作室里，玛德琳·薇欧奈裁出了一条前所未有的、曲线曼妙的裙子。46年后，美国佛罗里达州的卡纳维拉尔角，装载着世界上第一颗通讯卫星斯科尔号的宇宙神火箭，在众人的注视下徐徐升空。你绝对不会想到的是，改变人类通信方式的大历史背后，竟然是这条丝绸裙子扇起的蝴蝶翅膀。

玛德琳·薇欧奈是一个大胆的女子。她很少与她的同僚聊起她的家世，人们只是模糊地知道，她出身贫寒，很早就嫁人，小孩没能活过一年。她随后离婚，只身跨过英吉利海峡到了伦敦，辗转做过几份临时工，最后为一名裁缝当了助手。从那时起，薇欧奈就认定了，做衣服，是她这辈子唯一的事业。

当她挣到足够多的钱、回到法国的时候，时装界正在悄然经历一场变革。女性解放运动正在酝酿，许多前卫的女子带头扔掉了金箍一般的束腰；美国舞蹈家伊莎多拉·邓肯裙裾飘扬，她赤脚跳舞的模样掀起了风潮，亦让一众保守人士如坐针毡。而这种像希腊女神一般奔放又纯洁的形象，击中了年轻的薇欧奈。她决心做出像水一般奔腾又温柔的裙子，能让女性自由展示自己的身体曲线，又不受束缚。

不受束缚的意思是，甚至不要任何绑带、纽扣。怎样才能实现呢？

薇欧奈不仅是大胆的，她还把对服装的热爱，转化成了极其细腻的观察与体验。她仔细地把玩着各种各样的布料，忽然有了灵感。她将一块轻薄但又不失质感的丝绸布料旋转了45度，斜斜地裁了下来。原本有些局促的材料，在斜着挂起来的时候，竟然有些下坠。而这下坠的质感，服服帖帖地在人体上勾勒出了极其曼妙的曲线。

这种技术叫作"斜裁"。这种奇特的做工，需要从工程结构学的角度理解。棉、麻等大部分天然材料延展性很弱。当布料沿着经纬垂直织成，其微观上的结构样貌，就像铁栅栏门上的平行四边形，横着或竖着很难扯动，斜向上却有不错的伸缩性。纤维较粗、织得较松的丝绸，能被拉伸得更多，更加垂坠。

当时的薇欧奈可能不知道，她的设计会掀起多么大的风潮。斜裁立马成了巴黎时装界的一大潮流，直接抄袭仿冒者众多，她甚至不得不开始为自己维权，并成了第一个为时装设计进行防伪的人。

薇欧奈自然是没有学过数学和物理，然而她对材料的掌控，却具有数学和工程的美感。实际上，工匠的洞察力和直觉，有时候是超越理论而存在的。美国的帆船匠早在19世纪就发现，船帆以特定的角度剪裁悬挂，能够更结实、更兜风，从而在竞速的时候把英国的帆船远远甩在了身后。而属于工匠的直觉，在薇欧奈的"斜裁"发明了半个世纪之后，再次发挥了作用。这次是一个让人意想不到的领域——火箭。

火箭的燃料分液体和固体两种。其中，固体燃料质量较轻，也比较好掌控。但唯一的问题是，这种塑性的材料会在点火的时候膨胀,很容易把燃料箱给撑爆。20世纪50年代,美国国家航空航天局(NASA)连续发射了好几颗"北极星",都因为类似的问题失败,导致爆炸。而某个NASA的工程师,在当时流行的斜裁睡袍上发现了灵感。燃料箱能不能够像丝绸一样,在垂直的方向小幅伸缩?

答案是能。20世纪50年代末60年代初,工程师们改进了燃料箱的设计,把原来伸缩性极小的金属,换成了像编辫子一样斜着缠起来的钢化玻璃丝或者碳纤维丝,并用耐热材料填充。当火箭点火时,这些材料会顺应膨胀,把燃料箱些微地拉长,这样既不影响燃料的作用力方向,又能防止被撑爆的悲剧发生。

后来的火箭燃料箱,都沿用了类似的设计。固体燃料被广泛地用在了火箭的助推器上,在大大小小的卫星发射中都扮演了重要角色;我们能看上电视、用上卫星定位系统,都得感谢"斜裁"的发明。

在二战战火烧到法国的时候,薇欧奈决定关闭她的时装工作室。那些经典的裙子,不少被封存进了博物馆,启发着一代又一代的时尚设计师。

而最有趣的一点是,你不知道它还会启发多少别的工匠、工程师,在生活的细处,把毫不相关的两个东西联系起来,再用数学、物理和工程把它们细细密密地缝合在一起。这个世界,永远不缺少智慧又充满热爱的眼睛。

30亿次心跳

□[美]肖恩·卡罗尔 译/方 弦

人类的心脏每分钟跳动60～100次。按平均寿命算,人一生大概有30亿次心跳。30亿,这个数字不算大。你要用这些心跳做什么呢?

作为活着、思考着的生物,运动和动机塑造了我们。要活着,我们就必须一直运动,一直处理信息,一直与环境互动。我们总是渴望着什么。好奇是渴望的一种,助人为乐、创作冲动也是。一旦饮食和居住条件满足了生存的基本要求,我们立刻就发明了游戏、谜题和竞赛。我们以这些轻松、愉快、富有乐趣的方式表达了一种更深层次的渴望:我们乐于挑战自我,乐于实现成就,乐于在生命中找到能为之自豪的东西。

渴望本身是一种关怀:关心自身,关心他人,关心世界上发生的事。从演化的角度来说,这相当合理。对自身情况毫不关心的生物,跟那些关心自身、家庭和族群的生物相比,在生存的竞争中往往处于劣势。

作为起点,个人的关怀可能只是关注自身,但以此为基础,我们能构建出指向外部、遍及更广阔世界的价值观,在比自身更宏大的事物中寻找意义。

生命的有限性让人生的意义变得更为深刻动人。在每个心跳的瞬间,我到底该如何行动,是每个人都要做的抉择。天文学家卡尔·萨根这样说:"我们都是星尘,但我们用双手抓住了自己的命运。"

总有一些温暖，
暖了你整个青春

先别慌，还可以补救

□管洪芬

因为想做出一个完美的面包，小女儿一大早就忙碌起来。她先揉面，等到发酵完成，又开始将面包坯继续揉搓，然后放入芋泥做馅，表面铺上香肠和肉松……一切准备妥当，已具雏形的面包发酵得松软，女儿把它放入面包机，只需再烘烤半小时便大功告成。没想到因为一时分心，女儿按错键，机器开始重新搅拌，虽然被迅速停止，可一切已不复当初。

女儿按错键时已经慌张，等看到面包变了样，内心一下子破防，沮丧地喊："妈妈，我按错键了，本来好好的，现在被弄毁了，怎么办？"我本来心也慌，可还是很快定下心来，安慰女儿："先别慌也别急，我们想想怎么补救。"

我不是做面包的高手，也没遇到过这种情况，但依我的做事经验，情况只要还不是太糟糕，总会有办法补救。做面包，即使失手无法补救，后果也不会太严重，没有必要紧张。

我的做事思路很简单：出现问题就解决问题。我想了一下，向女儿建议："要不继续发酵试试？重新发酵，重新成形，也许能行。"

女儿听完我的建议，决定重新开始。没有更好的办法，那么重新操作一遍，也是一个解决问题的思路。女儿在等待面包坯重新发酵、松软的过程中不无遗憾地对我说："你不知道刚才这面包有多大多好，现在重新做，肯定不如刚才的效果。"我继续给女儿打气："没关系，和刚才的相比，现在的形状看着可能不够完美，但经历这个波折，加上我们的一番自救，面包吃起来应该会更加美味。"女儿笑了。

不只是做面包，生活中因各种原因弄砸的事还有不少。这时，首先不能慌，也不能急，乱了方寸于事无补，要赶紧找个补救的方法，行动起来，或许就会"柳暗花明又一村"。

我想起一个朋友的儿子，本来挺聪明的，却因为青春期过于叛逆，最终只考上一所大专学校。他目睹了父母的焦灼无奈，内心突然被触动，对以往的贪玩懊悔不已。怎么办？尽力补救，他选择的方式是重新发奋学习。毕业时，他专升本成功，后来又不断进取，考研"上岸"。现在他在干自己喜欢的工作。

我看过一些文章，也看过一些网上讨论，讲到补救经历，受到不少启发。工作和生活出了差错，可以尽快尽力补救，减少损失。也可以将错就错，顺势转向，找到新的赛道或新的方向，"转化"这个差错。若实在无法补救，就尽快止损，总结教训，那么就不是白白失误。

人生长路漫漫，很难事事顺利、不出差错，我们只要保持镇定，不自乱阵脚，不轻言放弃，就还有补救的可能。学会和勇于重新出发，尽力找到解决方案，并尽快行动，那么，不管最终能否补救成功，这个过程已心无遗憾。

在秋天想起种子

□ 高明昌

这个秋天，想起种子，想起了与种子有关的事。

很小的时候，我见过爷爷选稻种。那日，爷爷受队长之邀，去了一块稻田。稻田是看不到边的。那些沉甸甸的稻穗在阳光的照耀下，闪着金光，安静生长。爷爷走进稻田，弯腰看了看稻穗，两手捧起稻穗掂了掂轻重，再将稻穗放到鼻子底下，闭眼，像是吸了几下。最后，他睁开眼睛，侧身对队长说，这稻，留种好。

选稻种，是为留种，是盼望明年丰收。那是我第一次看到选稻种。

除此之外，我见到的都是菜园里的选种。我们家菜园种得最多的是青菜。青菜，先播种再插种，生长快，也容易管理。在那忙碌而又不富庶的年代，青菜的用场最大，可以炒着吃，可以腌咸菜吃，也可以烧菜饭吃。肚子饿了，可以拿一块菜板一边嚼着，一边赶路出工去，也能饱肚子。

初冬，当我们把一棵棵青菜挑回家的时候，母亲总会在菜园里留着几棵样子好看的青菜。等它们长高、长粗、起薹、开花、结籽，然后起根、去泥，放进竹匾里晒几个日头，再抖落青菜。那时，一颗颗晶莹的、像六神丸一样大小的种子就会一粒粒跑出来，母亲将这些种子推拢在一起，再用白纸包起来，然后对我说，快，写上名字。我就在包好的白纸上用钢笔郑重写上"青菜种子"。

我至今没有忘记母亲看我写"青菜种子"四个字的那种眼神。那眼神中充满母亲自得的快乐。儿子会写字，长大了；儿子知道了什么是种子，知道了种子将来派什么用场。当母亲接过那个纸包，把种子放进瓷罐时，她的手脚都是缓慢的，也是轻盈的。我想这是母亲对种子现在的敬重和对将来的期待。

我和母亲一起落过种子。那是蚕豆的种子。蚕豆种子与青菜种子的收获方式不一样。来不及吃完的蚕豆，母亲将它们拿到场地上，晒上好几天，不少蚕豆就自己从豆荚里蹦了出来，用连枷敲打几下，再用手上下抖落，更多的蚕豆就像滚珠儿跑了出来。母亲将蚕豆收齐。晚上，昏黄的灯光下，母亲说："我们挑一些长得大的、长得周正的、颜色碧绿的留下，它们是种子。"

种蚕豆时，母亲用铁铲在地上铲出一个小洞，我把蚕豆丢进去，母亲再将泥土重新盖上，用脚轻轻一踏，然后对我说："你做好作业以后，常来看看。"大概过了一个星期，我就看见蚕豆的苗儿长了出来。它们非常矮小，却碧绿生青，周身都是嫩绿的气味。一粒蚕豆变成了一棵青苗，植物的生长如此奇妙。这种生命现象于我而言，有着无限的隐喻和启迪，虽然我那时说不清楚。

我有时会瞎想，如果人也像一粒种子，应该也是一件好事情。

总有一些温暖，
暖了你整个青春

不用怕，我一直在

□ 李清 艾苓

1

在很多场合，我会这样介绍自己："我叫李清，'清楚'的'清'。我姥姥希望我能听清楚、说清楚。"我的父母都是听障人士，毕业于特殊教育学校，是同事。出生时，医生做过检查，说我的听力没有问题。3岁那年春节，父母带我去姥姥家，姥姥叫我，我没回头，她着急了。她带我到医院做检查，才发现我的听力损失很严重，我被鉴定为全聋。

医生追问用药史，问出庆大霉素，说可能致聋。姥姥后来说，那一刻，她感觉天都塌了。她写了字条给我父母看："孩子交给我，我来带。"

听障人士的孩子都会跟着父母学手语。3岁前，我的手语打得很好，但我一个字都不会说。姥姥送我去上幼儿园，小朋友都欺负我。有一次，他们推倒了我，我摔晕了，他们却说是我自己摔的。

姥姥来接我，我跟姥姥嘟囔。他们都听不懂我说的话，但姥姥能听懂，她替我跟老师解释。老师说："北京有个康复中心，专门教这样的孩子学说话，您可以去看看。"

从那天开始，姥姥就骑着小三轮车，天天带着我出去打听这个康复中心在哪儿。那时候没有网络，姥姥打听了很多天都没人知道。后来实在没办法，姥姥骑上小三轮车，带着我往北京的南边去，边骑车边打听。我们终于打听到了，那个地方叫中国聋儿康复研究中心。接待我们的是万选蓉老师，她问我："你叫什么名字？"我含混不清地说："李清。"万老师说："行，这孩子可以留下来。我们先做体检，再给孩子配个助听器。"

姥姥问："我外孙女能学会说话吗？"万老师说："只要您有耐心，孩子就一定能学会说话。"

2

姥姥家是胡同里第一个装电话的。那个时候装电话很贵，为了帮我做听力练习，姥姥下了很大的决心。她经常去附近的小卖部，花钱往自己家里打电话，叫我接。她问我："你叫什么名字？你几岁了？你现在干吗呢？"

她还物尽其用，把蒸锅、炒勺、碟子、饭碗、水桶等放到客厅，我背过身，她敲东西让我猜是什么声音。这个练习经常做，蒸锅都让姥姥给敲漏了。

姥姥还有个习惯，她总是蹲下来跟我说话。只要我有一点点进步，她都会拍手叫好。要是我不好好练习，跑出去玩不想回家，姥姥手里的鸡毛掸子或戒尺就会打到我身上。

姥姥送我去普通学校读书，人家不收，建议我读特殊教育学校。但是，特殊教育学校没有普通学校的语言环境，姥姥不想让我去。

回家后，姥姥开始疯狂地训练我。饭菜做好了，姥姥会有一连串的问题：今天吃的什么饭？这个菜里有什么？我都说清楚了才能吃饭。我那时候很瘦。

晚上，我跟姥姥睡一张床。我喜欢握住她的一只手睡觉，我会睡得很安心。有一天我半夜醒来，发现姥姥坐在一边，没开灯。我知道她在哭。夜里的姥姥和白天的姥姥不一样，白天的姥姥总是笑呵呵的。我装作不知道，继续睡了。

3

第二年，姥姥又送我去拒绝收我的那所学校，人家还是不收。姥姥突然跪下去求老师，老师马上扶她起来，说："别这样。"就这样，我入学了。

刚入学时，我旁边两个同学在座位上打闹，撞得课桌上的小水壶摇摇晃晃的。眼看水壶就要倒下去，我冲过去扶，但晚了一步。水壶破了，壶胆也摔碎了。老师来了，问："谁弄倒的？"他们都说："李清！"我去扶水壶，手刚碰到，壶就倒了。但这么简单的话我当时还不会说，我只会说："不是我！"

老师很生气，找了双方家长。那位家长说水壶很贵，50元买的，必须赔一个一模一样的。姥姥同意了。她什么都没问，把我送回家就出去了。炎热的下午，她骑着三轮车跑了十几家商店都没找到那款水壶，最后买了同等价位的。

她回来后看我没在家，以为我又跑出去玩了。她去胡同里找我，然后就看见我一个人蹲在那儿，打自己的嘴。姥姥哭了。自始至终，她都相信我是被冤枉的，看见我惩罚自己，她心疼了。

胡同拆迁后，姥姥在我父母住的小区买了房子，我仍跟姥姥住。高中三年是很辛苦的，我更要努力。幸好，我考上了大学。我告诉姥姥这个消息时，她很高兴。毕业后，我一边工作，一边读了在职研究生。

4

姥姥名叫赵玉珍，1937年出生在北京。到了读书的年纪，姥姥想上学，太姥姥却说女孩子读书没用。姥姥跑到学校教室外面，趴在窗户上听课。她一再跟太姥爷说想上学，太姥爷最终同意了。正式上学那会儿，姥姥已经13岁，就直接上了三年级。小学毕业后，她进了北京国棉二厂，兢兢业业工作到退休。

等我长大成人，姥姥把我"赶走"，开启了她的老年生活：去附近公园遛弯儿，和邻居奶奶们一起唱歌，学会用手机视频聊天……

有两年，由于特殊原因，我没见到姥姥。我再见到姥姥时，发现她突然老了。她去厨房拿东西，进到厨房却忘了要干什么；她还嗜睡，好像总也睡不醒。

有一次我去看她，她问："你是谁？"我说："李清啊。"她目光呆滞，摇了摇头。那一瞬间，我害怕了。传说中的阿尔茨海默病，降临到了我最爱的人身上。我请医生给姥姥诊病开药，陪她定期复查；我陪她做认知训练，认识颜色、形状、数字，就像当年姥姥教我学说话那样；我陪她去大大小小的公园，就像当年姥姥骑着小三轮车带着我到处转；我请摄影师来家里拍摄，我要把姥姥的样子留下来。

姥姥很努力。虽然她的手抖得越来越厉害了，但她每天都坚持在纸上写写画画。姥姥依然聪慧过人。有一次提到生死，姥姥说："我哪能不死呢？人都有一死，那是新陈代谢。"

这两年，姥姥的情况有所好转，但时常反复。我能做的就是握住她的手，陪着她。每次去医院复查，医生都要求她写一个完整的句子，内容不限。她写的句子经常让我泪崩。她写过：

"我爱我的外孙女，因为她非常关心我的身体。

"我很爱学习，虽然年纪大了，但天天学习。"

就算是阿尔茨海默病，也没让她失去光彩。

没有什么能伤害你

□于轶群

夏天，我对一块桌布产生了兴趣。

一杯茶翻倒，茶水变成一堆水珠，并未打湿桌布，据说桌布是纳米材质的。

一个人总是被打湿，说明他有改进的必要。不是说要你无情，而是要不被打湿。

不要暗示自己太惨了，怎么这么倒霉，总被伤害。

你怎么会被伤害呢？你看荷叶上的水珠，晶莹也好，浑浊也罢，它们只是接触了荷叶，但荷叶并没给它们留座，它们只能随风滚动，最终落水。所谓伤害，如夜雨敲荷，晓看荷叶，不沾不湿。

丘处机之功

□米 舒

读过金庸先生《射雕英雄传》的朋友，一定会记得全真派高手丘处机一出场就惊天动地，他孤身一人大战"江南七怪"，侠气冲天，何等了得！轻敌的黄药师被其袍袖拂中，吃惊不小，赶紧运气护住。丘处机真的是位有着绝世武功的大侠！

丘处机（1148—1227），字通密，道号长春子。他生于女真人统治下的金国，家境贫苦，幼失怙恃，依靠兄嫂抚养长大。他自幼聪颖过人而刻苦好学，少年时涉猎经史与道、释两家学说，为其后来的宗教生涯奠定了良好的知识基础。他18岁入昆仑山烟霞洞修道，得遇全真道创始人王重阳，王重阳见丘处机相貌气质不凡，对其十分器重，命他执掌文翰。丘处机随王重阳外出传道，历尽各种磨难，勤奋苦修，终成得道真人。王重阳死后，由其大弟子马钰执教，使全真派声名远播，以丘处机的名头最为显赫。

金世宗大定二十八年（1178），丘处机应召赴大都城（今北京）主持万春节大醮。金世宗问道于丘处机，丘处机谏曰："抑情寡欲，养气颐神。"由于金世宗的重视，全真道声誉更隆。公元1211年，蒙古成吉思汗大举攻击金朝，金朝内有动乱，外有强敌，金驸马都尉仆散安贞召请丘处机，由丘处机出马周旋，金朝局势转危为安，丘处机名声大振。金朝、元朝与南宋的皇帝都意识到丘处机的外交才能。南宋遣使来召，金朝派人慰问。同年冬，成吉思汗还专程派人来看望丘处机，召他一见，请教治国安民之策。

丘处机是个见识超群的高人，他仔细分析了当时的形势，知道金朝与南宋的昏庸和腐败，其衰亡指日可待，而元朝入主中原，是大势所趋。他婉拒了南宋、金朝之召，挑选李志常等18名高徒一路北行，想劝谏成吉思汗勿率铁骑践踏中原。他长途跋涉，历经数月，到达燕京后，才知成吉思汗已西去。成吉思汗召他在中亚一见，当时丘处机已72岁高龄。

经成吉思汗一而再召见，丘处机终于经蒙古、中国新疆北部至中亚大城撒马尔罕（今乌兹别克斯坦），到达阿富汗的成吉思汗夏宫。成吉思汗身材高大魁梧，彪悍健硕，红发猫眼。他亲自召见，问有无"长生之药"。丘处机坦然应答："有卫生之道而无长生之药。"成吉思汗与之交谈后，发现丘处机为人诚实，气度超群，便请教治国安民之策。丘处机曰："敬天爱民。"欲一天下者必在乎不嗜杀百姓，他以"天道好生""以和为贵""清心寡欲"，再三规劝成吉思汗少去打仗，勿伤生命。并以"仁慈治天下"循循善诱。丘处机在讲道中，特别从保护中原百姓出发，建议用免税和委任贤能者前往中原，使骄横不可一世的成吉思汗有所感悟。两人前后谈了三次，史称"龙马相会"（丘处机属龙，成吉思汗属马），元朝大臣耶律楚材根据两人一问一答，写成《玄风庆会录》。成吉思汗认为丘处机是笃实可信之高人，每次见面以礼遇相待，并称丘处机为"神仙"，对他敬重有加。

公元1224年，丘处机辞别成吉思汗，经蒙古返回燕京，其弟子李志常撰成《长春真人西游记》，记载他"经数十国，为地万有余里……自昆仑历四载而始达雪山"。丘处机也成为玄奘大师后又一位穿越亚洲腹地的旅行家。成吉思汗因丘处机的规劝，后来元朝铁骑践踩中原，残杀百姓的现象有所改观。清乾隆帝后途经白云观丘祖殿时御题一联："万古长生，不用餐霞求秘诀；一言止杀，始知济世有奇功"。"一言止杀"为过誉之词，但丘处机阻止和劝解成吉思汗，对保护中原百姓安危有功。

丘处机于1227年去世，享年79岁。他的绝世武功，正史上并没有记载，但丘处机希盼成吉思汗"止杀爱民"在《玄风庆会录》中有详尽记载。从这个意义上说，敢于为百姓说话的丘处机确实功勋卓著。

妙悟的瞬间

□ 张之陌

我国著名学者陈嘉映在谈论诗人时，说过一段话："我们能读懂一个诗人，以前流行的理论说，因为他表达了普遍的人性，这样的理解实在是浅陋的。好诗始终在表达别具一格的感知和经验，他表达得生动有力。我们读诗，不是要去了解诗人都有哪些特殊经验，仿佛出于好奇。我们受到指引，引导自己也更加生动地感知世界。"

这段话说得特别好。无疑，诗人和词人拥有人类特别优秀的感官，他们代替我们发声，诉说灵魂深处难以名状的痛苦和喜悦。因为有诗词的指引，我们得以领受万物赠予的浓情蜜意，于物有情，对人有爱。

那么，好诗和好词，究竟好在哪里？我认为好的诗词，能覆盖每一个读的人，和每个人都能建立深刻的一对一的单线关系。从这个角度看，我们被哪首诗词、哪位诗人打动，在最初其实是不知道的。

一般来说，理解经常是滞后的，除非它与我们的经验相匹配。诗人和他们的诗词，要等我们到了合适的年龄，有了足够的阅历时，才会理解其中的深意。这种理解的滞后，有点像威廉·布莱克写弥尔顿的一首诗，他说："但是弥尔顿钻进了我的脚，我看见……但我不知道他是弥尔顿，因为人不知道穿过他身体的是什么，直到空间和时间揭示出永恒的秘密。"

只有在重读的某一刻，旧诗词才像齿轮般，咬合了我们当下的所思所想，"当"的一声，和当下契合了，才会有一个个妙悟的瞬间。

这些瞬间非常珍贵，既有当下一刹那共鸣的喜悦，有眼界被打开的惊奇，更有庸常被砸碎的意外。所以说，好诗人、好诗词，有时候，是在未来等着我们，等着我们和他们做精神的联结，生发新知。

总有一些温暖，
暖了你整个青春

地平线

□ 舒　州

　　喜欢草原，喜欢沙漠，也喜欢平野，如果需要一个理由，是因为这些地方都可以看见地平线。在很远很远的地方，天地相接了，青草顶天，黄沙摩云。大地能与空中的晚霞耳语，天空可与地上的灯火促膝。

　　厚地高天，原本遥遥相对，却在某个地方，它们重叠了。天地之间，化为一道缝，合成一条线，远方和远空同时都到了尽头似的。

　　小时候，我还是矮个子，觉得周围的一切那么高、那么大，地平线是那么近。黄昏，父亲披着斜阳缓缓归矣，像从地平线那边走来。渐渐长高了，突然觉得周围的东西开始变矮、变小，地平线也退远了，世界随着地平线的远走越来越大。后来在楼厦如笋的都市，只有人在高山之巅，才能看见高楼丛林背后的那条地平线。地平线出走得更远了，世界也被撑得更加广袤辽阔。

　　地平线不是一条静止凝固的线，它一直在走动，从不消失。即使被横峰所阻，即使被远山所挡，只要站得够高，当目光翻过山峰，依然可以看见世界的边缘。

亦是繁花

□ 庆　山

　　杏花开时，满树白花在清晨、黄昏、深夜尤其轮廓鲜明。累累花枝，雪片般密实而柔软的花瓣，沉浸在某种寂静而全力的表达当中。这种表达没有任何疑虑与畏惧。

　　突然明白小王子的意思，如果世界上有千千万万棵杏花树，但有一棵杏花树是你的，它就汇集了某种爱意的焦点。这种焦点也不狭隘，而是可以把爱意扩散到更多存有部分。

　　杏花的花期大概七天，从繁花朵朵到一地凋零，然后开始长绿叶，在夏天结出累累果实。这是树的循环。人也是一样。

　　从年轻到老去，会经历不同的阶段，每一个阶段都有不同的考验与课题。我们能否像杏花树一般安然、臣服，全然的单纯和开放？

晒　书

□戴建业

《世说新语·排调》篇载："郝隆七月七日出日中仰卧。人问其故，答曰：'我晒书。'"

按古人习俗，七月七日家家晒衣服和书籍，以防止腐烂和生蛀虫。这一天晒衣服的人不少，估计晒书的人可能更多。衣服多不过表明主人钱多，书籍多则显示主人学问大，因而，炫耀衣服未免俗气，日下晒书则显得很有"品位"。那时普通百姓都不会读书，普通人家也买不起书，当时富贵人家晒书显摆，类似今天大官大款开奔驰和宝马，只不过比后者稍有档次而已。

七月七日这天，看到豪门显宦家家晒书，东晋名士郝隆也到太阳底下仰面而卧，人们奇怪地问他这是干什么，他随口回应说："我晒书。"烈日炎炎之下，郝隆晒自己的大肚颇具反讽意味。家藏万卷未必就腹藏万卷，书架上有很多书不一定就读过很多书，否则大富翁转眼就会变成大学者。

郝隆"我晒书"三字，是自嘲也是自负——自嘲是说自己家无藏书，自负是说自己腹藏万卷。这里也可能是暗用汉代边韶"腹便便，五经笥"的典故。《后汉书·边韶传》载，边韶字孝先，是当时文坛上的著名作家，同时也是满腹经纶的大学者。边韶有一天白昼假寐，弟子们私下嘲笑他说："边孝先，腹便便。懒读书，但欲眠。"边韶听说后立马回应说："边为姓，孝为字。腹便便，五经笥。但欲眠，思经事。"便便形容肥胖的样子，笥是古代装饭或衣服的竹器。边韶笑称自己大肚中装的全是经书。郝隆烈日之下坦腹晒书，隐含有饱读诗书的自豪。

郝隆一生没有建树巍巍盛德，也没有立下赫赫战功，只给我们留下几句回味无穷的俏皮话，你不一定尊敬他，但一定会喜欢他。

善良就是在表明立场

□[意大利] 皮耶罗·费鲁奇　译／聂传炎

善良就是在表明立场。善良本身可能无济于事，可能我们的善良起不到什么作用。我们捐出去的善款可能杯水车薪，而帮助老太太过马路也不能减轻遥远国家的贫穷程度。或者，即便我们在海滩上捡起一个塑料瓶，明天可能会有人再丢下10个。但这不要紧，无论如何，我们已经确立了自己的原则和存在方式。

同样重要的是，要意识到微观世界就是宏观世界，每个人都是小宇宙。每个人都以某种微妙而神秘的方式容纳了所有人。即便我们只能给一个人的生命带来些许安慰和幸福，也已经是胜利了，也已经对这个星球上的苦难和痛苦做出了沉默而谦卑的回应。

船上的杜甫

□徐海蛟

1

夔州居于长江瞿塘峡口，山高谷深，地气冷湿，风寒刀子般凛冽，不是一把中原带来的老骨头能扛得下来的。

55岁的杜甫不可阻挡地进入了晚年。连年的颠沛用旧了身体，骨骼僵硬得似生出锈迹。眼睛花了，看花看树，均模糊成一个梗概。牙齿脱落大半，咀嚼食物变得困难。糖尿病越来越严重，自行采集的草药，好比节节败退的小卒，挡不住压境的大军。秋天时，弟弟杜观的第三封信辗转捎到杜甫手中。信里再次提及让兄长出峡，由夔州顺江南下，或许日后可回长安洛阳。这点温暖的期许，促使杜甫做了决定。

768年正月中旬，择了一个宜出行的日子。天阴，灰云如铅，风自高崖间横切过来。在白帝城放船，那种木帆船，并不大。一根桅杆竖立船尾，用来升挂布帆。船身部分设舱体，可容纳五六人，恰好载得动一家子。这条船是杜甫在夔州置办的。

对于船，杜甫有着天然的感情。他这一生，20岁乘船离开洛阳，漫游于吴越间，坐着船穿过钱塘江，坐着船到达越州天姥山下。随后，又无数次乘船远行，江河与舟楫构成他生命中的另一片版图。

行李少得可怜。毕竟那样小的一只船，空间得留给人。

一家人的日常衣物、一箱书、半麻袋草药、一点碎银子，差不多是全部行李，再加一张小几案，叫乌皮几——从故地河南随身带到成都，又从成都带到夔州，外面裹着一层乌羔皮的套子。平常坐榻上，横过来用作靠背；一旦竖放，就成了一张小桌子。这小几案上覆的羊皮已磨去光泽，他一直舍不得扔。

杜甫替艄公解开缆绳，回头望向云雾深处的白帝城，长长吁出一口气。一段新旅途开始了，他不知道会有怎样的命运等在前头。

2

船出瞿塘峡，布帆升起。一路风疾猿啸，小船穿过高耸欲倾的巫峡，穿过惨淡的浓云。出峡的水路，惊险无比。船儿有时被送上浪尖，顷刻又从浪尖跌下；有时眼看撞上险滩巨石，又陡然峰回路转。船上的人，在江水平静处还能端坐，在疾风恶浪里，只好趴在舱中。几箱书打湿了，一些家什也浸了水，一家子惊恐而失措。

夏末，杜甫的船泊在潭州城外。天气稍好些的日子，他就到近郊江边的野地采些药草，放到渔市摆药摊，他想以卖药的收入维持生计。老迈的杜甫，满头白发的杜甫，斜倚在颓废的夕阳里，像江边一丛枯瘦的白菊。他偶尔会想起自己是大唐帝国拿过国家俸禄的官员，曾经有过一腔"致君尧舜上，再使风俗淳"的伟大抱负。

现在他跻身于引车卖浆者的行列，他们是渔民、打猎的、织布的、养蚕的……但他们又有一个与杜甫相同的命运：都是在艰难时世中挣命的人。

长日将尽，囊中依然羞涩，挣得几个零碎的铜子儿，还不够一家人晚上买粥喝。他慢慢地踱回船上，船舱里已堆着一堆野菜，这是老妻的功劳。

有一回，一个叫苏涣的人来船上拜会杜甫，并拿出自己的诗作读给杜甫听。这是羁旅湖南的三年里，杜甫难得遇到的一位知音。他时常来鱼市的小摊前和杜甫聊诗，杜甫也常常到他的茅屋里畅谈。这是珍贵的时刻，诗歌就像困厄时日里的一点光亮，让生命的冷和暗退后了一尺。

由夏到冬，由冬而春。时间行进到770年3月，潭州城已鼓荡起春风的裙裾，枯树醒来，换上新衣，捧出明艳的花。杜甫在潭州城内重逢了一位故人——乐师李龟年。歌声裹挟着滚滚往事而来，刹那间将他带回稻米流脂的开元盛世，带回"放荡齐赵间，裘马颇清狂"的少年时光……

杜甫忍不住老泪纵横。像世间所有好物般脆弱和令人感伤，李龟年的歌声，大约也是40年前的盛世留下来的稀缺的馈赠。他知道自己的时间不多了，老朽的生命已无法拥抱盛开的春天。在每一片明媚背面，他都想起破碎的河山，他的悲怆，连春天都无法稀释一二。

3

这注定是不平静的春天。四月下旬的一个深夜，湖南兵马使臧玠杀死潭州刺史崔瓘，潭州大乱，杜甫与家人再次踏上逃难路。"疏布缠枯骨，奔走苦不暖"，"乾坤万里内，莫见容身畔"，这是杜甫写的《逃难》诗。

从夏到秋，从秋到冬，船啊，只是漂浮在湘江上。长期的水上生活，令杜甫的风痹病越来越严重。偏瘫、耳鸣、手颤、糖尿病、牙齿脱落……身体的痼疾和家国的愁绪交缠在一起，像海浪侵蚀泥沙堆积的堤岸，一次一次侵袭他。

船在湘江上行着，青天在上，水在下。冬天深了，时日将尽。一家只剩下四口人，儿子宗武，老妻，还有他，另一个儿子流落异乡，女儿已饿死于逃难路上，小女儿的死，他只在最后的诗中道出来，当时椎心的痛，是无法进入文字的。

船在湘江上走着，青天在上，水在下。他越来越乏力了，寒气交织着湿气，江水漫漶啊！"亲朋无一字，老病有孤舟。"他的世界很小，小到连腿都伸不开了，小到只剩这立锥之地了。他的惆怅很大，漫过整个帝国的黄昏。

船在湘江上走着，青天在上，水在下。冬天深了，时日将尽。他以左手写下长诗《风疾舟中伏枕书怀三十六韵奉呈湖南亲友》，这是杜甫的笔发出的最后一声叹息。一生的艰难和困厄重回他的诗里，他的心挂念着与他一样在大唐微弱的喘息里挣命的无望的生灵。

770年深冬，杜甫死在船上。他一生的远行始于船，终于船。

低　眉
□Ida 爱尔兰

皮尔金顿夫人寂寂无名，大致可以推测的是，她是18世纪英国的没落贵族，因为被丈夫抛弃而堕入社会最底层，艰难求生。她是伯爵的曾孙女，却和底层的仆役生活在一起，最后因拖欠房租被送进监狱。她除了留下一本回忆录，故事不为人知，但是，她有一个很知名的读者：弗吉尼亚·伍尔夫，这才让她的名字为我们所知。伍尔夫评论说："无论是在她游荡的日子里——这种游荡是一种家常便饭，还是在她失意的岁月里——那些失意都很伟大……"即使生活报以冷眼，皮尔金顿夫人仍然无比热爱生活，百折不挠地去爱和恨。比起喧嚣的时刻，这种吐纳之后的低眉更让我动心。

香农：头号玩家

□尼 克

在通信领域，香农的名字无人不知。他最早提出了实现数字电路的方案，奠定了整个通信设施的基础，成功将世界带入了信息时代，也为人工智能做出了开拓性贡献。

1916年，香农生于美国密歇根州的一个小镇，父亲是镇上的法官，母亲是当地学校的校长。但对香农影响更大的是他的祖父——一名农场主兼农机具发明家。受到良好教育的香农，20岁时便获得了密歇根大学数学和电气工程双学位，之后到麻省理工学院深造，导师是当时麻省理工学院的副校长范内瓦·布什。

布什是一名科技活动家，二战时主导了美国的科技布局。布什曾说："教师应该善于发现和引导那些才华出众的年轻人，不要让他们把自己的一生限制在一亩三分地上。"他也正是这样指导香农的。

1937年夏天，香农在贝尔实验室实习时看到电话交换机，受到启发，开始研究数字电路。这年秋季，他写出了硕士论文《继电器和开关电路的符号分析》。这篇论文意义重大，被认为开启了数字计算机时代，甚至被誉为"有史以来最重要的硕士论文"。

尽管爱徒在数字电路领域取得了巨大成果，布什却鼓励香农跨界，开始敦促他撰写理论遗传学方面的博士论文，因为香农对生物学一直有强烈的兴趣。

1939年，香农一整年都泡在美国生物科学重镇冷泉港实验室，完成了《理论遗传学的代数》一文。可惜的是，这是一篇生物学家和数学家都看不懂的论文，也没有公开发表。直到许多年后，人们才意识到这篇文章解决了群体遗传学的诸多问题。

博士毕业后，香农去了普林斯顿高等研究院，和赫尔曼·外尔、爱因斯坦、哥德尔等共事。当时奥本海默还没有担任院长，研究院的氛围有些老气横秋。格格不入的香农决定离开，掉头去了纽约，加入了更加接地气的贝尔实验室数学组。这里网罗了一批年轻而有才华的数学家，他们专注于发明数学工具，帮助贝尔实验室的工程师们解决实际问题。这些人后来都成为美国计算理论和组合数学领域的开拓性人物。

在二战的白热化阶段，香农开始在贝尔实验室从事密码学工作。同一时期，另一位著名的计算机科学家兼数学家图灵，正在英国布莱彻利庄园破译德军密码。图灵曾经秘密访美，与香农多次会晤，他们畅谈了对计算理论和人工智能的前瞻性观点。为了各自的保密工作，两人的谈话从未涉及密码学。不过，香农已经猜到了图灵正在从事特殊工作。

香农在1982年接受一次采访时提起，1950年他去伦敦参加信息论会议时到曼彻斯特大学回访了图灵。图灵没有参加这次在伦敦的会议，但贡献了两篇短文，一篇讲机器学习，另一篇讲下棋。信息安全专家史密斯曾写过一篇题为《图灵来自火星，香农来自金星》的文章，考证香农和图灵的交往。

很明显这是受那本《男人来自火星，女人来自金星》的启发。如果用谷歌的词频统计工具来比较图灵和香农的影响力，在20世纪70年代之前，对香农的引用要比图灵更多，这也不令人惊讶，信息论一发明就得到广泛应用，而计算机科学是在20世纪60年代末才在美国逐步成型的。1965年，苏联数学家柯尔莫哥洛夫把图灵和香农的工作，通过"算法信息论"联系起来，成为当下大语言模型的理论基础。

有趣的是，和图灵一样，香农也对让计算机学会下棋极其感兴趣。1950年，香农发表了论文《计算机下棋程序》，描述了如何让计算机下国际象棋。此文被认为是最早发表的关于计算机下棋以及使用计算机解决游戏问题的文章之一。在文章中，香农给出了国际象棋的计算量级，那是一个天文数字，幸好他还给出了一个更高明的算法，可以大幅简化计算。由此演化出来的算法，在1996年的国际象棋程序"深蓝"和2016年的围棋程序AlphaGo中都能看到。

1951年，香农又发表了一篇有趣的论文《介绍一个走迷宫的机器》，内容是讲一只机械鼠在25个方格迷宫中移动，如何通过反复试探找到迷宫的出路。在香农的设计中，当机械鼠第一次穿过迷宫后，如果将它放置在之前去过的地方，它就可以根据经验直接抵达目标；如果被放置在不熟悉的区域，它会被编程，逐步搜索，直到成功，再将新知识添加到记忆中。这与今天的AI何其类似！

令人遗憾的是，香农的大部分研究成果都是在20世纪60年代之前完成的，之后他就"玩"别的去了。

香农自称是一个不关心政治的无神论者，一生追求自己喜欢的、有意思的事，也不在乎有没有实用价值，却"玩"出了不少对后世产生深远影响的成果，更被视为AI的先驱之一。在香农临终前，一名采访者问他："你无忧无虑的秘诀是什么？"香农回答："顺其自然。"

这就够了

□张宗子

那天随口和人说，读《战争与和平》这样的书，读的时候，想死的心都有，因为看到了他人的伟大和遥不可及，是油然而生的感觉。但是，我说，读这些书又使人充实，更有了蔑视世上某些事物的理由。如此，也可以说自己比以前更高尚了吧。

我想，上天如果多给我时间，一定好好做事，越做越好。

看草木虫鸟，使人心地干净。狐狸不伤人，人才伤人。狼不出卖朋友，猴子会为同类的死悲伤。花木是寂静的，无须多言，一切展示给人看。看它们的辉煌，也看它们的凋伤。早春时节，新芽初萌，去年的枯叶披垂如破衣败絮，仍然是美的，也是安详的。

人对于自己是什么，是知道的。信心就在这里。但古希腊哲学家普洛泰戈拉说人是万物的尺度，就狭隘了。人不要以人类为衡量万物的尺度，更不要以个人为尺度。

托尔斯泰只会写小说，这就够了。

爱达，诗意的科学家

□尼 克

爱达（Ada，1815—1852）被誉为第一位程序员，对人工智能有开拓性的想法。1980年美国国防部设计的编程语言以她为名，因深度学习训练出名的英伟达A100芯片也是为了纪念Ada。

爱达的父亲是诗人拜伦。她刚满月时，父母就分居了。她的母亲对父亲多有怨恨，不希望女儿走父亲放荡不羁的老路，想让她多学科学和数学以克制浪漫基因。拜伦夫人认为，科学家和数学家比诗人具备更高的道德水准，因专业原因比诗人更有约束力，同时更理性。无论如何，那个时代让女性学习数学和科学是不同寻常的。

爱达5岁时，母亲给她请家庭教师教算术和音乐等。爱达10岁后，母亲接管教育，强调数学和科学。爱达立志要把父亲遗传给她的才华用来探索真理。爱达13岁时甚至想在马身上安装用蒸汽机推进的翅膀。她14岁到17岁重病卧床，倒给了她时间专注学习。她喜欢天文学、光学，但苦于数学知识不够，就向和她未来丈夫同名的威廉·金博士学欧几里得几何，水平很快超过老师。此时剑桥数学教授弗兰德向拜伦夫人推荐了英国女数学家和科学家萨默维尔。爱达的初恋是家庭教师，萨默维尔的儿子格雷格日记中有记载。格雷格和爱达彼此有好感，但恋情被拜伦夫人扼杀了。格雷格后来成了爱达的律师和知己，并向她介绍了大她10岁的威廉·金勋爵，两人一见倾心。金1838年成为拉芙莱斯伯爵，爱达也成为伯爵夫人。

爱达18岁那年开始随母频繁出席社交聚会。1833年，爱达在聚会上见到44岁的鳏夫巴贝奇，开始了一生的友谊。巴贝奇是维多利亚时代英国最重要的数学家、工程师和经济学家。他和几位数学家改变了英国大学的数学教育，使英国重回数学巅峰。他还曾是剑桥的卢卡斯讲席教授。工业革命后，工业、航海、军事都对计算提出更高要求。巴贝奇设计了两台计算机——差分机和分析机。差分机是计算初等函数，分析机就是通用计算机。图灵的学生和恋人罗宾·甘迪认为巴贝奇早于图灵100年就知道"丘奇—图灵论题"，即"图灵完备性"。但限于技术和经费，这两台机器都没成为产品。

拜伦夫人给友人写信称，爱达更喜欢参加有科学人（那时"科学家"这个词还没叫响）的聚会。她们遂被邀参加巴贝奇家的知识界聚会。聚会的项目之一是参观巴贝奇的差分机样机，拜伦夫人称之为"会思考的机器"。据弗兰德教授的女儿索菲亚描述："别人在凝视这台漂亮的机器，好似第一次看到眼镜或第一次听到炮响，但年轻的拜伦小姐知道机器的工作原理。"索菲亚后嫁给数学家德摩根，而德摩根被巴贝奇推荐给爱达做数学老师。德摩根曾善意地提醒过拜伦夫人，投身数学对爱达虚弱身体的康复不利。

1834年，爱达母女与萨默维尔的友谊更深。爱达从她身上得到激励，决心把数学作为智力追求。此时巴贝奇已开始设计可编程的分析机。爱达1834年刚过19岁生日时，巴贝奇在与爱达母女和萨默维尔的聚会上提到分析机的想法。拜伦夫人写道："我理解这是求解以前难解的方程的手段。"分析机被称为最伟大的理论发明。巴贝奇除了在自传中提到分析机，并未为它撰写合适文档。因差分机经费短缺,巴贝奇和政府关系紧张,1840年他到欧洲散心,在意大利都灵做关于分析机的讲演,听众中的数学家兼工程师梅纳布雷亚上尉用法文做记录,并于1842年把记录稿出版。梅纳布雷亚后成为意大利总理。

爱达对分析机痴迷,在巴贝奇的帮助下把梅纳布雷亚记录稿翻译成英文,并做了详细注释。注释比原文长了近3倍。在注释中,作为例子,她写了一个在分析机上计算伯努利数的计算流程,这被认为是第一个计算机程序,爱达也被认为是第一个程序员。

爱达由此开始思考机器能不能展现智能的问题。她的注释中对机器智能的评论,时而乐观时而悲观。悲观评论如:"分析机只能执行命令,不可能自主创造任何东西。"100年后,图灵只看到爱达悲观的一面,并在1950年写的《计算机与智能》一文中专列一节《拉芙莱斯伯爵夫人的异议》予以批判。这篇文章一般被认为开创了人工智能。如果研读上下文,会发现爱达和图灵对"创造"一词理解不同。爱达事实上还说过分析机可创造意想不到的数学,"创作任何深度和广度的音乐作品"。两人的差异在于她并未低估计算机的能力,而是高估了人脑能力。由此,我们知道图灵对巴贝奇和爱达的工作是熟悉的。1844年,爱达在给格雷格的信中提到,她的志向是创建"神经系统微积分"的学问。她认为"对数学家来说,大脑问题并不比恒星、行星问题和运动问题更难处理,只要他们愿意从正确的角度审视它"。99年后,生理学家麦卡洛克和逻辑学家皮茨的文章开创了人工智能中神经网络的研究路径。

爱达的信件大部分被母亲毁掉,只保留和工作相关的。2000年在英格兰诺森布兰特郡发现了一批爱达和巴贝奇的信,共110封,其中85封是爱达写给巴贝奇的。爱达生前最后一封信是写给巴贝奇的。爱达的孙女把她保存的爱达的信件交给科学家、科学史家和科学官僚博登勋爵,博登在1953年编辑的最早的人工智能文集《比思想还快》中写的首篇文章《计算的简史》中,第一次系统介绍爱达生平及与巴贝奇的友情。爱达传记作者爱辛格把爱达和巴贝奇间的交往说成是科学史上最伟大的友情之一。

爱达的名气在当代似乎超越巴贝奇,在硅谷的计算机历史博物馆礼品店,有至少5本不同的爱达传记,而巴贝奇的没有那么多。数学物理学家沃尔弗拉姆高度评价爱达。她把数学中的想象和直觉称为"诗意的科学",这是她一生追求的写照。爱达一生身体虚弱,36岁死于宫颈癌。

纠偏能力

□ 晨 曦

非洲草原上的豹子在捕猎羚羊的过程中,如果它能根据最终的捕获位置,提前编制计划的话,你说它哪一步跑对了?答案是每一步都跑错了。两点之间自然直线最短,但实际情况并非如此,豹子之所以能最终捕获羚羊,是因为它每一步都按羚羊的奔跑路线,做着对上一步的纠偏与修正。

我们常赞赏高水平的棋手,说他们能"看一步想两步",其实再高明的棋手也不可能完全按照早已定好的计划下棋,这跟豹子追逐羚羊是同一个道理。

所以说,人要想做成事情,必须具备及时纠偏和修正自己的能力,走一步看一步,随时应对各种因素引起的变化,最终才能达到自己预定的目标。

珍贵的同伴

□ [荷兰] 桑德尔·拜斯 译 / 贺海燕

  世界上大多数学校的体系里，青少年要选择最吸引他们的科目：艺术与文化、科学与技术，或者介于二者之间的经济与社会。对大多数孩子来说，选择的时机来得太早。我们倾向于把事物整齐地摆在一条直线上，从艺术到科学，从创造力到严谨的逻辑，或者用更传统的眼光来看，从男性到女性。所有这一切都显示着让人窒息的狭隘。

  这种做法暗示：这些学科相互对立，科学是文化的对立面；我们还会因此产生各门学科互相排斥的印象。有文化头脑的人不喜欢科学，有科学头脑的人对艺术无感。文化怪人憎恨数学，因为数学太难；而科学家们大多对人类灵魂的复杂性无动于衷，因为他们连自己的感情问题都搞不定。

  这真是太奇怪了！也许我们应该着手把人类大脑的一切努力成果摆成一个圆圈，或者摆在多边形的每个角上，而不是摆成一条直线。这样一来，我们便能极大程度地改变人类文明的整体形象，同时也能在一定程度上推动各个学科更均衡地划分，即每个学科既自成体系，又居中协调。或许更重要的是，这样会生发无数新的机遇，包括可供探索的新跨学科领域或可教授及学习的新课程。这种方法或许还会解放孩子们的思想，让他们去发现、遵从自己的聪明才智，让追求幸福不再是负担，甚至意识到追求教育就是在追求幸福。

  允许中小学生发挥所长，在我看来，是教育的首要任务。我常常对我的学生说："才华是你们一生中最珍贵的同伴，值得开心的是，才华会伴你左右，不离不弃。"我们都知道，人生充满奇奇怪怪、不可预料的转折，你会失去原以为是自己的东西：你可能会失去金钱、物品，还有其他对你来说十分重要的人，也许因为离别，也许因为死亡。但就算在最艰难的逆境中，你的才华仍会伴你左右。在这样的时刻，你会比以往更明白，才华是多么珍贵、坚韧；它赋予你生存的力量，让你浴火重生。

②

何不远行，
见山见海
见世界的美与惊奇

几乎错过的美妙时光

□ [美] 阿莱萨·林德斯佳 译/赵 宏

傍晚时分,我看了一眼厨房里的挂钟。如果快一点的话,也许我能在丈夫回家之前熨好衣物,可吃晚饭的时间肯定要延迟了。自从我们搬入这个农场,我好像总有干不完的活。

我略停了一下,擦了擦脸上的汗水。四月就这么热,简直有些不合时令。我刚俯身从篮子里拎起一件衬衣放到熨板上,就听见五岁的儿子蒂姆在门口大声喊道:"妈妈,快来呀!"

"出什么事了?"我不耐烦地在心里问了一句,然后拔下熨斗上的插头,奔了出去。蒂姆站在门前的台阶上,手指含在嘴里。看样子,他显然没有什么急事。

"怎么了?"我问,"你不知道我正忙吗?"

"你听呀!"蒂姆拉过我,低声耳语道,"那是什么声音?"过了一会儿,我听到一个模糊的声音从远处的树林中慢慢地传来。我听着,听着,有些困惑,我从来没有听到过这种声音。突然,我明白了。"那是雨!"我轻轻地说。我几乎不相信这是自己的声音。"哦,蒂姆!"我说,"雨来了!"我欣喜若狂,一把抱住蒂姆。

多美妙啊!我们听着急骤的雨点落在地上时的噼啪声,看着院子里和路上的车辙里积聚的雨水。接着,我们甩掉鞋子,光着脚跑进雨中。我们手拉着手,仰望天空。不一会儿,我们就被雨水浇透了。真舒服,在炎热的天气中,下雨既让人觉得凉爽,又让人觉得空气清新!

我们惬意地呼吸着清新的空气,以及潮湿的泥土散发的沁人肺腑的气息。雨下了一天一夜,雨停后,院子里留下了一片一片银亮亮的水洼。天晴了,那种奇妙的感觉一点也没有消失。远处的草地上冒出星星点点的白色的紫罗兰,在明媚的阳光下张开鲜亮的花瓣,空气中弥漫着醉人的芳香。

那天晚上,那些衣服熨完了吗?晚饭做了吗?我已不记得了。可我清晰地记得雨中那些美妙的瞬间,世界上仿佛只有我和蒂姆看到了那动人的一幕——啊!多么令人销魂的辰光!

虽然好多年过去了,但是,那天晚上的快乐依然让我留恋。蒂姆已经长大了,离开了家。每当回家修整院子里的杂草时,他总是不愿碰那些白色的紫罗兰。

那天晚上的经历使我有一些体会:孩子比成年人更想亲近大自然,当孩子发现什么东西很奇妙,而且需要和你一起分享时,你应该加入其中。

眼　睛

□ [挪威] 卡尔·奥韦·克瑙斯高　译 / 沈赞璐

　　我永远也不会明白眼睛运作的原理。我也永远不会明白，外部世界所有的事物和动作，是怎样通过眼睛反射进我们的脑子里，像一幅幅画在我们黑暗的大脑中显现出来的。我知道眼睛是由眼球、眼睑、结膜、泪腺和眼肌等组成的。我知道当光线照在眼睛上时，一种名为视紫红质的物质会发生分解，光能会转变为神经冲动，然后这些冲动会通过神经通路传递到大脑的视觉中心，在大脑中重现，成为内在的知觉。由于这个无比精细的过程，再加上视网膜里有约一亿两千万个视杆细胞，我可以在七月一个炎热、安逸的日子里，看女儿们在草坪上打羽毛球。

　　四周是静止不动的绿植灌木和森林，头顶是湛蓝的天空，孩子们略显笨拙的动作还有全神贯注时的面部表情时不时融入她们的欢声笑语和互相指责中。也因为这个过程，我还可以在今天清晨站在厨房的窗户边，一边等咖啡煮好，一边看着雪花落在黑漆漆的屋外。小雪花跟随着空气中每一个最细微的变化，一片接一片地降落在草叶上、草叶下和草叶之间。过了几个小时当遥远的太阳发出的光芒，被云层严严实实地遮蔽起来，在大地上洒下雾蒙蒙的光线时，草地被白雪覆盖。

　　我不能理解这一切是怎么发生的。或许这就是一个纯力学、纯物质性、纯粹的能量转移的过程，是关乎原子和光子的问题。我本可以接受这样的解释，要不是眼睛不仅能接受光，还能发出光的话。那么，眼睛里的光又是哪一种光呢？噢，那是一种内在的光，在我们所见到的，不管熟悉还是陌生的所有眼睛里都会闪耀的光。

　　在陌生人的眼睛里，例如在宁静的秋日午后坐上人满为患的公交车，眼睛释放的光会很微弱，更像一种让人难以察觉的微光，从一张张面色严峻的脸庞上散发出来，它只揭露了他们是活着的人，仅此而已。但当这些小小的生命之光转向你的那一刻，你注视着这些眼睛，所见到的就刚好是这些人。

　　你或许会对此着迷，或许不会。在一生的历程中，我们会注视成千上万双眼睛，大多数会在不经意间溜走，但突然，在这万千双眼睛中，你看见了你想要的，看见了你不惜一切代价想靠近的。那是什么呢？没错，你看见的并不是瞳孔，也不是虹膜或眼白，而是灵魂，是灵魂散发的古老光芒装满了那双眼睛。当你用满溢的爱意，看着所爱之人的眼睛时，那个瞬间就是你幸福感最强的时刻。

总有一些温暖，
暖了你整个青春

还有什么有意思的事情吗

□ 流 泱

看到一个视频，是一位心理咨询师讲述他所经历并受到震动的一件事。一对复旦大学的教授夫妻，将自己的儿子送来做心理咨询。他看到摆在自己和无数人面前的无穷"内卷"，但过程和终点都称不上"幸福"的一生，感到深深的倦怠和无聊。

他说得"特别有道理"，这位心理咨询师竟无言以对。他几乎是不带什么希望地问少年："那你觉得自己的生活中还有什么有意思的事情吗？"少年想了想，告诉他，只有每周末去猫咖做义工的那两个小时里，才感到自己的存在还有一些价值。于是心理咨询师建议焦虑茫然的父母在家里为孩子养一只猫，虽然他并不确定这能起到多大的作用，但也许与更多生命的链接、其他生命对自己的依存和仰赖，能够在某种意义上赋予一个人对自我价值的确认，也许就会让这个少年在选择轻生时因为这份牵挂而犹豫不决。

这个少年与猫的事情打动了我。我仿佛看到一个身形瘦削的男孩，在三十多只猫咪的簇拥下，为它们清洁身体，打扫房间，动作轻柔，眼神温和，内心感受到从未有过的宁静和自足。被需要、被依赖，打开并付出一部分自己，不但不会让自己的内心产生空缺和苍白，反而使它更丰富充盈。孩子们长期以来一直想要养一只猫，却始终被她们怠懒的妈妈以各种理由反对，也许是时候重新考虑一下了。

当然并不只是养猫才会有这样启迪和滋养生命的用处。这个春天，朋友鼓励我的小女儿参加种植大赛，于是带着这样一个缘起于功利心的想法，我们找来两个花盆，小女儿将乌黑的营养土倒进去，装得满满的，在一个花盆里种下花生，在另一个花盆里种了绿豆。她举起小水壶将泥土浇得透透的，再小心翼翼地将花盆端到阳台上。她拍着花盆的盆壁，像是要把自己的力气也送给它们一些，满怀期待地祝祷："好好吃饭，好好喝水，好好晒太阳，快快地长大吧！"每天起床一睁眼，她就要到阳台上去看看它们睡得好不好；放学到家，她就抱着故事机来到阳台，看看它们长得怎么样了。她不吝惜自己的付出，每天都会认真地给它们补水，吹风，绘图，做成长记录。眼看着它们发芽了，生根了，出土了，长叶了，叶子越来越多，茎秆越来越高。她担心花盆太小，又将它们端到楼下邻居爷爷的小园子里，移植到土地中。每天的早晨和黄昏，也就是她上学和放学的时间，她都要特意拐到邻居爷爷家，去看地面上越长越大的宝贝植株，还有园子里混杂一处却各自繁荣的南瓜、葡萄、枸杞、大葱、青椒、牡丹……

那段时间，她的眼神丝滑，极少发脾气，整个人松弛而愉快，总是唱唱跳跳的，时常奔到我跟前来，向我高声汇报花生、绿豆的生长情况，以及她又给它们浇水啦。植物于人的馈赠，当然不只是提供食物这一个层面；满眼的勃勃生机，最能抚平心上的凹凸不平。但最棒的地方，莫过于精心照顾它们从一粒粒种子发展成为一棵棵独立的生命，这种创造带来的欢喜和成就，是难以言喻的。

有一天，天气格外好，我们坐在邻居爷爷的小园子里，东看看，西看看。我给她看了萧红《呼兰河传》中的片段"祖父的园子"，书里说："花开了，就像睡醒了似的。鸟飞了，就像在天上逛似的。虫子叫了，就像在说话似的。一切都活了，要做什么，就做什么。要怎么样，就怎么样，都是自由的。倭瓜愿意爬上架就爬上架，愿意爬上房就爬上房。黄瓜愿意开一朵花，就开一朵花，愿意结一个瓜，就结一个瓜。若都不愿意，就是一个瓜也不结，一朵花也不开，也没有人问它。玉米愿意长多高就长多高，它若愿意长上天去，也没有人管。蝴蝶随意地飞，一会儿从墙头上飞来一对黄蝴蝶，一会儿又从墙头上飞走一只白蝴蝶。它们是从谁家来的，又要飞到谁家去？太阳也不知道。"小女儿看看书上的句段，又看看眼前的小园子，惊诧莫名。书上的世界移植到眼前来了吗？都这么美好。但我没有告诉她的是，正是童年那个园子里生生不息的丰沛，滋润了萧红的心灵，支撑了这个女作家崎岖艰辛的一生。而这些凝固在书页上的美丽的文字，如今也成为滋养更多生命的力量，让这个小女孩更加深刻地感受到眼前的生命景象是美好和值得珍惜的。

我跟她说，正是由于她对花生、绿豆的精心照顾和辛勤付出，它们才长得这么欣欣向荣。我想让她始终感受到自己很重要，总是被别人需要。但不只是植物需要她，她的妈妈和家人也非常需要她。她能带来快乐和自由的力量。我们去超市买菜，我需要她帮我提着一个兜，这样我就不会"走路摇摇晃晃"，更不会摔跤了。我在厨房里做饭，需要她帮我蒸米饭、洗菜、切菜，有时还需要她给我讲故事听，这样就能打发掉做饭时的"寂寞"，而做饭也变成有趣的事了。我看着镜子里枯黄的脸，赶紧躺到床上，声声唤她帮忙贴面膜，这样我就能在她的协助下"青春常驻"了。我在公园里走路，需要她随时勘察地图做向导，这样我就不会"迷路"，而且我们就能很快找到出口附近卖冰激凌的小摊了。入睡前，我会感谢她总是这么给力、这么无私地奉献自己、这么爱我。我跟她说，妈妈并不总是那么强大和无所畏惧的，但有了她的帮助，妈妈就披上了最坚硬的铠甲，就总能打胜仗所向披靡了。这种时候，小朋友的自信和自豪也是相当不加克制甚至格外嚣张的。

所以，如果没有猫，花生、绿豆和我都可以充当"猫"，让生命激发生命，激发爱、同情和奉献，让她觉得自己是有力量的，是能够做许多有意义的重要的事情的。但愿通过这样的方式，在她慢慢长大的过程中，将"生活里还是有很多有意思的事情"的信念慢慢根植到她的心里，帮助她在未来抵挡时常来袭的"空虚"和"没意义"。

万物的名字

□石 帆

世界上的每一朵花
都有自己的名字吧
只是我们不知道
姓星星的花喜欢在夜间开放
姓太阳的花喜欢白天
采蜜的蜜蜂一定叫得出它们的名字
采蜜的蜜蜂
也有自己颜色鲜艳的姓氏
世界上的每一阵风
出生在海洋
出生在湖泊、山冈
它们姓天空，姓泥土
姓飓风、流星和咸咸的海水
咸咸的海洋里
每朵浪花欢叫着它们自己的名字
欢叫着
一生只跳跃一次

迷失在树影里

□ 章铜胜

作家废名去访俞平伯。两人闲谈,俞平伯指着庭院中一棵古槐对废名说:"这棵槐树比这房子的年纪大。"废名看是一株晋槐,树虽老而生意不止。虽然只是俞平伯的一时即兴之言,却给废名带来了分外的欣喜。废名是爱看树的,不只是面前的古槐,从黄梅城外的桥边到花红山,那些树给了他和小说《桥》中的程小林太多的灵感和欢喜。就像藏在我们记忆深处的一些东西所留下的印象,会在不经意的瞬间突然到来,也像一些不同的树影,会经常出现在我的面前。

我向来方向感不强,留在记忆中的树影其实只是我识路的标志。从家中出门,翻过一个土岗,可以望到不远处的村庄边有一株高大的柏树,向着这个方向走,过小石桥,再往前是一小片松树林和相连的另一片杉木林,再走上一条两边种满油茶和檫木的大路,就可以看见茶园围绕中的学校了。春天,檫木抽出的嫩叶呈淡淡的黄色,远望如一树黄花,衬着茶树抽出的嫩绿的叶子,真是美到极致。冬天,上学放学的路上,我们钻到油茶林里偷摘采剩下的油茶果,互相扔着玩,在追逐打闹中如林中的鸟儿叽叽喳喳,扬起一路的尘土,引来路人的侧目,这些就是留在我上学路上的树影。

去外婆家路要远一些,要经过两个村子,然后在一处大池塘边是一片绵延的小树林。穿过小树林,从田埂边两株高大的枫杨树边走上圩埂,便能望见绿树掩映中的外婆的村庄了。春天去外婆家,我喜欢绕到池塘的另一边,看那株高大的棠梨树撑开一柄白色的花之伞和它映在池塘里的美丽倒影,想象着这是不是就是从《诗经》中流传至今的棠棣之华呢?夏天的枫杨树给了我一大片荫凉,走到树下休息,风扬稻菽十里香,再看看不远处的村庄,心里顿时轻快许多。

三十多年前,我常从学校沿率水河下屯溪,沿河观景,也看河中婀娜多姿的树。河中的沙石滩上总有三五成群的树生长在一起,它们相扶相携,无畏地面对自然的风吹雨打;它们相依相偎,坦然地迎接滋润的雨露阳光。其间也会有一两株倔强地挺立着的,逆着或顺着水流的方向,都展示着一种生命的顽强。这些树就像沙漠中的胡杨林、大海边的椰子树、灞桥边的柳树一样,让我真切地感受到了树之美。后来,在普里什文的《林中水滴》里,我找到了属于树的生活,发现了即使是树桩的废墟,也可以美丽如画。

"所谓故国者，非谓有乔木之谓也"，但又有多少人能不迷失在故乡乔木的树影里呢？痴迷执着的废名，眷恋着湖北黄梅县后山铺的大樟树，当逃难中的他得知那株曾给幼年的他以莫大安慰的大樟树被人砍掉变卖以后，仿佛失掉了一种坚实的依靠，从而对同为冯氏族人的伐树者产生了极大的厌恶。他也羡慕陶渊明"提壶抚寒柯，远望时复为"的潇洒，常常一个人到大松树下独坐冥想。北平香山甘露寺的古松，停留在战时废名对和平年代京师生活的怀念里。"可爱春在一古树，相喜年来寸心知"，这是废名赠师兄诗中的句子。古木逢春是一种欣喜，欣喜生命的珍贵；生意盎然则是一种报答，报答自然的恩赐。

鲁迅文章里的树木，读后会沉重一些，他在《秋夜》中写道："在我的后园，可以看见墙外有两株树，一株是枣树，还有一株也是枣树。"两株相同而又独立的树，相守相望，却不相依相靠，是冷漠，还是一种无奈的隔膜，这样的语句只能让人体会到一种更加复杂的心情。

不知道的力量

□ 每晚CC

在经典著作《人类简史》这本书里，作者尤瓦尔·赫拉利讲了一个很有意思的故事。

1459年，欧洲人绘制了世界地图。可以看到地图上似乎巨细靡遗，就算是当时欧洲人一无所知的南非地区，都有密密麻麻的信息。那个时代的人，认为世界上只有欧、亚、非三大洲，除此之外，根本不存在他们所不知道的区域。就连航海家哥伦布，也对这张地图深信不疑。

1492年，哥伦布从西班牙出发向西航行，希望能找到一条前往东亚的新航线。途中，他登陆了一个新的岛屿，也就是现在的巴哈马群岛（属于北美洲）。但他固执地认为，这是属于东亚海域的一个小岛。一直到他去世，他都不相信自己发现了一个新的大陆。

直到1502—1504年，意大利水手韦斯普奇在文章里提出：哥伦布发现的小岛旁边应该不是东亚，而是一个新大陆。美洲（北美洲和南美洲）才渐渐出现在世界地图里。说到此处，作者尤瓦尔·赫拉利也忍不住感慨：到头来，全球四分之一的陆地、七大洲之中两个洲的名字就来自一个名不见经传的意大利人，而他唯一做的事就是有勇气说出"我们不知道"。而这种"我们不知道"的精神，也启迪了欧洲很多地理学家，以及欧洲几乎所有知识领域的学者。

从1525年开始，欧洲人绘制的世界地图就出现了大量的留白，承认已知之外，还有许多未至之境。这些留白就像一块块磁铁，吸引欧洲人前赴后继。欧洲探险队绕过非洲、深入美洲，越过太平洋和印度洋，到达世界各地。

推动这一切的，就是"不知道的力量"。

总有一些温暖，
暖了你整个青春

世界永不眠

□［美］娜塔莉·隆佩拉　译／安吉拉

　　午夜，星星的微光点缀着黑夜。蟑螂穿过厨房的地板，去抢一块掉落在地上的面包屑。蜘蛛在后院的围栏上编织复杂图案。飞虫在门廊灯下挥动翅膀，翩翩起舞。小动物们夜以继日地忙着工作、进食、捕猎、躲藏。

　　黎明破晓前，月光花沐浴在最后的月光里，而牡丹和罂粟继续沉睡，将柔软的花瓣收拢。唧唧吱，唧唧吱，蟋蟀在一个奇妙的地方鸣叫着，叫声四处回荡。不过，当太阳升起时，他将安静下来，在临时的居所进入梦乡。

　　清晨，点点露珠在小草、植物的茎秆和叶子上闪耀，但不久后就神秘消失，再无踪影。虫卵在池塘的水面下孵化，蜻蜓的生命之旅开始了。一只蜻蜓幼虫和刚孵化出来的兄弟姐妹用鳃呼吸，他们穿梭在池塘里，四处寻找食物。他与一群蝌蚪擦肩而过。一旦他蜕皮、长得更大些，他会抓蝌蚪来吃。现在，吃点小水蚤就够了。

　　下午3点左右，白天的炎热让木槿花水分流失，花瓣变得皱巴巴的。一只采集蜂从早上就开始忙着采花蜜。她现在休息一会儿，之后就要飞回家把花蜜传给内勤蜂。在蜂巢里，内勤蜂们会把这种液体酿制成黏稠的蜂蜜。

　　夜幕降临，星星开始露出面孔：一颗、两颗、三颗……不久，天空中繁星点点。一只雄性萤火虫闪了一下光，等着一只雌性萤火虫的回应。他又闪烁了一下，她回闪了一下。

　　又到午夜了。蟑螂再次从藏身的地方出来寻找新宝藏。蜘蛛在围栏上编织新网，用来捕捉下一顿大餐。飞虫在附近的门廊灯下逐光飞舞。日复一日，夜复一夜，虫儿们挥动翅膀、进食、产卵孵化。

　　世界永不眠。

树的模样

□［英］弗吉尼亚·伍尔夫　译／何蕊

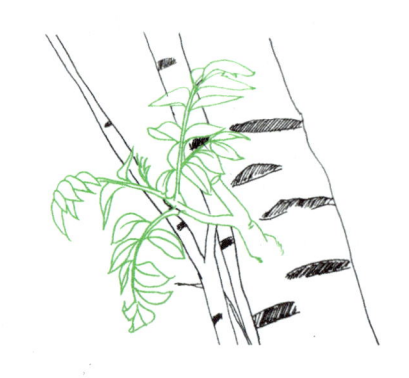

　　我比较中意那棵树自身的模样：最初是它本身木质的又干又密的感觉，接着受到风雨洗礼，然后就感到树的汁液慢慢地、畅快地逐渐流出来。我还热衷地去想这棵树如何在冬天孤傲地伫立在旷野上，树叶抱成团，将柔软的内在隐藏起来，不让月光冷硬的子弹看到；小昆虫费劲地爬过皱皱的树皮，或是在树叶搭成的躺椅上享受日光浴，眼睛像红色的宝石一般，直视前方，此时它们的脚肯定很冷……酷寒使树木的纤维开裂。最后的暴风雨将树摧折，枝叶落入泥土。即便如此，生命也未消失。

松涛阵阵

□朱良志

松涛阵阵，真如日本俳句圣手松尾芭蕉所说，是"无上尊贵的山顶松风"，它彰显的是人与世界"共成一天"的境界。此中哲思，在有关音乐"移情"的古老传说中就寓有伏笔。

三千多年前，伟大的音乐家伯牙随老师成连学琴，学了很多年，就是没有达到心神会通的境界。成连说："我没有办法带你达到很高的境界，不如让我的老师来教你吧。"他将伯牙带到海边，让伯牙等候，他去请老师。伯牙等啊等啊，就是不见老师以及老师的老师来，他看着茫茫大海，放眼绵绵无尽的松林，不由得拿起琴来弹，琴声在山海间飞扬，在天地间飞扬，汇入松涛阵阵中。他忽然明白了老师的意思——成连所介绍的这位老师就是天地宇宙。音乐不是简单的艺术，而是与天地宇宙晤谈的工具，他向着茫茫大海诉说着寂寞，向着涛声阵阵传递着忧伤，这时，他与天地之间的界限突然间消失，像一只山鸟，浴着清风，沐着灵光，在天地间自在俯仰。

沈周有诗云："松风涧水天然调，抱得琴来不用弹。"携来一把琴，坐于松下，援琴欲弹，忽听松涛阵阵，飞瀑声声，竟然忘记了弹琴，自己融入了世界的声音中。《二十四诗品·典雅》中描绘的"眠琴绿阴，上有飞瀑"也是此境，枕琴看飞瀑，琴未打开，天地为之弹奏，融入松涛阵阵中。

松风，是天籁的代名词。万壑松风清两耳，九天明月净初心，松涛太古，明月初心，其实就是要人放下一切杂念，同于自然节奏。松涛—音乐—本心，这是中国艺术沐浴松风的逻辑。

蔓与攀缘

□李雪涛

丰子恺在《随感十三则》中写道："花台里生出三枝扁豆秧来。我把它们移种到一块空地上，并且用竹竿搭一个棚，以扶植它们。每天清晨为它们整理枝叶，看它们欣欣向荣，自然发生一种兴味。

"那蔓好像一个触手，具有惊人的攀缘力。但究竟因为不生眼睛，只管盲目地向上发展，有时会钻进竹竿的裂缝里，看了令人发笑。有时一根长条独自脱离了棚，颤袅地向空中伸展，好像一个摸不着壁的盲子，看了又很可怜。这时候便需我去扶助。扶助了一个月之后，满棚枝叶婆娑，棚下已堪纳凉闲话了。"

很多时候，我们并不缺乏向上的勇气和毅力，但如果没有方向的话，这些力量很可能会像蔓一样盲目。

总有一些温暖，
暖了你整个青春

跟着兔子踪迹，踏上罗马古道

□ [英] 罗伯特·麦克法伦 译/杭 海

雪 夜

离冬至还有两天，一年的潮头至此又将折返。一整天都很冷，城市和乡野终日感觉被定格、暂停。零下五摄氏度，大地封固，云层含着雪，可雪就是落不下来。城郊，学校放假了，人们被困在家里，人行道好似溜冰场，马路上结着透明薄冰。太阳在天际划过低低的弧线。然后，就在黄昏将临时，下雪了——连下五个小时，积雪每小时稳涨一英寸。

那晚我坐在书桌前，试着工作，却让这天气分了心。我不时停下来，站起身，望向窗外。雪沉沉落下，穿过街灯投下的一柱橙黄光锥，饱满的雪花闪闪发亮，好似炉中飞溅的火星。

八点左右，雪停了。一小时之后我出门走走，带了一小瓶威士忌暖身。我沿着漆黑的僻径走出半英里，这儿积雪干干净净，尚无印迹。房舍渐渐疏落，有几户没拉窗帘，能看到家人相聚正酣，有电视屏幕的闪光和絮絮语声传出。寒气吸入鼻中有如钢丝。满天繁星，银色的月光漫过万物。

郊区南缘，最后一盏街灯立在一片山楂树篱边上。紧挨街灯的树篱上有个洞，穿过去就是一条不起眼的田间小路。

夜色中，一道长长的白垩质山梁清晰可见，仿佛鲸鱼脊背，我沿着这田间小路，往东，往南，再往东，朝它走去。北面是城里的灯火，还有高塔和吊车上闪着红光的航空警示灯。脚下干雪嘎吱作响，一只狐狸小跑着穿过田野，打我西边过去了。月色分外皎洁，于是一切无不投下分明的月影：白底黑影，鲜明得有如木版画。山茱萸细枝的影子为小路披上斑马皮，山楂树则投下一道格栅。白雪给树木镶上褶边，在粗粗细细的树枝上积到一英寸厚，有些地方还不止。雪让万物都超出自身，月光又使一切成双成对。

这条路，我走得大概比其他路都多。路不老，可能有五十年，不会再久了。东侧树篱大多是山楂树，高约八英尺；西侧树篱树龄小些，混种着黑刺李、山楂、榛树和山茱萸。此地谈不上多美，却自有一股隐秘感，这般树篱夹道，安分地从田野和大路之间穿过，深得我心。夏日里我见过成群金翅雀从起绒草顶端腾起，好似翻涌的小小云朵，它们在前方盘旋着落下，刚好退到我够不着的地方。

那天夜里，小路是一条灰色雪巷，我顺着它走，越过黏土带，踏上纯粹的白垩土，一直走到鲸鱼背山头上的山毛榉陡坡林地。林子后缘，我弓身穿过一片常春藤蔓生的豁口，进入绵延四十英亩的田野。

乍一望去，这片田野白璧无瑕，仿佛巨型浮冰，而当我出发穿越过去，便开始见到种种印迹——这可都是档案，记录了雪停之后的好几百趟旅程。鹿蹄印整整齐齐；山鹬的足迹好似箭头，指向前路；还有兔子的脚印。一行行踪迹从我四周蜿蜒开去，穿越原野，消失在阴影里、树篱中。月光斜照，让近处的足迹显得愈加深重，看上去仿佛一汪汪灌满的墨池。在所有印迹之上，我又添上自己的一份。

雪地上，一切分外明晰可辨，引人探究。每行印痕都有如一组情节，在事毕之后留下一连串暗示，可以沿时光回溯解读。我寻得一列狐狸的足迹，它们不时被狐尾拂过，好像这狐狸一直在竭力抹去自己的行踪。又发现一处踪迹，想来是一只雉鸡起飞的痕迹：着力飞升时双足掘下的印记，随后足印两边间或出现翎羽的压痕，逐渐变浅，之后便全不见了。

出 走

我选择跟着一只鹿的足迹走去，它在田地一角陡然拐了个弯。鹿蹄印穿过一片黑刺李树篱，我循着它，一路拨开枝子，一头扎进一片梦幻景色。

北边，土地平缓下倾，绵延三百来码。我所站位置的南边向上，在硕大的白色土丘的中心，似乎是一片精巧的小湖，中间竖着一根旗杆。四周山毛榉和松树丛生，地上有突然出现的陡坡和洼地，还有一座座圆溜溜的山丘和一道道山谷。

我走向湖泊，竟能踏上湖面，便到旗杆边坐下来，啜了口威士忌。这里是本郡最高档的高尔夫球场，现在漆黑一片，没人打球，又受大雪和月光的改造，成了奇异的旷野。我一边向高尔夫俱乐部成员喃喃道扰，一边离开第一洞果岭，开始探索这片球场。我大摇大摆地走在一条条球道正中，身侧的影子丝毫没有变形。沙坑里的雪已积到腿肚子，又细又匀。到了第五洞果岭，我仰面躺下，望着星斗缓缓转动。

球场上大部分动物足迹是兔子留下的。你若见过雪地上的兔子脚印，就会知道它们好似万圣节的骷髅面具，或者蒙克名画《呐喊》中的人脸：两只后足并排着地，印出细长的眼睛，在它们中间靠后的地方，落下两个前足印，一前一后，微微偏斜，构成鼻子和椭圆的嘴。雪地上，数千张这样的脸凝望着我。

偶尔，路上有西行的汽车驶过，车头灯的光宛如悠长的黄光隧道。走到第十二条球道时，一个又大又黑的东西从树下跑向灌木深处，看着像头狼，但肯定是鹿或者狐狸，可我还是无端地害怕起来，手背上感到一阵针扎。

球场尽头，我循着兔子踪迹又穿过一片黑刺李树篱，踏上一条罗马时代开辟的古道，它翻越矮矮的白垩小丘，绵延数英里，雪后望去颇为壮观——白色路径把视线远远引向两端，而我朝东南方这头走去。透过树篱，道路两旁广袤的田野依稀可见，大片坚硬灰白的土地映出月光。一只鸟儿在高高的白蜡树上扑腾，震下的积雪纷纷撒下，如同老电影画面上的雪花点，落到我前方的路上。

距离被奇特地拉长，也可能是时间被压缩了，我仿佛走了许多里路，或是好几个钟头，才走到我熟悉的一条山毛榉林荫道尽头，古道在这里穿路而过。我走上林荫道，沿铁器时代大型环形堡垒的几座防御土垒边缘行走，再穿过一条路，进入一片延伸到白垩丘陵顶上的宽阔草地，丘陵顶端海拔有二百五十英尺。四周是薪炭林，我的嘴里有股白镴的味道。

丘陵顶上，月光之下，我在一处青铜时代古坟遗迹附近的雪地上坐下，又来了点威士忌，回望自己走上山顶的足迹。远处西北方向，有数十道其他脚印，越伸越远，再远便下山了。我选了一条，顺着走去，沿着这些足迹，看看它们会带我去往哪里。

与鸟对话

□张奇斌

走得很远的时候
就会想起一些日子
只有从鸟语中听出一点乡音
快乐从森林里隐去
遥望在无际的天空
与鸟进行一次对话
眼睛是最深奥的哲学
复杂的思维和简单的头脑
都会流露出内心的隐秘
风光的日子背后总渴望清淡
渴望一种纯情的
不带任何修饰的言语
就像鸟的啁啾
我不能全部理解
但很默契

总有一些温暖，
暖了你整个青春

我们很难知道自己想要什么

□编译 / 陈 影 隋莹莹

你的生活中会发生各种美好的事情。人们总是对将要发生的事充满期待，或者计划去做一些让自己开心的事情。但是，当那些你盼望着的，让你开心的事真正发生时，你会觉得自己并不像期待的那样开心。这种状况经常发生在大人身上。

或许你之前特别想要一个飞盘，你看到别人玩飞盘时觉得特别棒。但当你有了飞盘，玩了几分钟以后，你发现自己并不是特别喜欢，飞盘没有那么好玩。也许你特别想给自己的房间刷上喜欢的颜色——嫩黄色或宝石绿色。这个主意似乎不错，但当你真的刷完后，墙壁看起来非常糟糕，你希望自己一开始就别刷。

生活中常常有类似的状况，很多事情与你预想的不同，但这并不意味着让你真正开心的事情是不存在的。这只不过表明，有时你（大家）会发现，我们很难事先知道，当一件事真实发生时是什么样子。

但为什么会这样呢？应该如何让事情变得更好呢？这里有一个有效的方法，即你必须多次询问自己真正想要什么，你必须停下来思考想要的东西是否合理，而不只是简单地等待，希望得到它。哲学一如既往地追问"为什么"，在你确定答案——或尽可能在确定答案之前决不放弃。

有时你很难发现自己真正想要什么。其中一个原因是每个人都在变化。甚至相比于去年，你已改变了很多，那时想要的东西，现在可能已经没有兴趣了。但问题是，大脑并不能一直跟上你的变化。它没有及时注意到你一直在成长，所以，它可能会让你觉得仍然需要相同的东西。即使现在你有了这些东西，也只会觉得很无趣，或者不会像以前那样觉得开心了。

你很难知道自己真正想要什么，另一个原因是有些事情（东西）听起来很棒，但当你真去做（得到）时，其实并没那么好。睡在冰屋里听上去很酷，但在现实中，那里非常潮湿和寒冷，还有点吓人。

我们常常会做出错误的选择，因为很容易受到别人的影响。朋友都说水上公园棒极了，但你其实并不喜欢那里。

这并不意味着你很奇怪，也不意味着你应该强迫自己喜欢水上公园，假装想去。事实是，你和朋友并不完全一样，让他们开心的事情可能并不会触动你。

挑选生日礼物或圣诞节礼物是一个哲学问题，这样说虽然乍听起来会有些奇怪。你要花些时间思考"我真正想要的是什么"，这是一个很重要的大问题——重要的大问题是需要时间来回答的。不只是孩子很难弄清楚自己想要的东西，大人也一直有这样的困扰。虽然孩子和大人有时看上去不同，但在这件事上却是一样的。

广告总是鼓励人们要更多的东西，并试图告诉我们，如果买更多东西，便会更开心。比如，有个广告可能会展示这样一张图片：一个人戴着一块非常昂贵的新手表，他看上去非常开心。这会让我们的大脑想道：如果我买了那块手表，也会像广告里的那个人一样感觉很棒。那块手表可能非常不错，但问题是，感到开心和拥有一块手表实际上并没有直接关系。与朋友相处融洽、喜欢上学和工作、休息和锻炼都会让你感到开心。手表本身没有什么作用。我们想要的是希望自我感觉良好。但让我们开心的不是某样东西，而是经历和联系。我们可能会认为一块手表或一双新鞋能让我们开心，事实上并非如此。当你想要拥有汽车、手提包、私人飞机、新手机，甚至是去豪华餐厅就餐时，这或许和想要手表是同样的情况。世界上竟然有这么多类似的事情，这让人惊讶不已。

波伏瓦是一位法国哲学家，她对"我们很难知道自己想要什么"这个问题非常感兴趣。波伏瓦生于1908年的巴黎，第一批汽车恰好在当时被制造出来。她于1986年去世，那时几乎每个人都有一辆汽车。她喜欢派对，喜欢穿漂亮的衣服，也喜欢旅行。她一生写了很多本书，她还是另一位哲学家——萨特的好朋友。他们几乎每天都会一起吃午餐，谈论正在创作的书。波伏瓦有很多朋友，她经常会把他们写进书里（这偶尔会让朋友们感到不快）。我们很容易忽视自己真正想要的东西，而是去迎合其他人的想法，波伏瓦深入思考了这个问题。她意识到，我们很清楚别人的观点，却忘了问自己真正想要的是什么。她认为，弄清自己真正想要的是什么才是每个人一生中最重要的事情。

虽然波伏瓦酷爱购物，但她并不喜欢那些昂贵华丽的商品，事实上，她尤其喜欢去货品便宜的商店。在纽约做演讲时，她喜欢去"一元商店"，那里所有的商品都是一元钱。波伏瓦认为，我们真正想要的是享受生活，但通常错误地以为我们买的东西是快乐的关键。在大多数情况下，最重要的事情是我们是否想拥有充足的时间和自由去做喜欢的事情。

当你思考自己想要什么的同时，请记住这些话。问问自己是不是真的想要这个东西，还是你自认为想要它。要记住，即使你没有得到它，也没关系，它可能已经不再是那个让你开心的东西了。

新绿之山

□ [日] 松下幸之助　译 / 胡晓丁

人生是一段从一座山峰去另一座山峰的旅途。越过一座山峰，刚想喘口气，下一座山峰又出现在前方；翻过那座山峰，新的山峰又一座座接连不断地横亘在眼前。于是，这种一次又一次接连不断地翻山越岭的过程，就变成了一段没有终点的旅途。

这无疑也是人生的一种真实写照，任何人都无法回避。

巍峨的山、低矮的山、荒凉的山、平缓的山，在各种各样的起伏之中，与各种各样的人生交织在一起，形成了一条行走的足迹。有时会经历狂风暴雨，有时还必须拖着沉重的步伐艰难前行；但有时也会在不经意间沐浴温暖的阳光，有时也会怀念鸟儿叽叽喳喳的鸣唱。

不管遇到什么，我们都要不断地翻越能够翻越的山峰，行走在能够行走的旅途上。

新绿之山，在我心中又唤起了一种新的激情。

总有一些温暖，
暖了你整个青春

唐诗里的少年精神与盛世气象

□ 程郁缀

钱锺书先生在《谈艺录》中说："唐诗多以丰神情韵擅长，宋诗多以筋骨思理见胜。"特别是盛唐诗歌，充盈着一种青春活力和激情想象，即便是享乐、颓丧、忧郁、悲伤，也仍然弥漫和律动着一种青春的气息。著名诗人林庚先生将这种气息称为"少年精神，盛唐气象"。我们不妨从三个方面谈谈唐诗中所体现的人文精神。

温馨的平等友善精神

我们知道，从生命的意义上讲，人都是平等的。唐代诗人在人际交往中能够树立平等理念，不分地位高低，出身贵贱，一律真诚相待，平等相交，洋溢着友善温馨的气息。

如诗仙李白晚年在安徽马鞍山时，皖南泾川豪士汪伦特别喜欢李白，遂致信诡称："先生好游乎？此地有十里桃花；先生好饮乎？此地有万家酒店。"李白一见有美景美酒便欣然前往。到了一看，山村很小，遂不解发问。汪伦乃笑告曰："'桃花'者，潭水名也，并无桃花；'万家'者，店主人姓'万'也，并无万家酒店。"李白闻之开怀大笑，款留数日，离别时汪伦亲自送行。李白感其美意，写了著名七绝《赠汪伦》。

又如诗人兼画家王维，多才多艺，在盛唐诗人中享有盛誉。但他与普普通通的诗人也都能友好交往。王维《送元二使安西》诗中的元二，就是一个不知名的诗人。只知他姓元，排行老二，连什么名字都湮没无闻，但这首诗是唐人送别诗中最有名的一首。

王维还有一首《送沈子福归江东》诗，所送沈子福也是一位寂寂无名的诗人。诗人将自己对朋友的相思之情明喻为春色：春色无边，则对你的相思之情无边；春色无处不在，则相思之情无处不在；你走到江南也好，江北也好，都置身于浓浓的春色之中，那包围着你的浓浓的春色，就是我的相思之情在时时刻刻地陪伴着你。何等温馨，何等热烈！

唐代诗人相互之间能心心相印，命运与共。人之相知，莫过于知心；知心莫过于命运相通，惺惺相惜，比如，李白与杜甫。公元744年，44岁的李白失意地离开长安来到洛阳，遇见了33岁的杜甫，两个人一见如故，携手漫游，结下了深厚的友谊。杜甫描写与李白一起游玩的美好时光："醉眠秋共被，携手日同行。"分别后，李白写过两首诗怀念杜甫，其中有句曰："思君若汶水，浩荡寄南征。"杜甫更是感情深厚，写了十五六首诗歌怀念李白。特别是李白因"从璘"案入狱后，杜甫写下《不见》诗："世人皆欲杀，吾意独怜才。敏捷诗千首，飘零酒一杯。"

诗人向世人表明，对于"皆欲杀"的朋友，自己却独独怜惜其才华和人品，坦荡地表达对朋友蒙冤的深切同情。

高昂的进取精神

当时的社会氛围鼓励人们有所作为，通过立边功求取封侯，出将入相，时代激发了读书人投笔从戎的热情和尚武精神。正如李贺的《南园》诗写道："男儿何不带吴钩，收取关山五十州。请君暂上凌烟阁，若个书生万户侯。"此诗抒发的就是唐代诗人的这种不愿久事笔砚之中,渴望到边疆去施展才干的豪情。

唐人边塞诗十分发达,着力抒发诗人们一往无前的豪迈气概和高昂乐观的进取精神,具有为强大国力所激发起来的民族自豪感和自信心。如杨炯的"宁为百夫长,胜作一书生";高适的"相看白刃血纷纷,死节从来岂顾勋";王维的"孰知不向边庭苦,纵死犹闻侠骨香"——谁不知道到边疆打仗的艰苦呢,但好男儿为了国家,纵然是战死沙场,化成白骨,那白骨也是香的。为国捐躯,纵死不辞,何等豪情!

在其他题材的盛唐诗歌中,也同样充满激情。如李白的《行路难》中曰:"长风破浪会有时,直挂云帆济沧海。"杜甫的《画鹰》中曰:"何当击凡鸟,毛血洒平芜。"李颀的《送陈章甫》中曰:"腹中贮书一万卷,不肯低头在草莽。"这些诗句都展示了诗人的自信和力量,让人激情涌动,昂扬奋发。

崇高的利他主义精神

受传统儒家思想的影响,读书人历来具有"达则兼善天下"的报国济世情怀。唐代诗人中,杜甫被尊为"诗圣",圣在哪里?圣就圣在他总是从自己的不幸想到天下人民的不幸;越是想到他人的不幸,越是忘记了自己的不幸。

杜甫晚年在成都草堂写下了《茅屋为秋风所破歌》。他开头就写茅屋被秋风刮破的情景,很有冲击力,给人一种极度紧张的身临其境的感觉。接下来写狂风之后又下起了大雨,诗人的屋子到处漏雨,一家人通宵难眠,写自家人所遭遇的痛苦和不幸。最后一段写诗人在痛苦不眠之夜所产生的宏伟的理想和美好的愿望:"安得广厦千万间,大庇天下寒士俱欢颜。"

如果能有广厦千万间,庇护着天下穷苦的人,生活都能够非常欢乐温暖,那该多么好啊!诗人从自己眼前的不幸遭遇,联想到天下人民的不幸,从而产生了一种甘愿为天下人民的不幸,而牺牲自己的伟大情怀。"呜呼!何时眼前突兀见此屋,吾庐独破受冻死亦足!"全诗在此高潮中戛然而止,给人一种强烈的心灵震撼。这是一种多么伟大的利他主义精神,一种为了他人而甘愿牺牲自己的崇高胸怀!

这里我们将杜甫的诗和白居易的《新制布裘》诗作一个比较。白居易前期继承了杜甫忧国忧民的优良传统,创作了《新乐府》《秦中吟》等共六十首诗,表达"惟歌生民病,愿得天子知"的愿望。

有一年,白居易夫人给他新做了一件布裘,诗人穿在身上很暖和,于是写了《新制布裘》,前面说这件布裘怎么好、怎么暖和,最后说:"丈夫贵兼济,岂独善一身。"这是化用《孟子》中的名言"穷则独善其身,达则兼善天下"。接下来说:"安得万里裘,盖裹周四垠。稳暖皆如我,天下无寒人!"如果能找一个万里大的裘衣,把四面八方都盖裹起来,人们都像我一样暖暖和和,普天下就没有饥寒交迫的人了。白居易也很了不起,但宋人黄彻在《䂬溪诗话》中说:白居易是"推身利以利人",不及杜甫"宁苦身以利人"。白居易说我暖和了,推己及人,希望天下人跟我一样暖和;杜甫说只要天下人全暖和了,只有我一个人冻死了我也心甘情愿。我们称杜甫为诗圣,圣就圣在"宁苦身以利人"。

月光之盏

□ 王志国

没有风,一切归于寂静
那个披着寒光赶路的人
他身后的道路是白银的匹练
他内心的迟疑,是暗处无法照亮的阴影
是的,我们都是月光忠实的子民
被清冷的光照耀
受月光之盏里倾泻的白银浸润
我们在月光下行走、生活,繁衍后代
我们是一粒粒被照亮的卑微尘埃
既不悲伤,也无忧愁
我们总是习惯于在这样的照耀里
把生活的阴影
从内心移到身后

奏折上的"天气晚报"

□ 梦 缘

在皇帝每日批阅的奏折中，除了涉及社会重大事件，还有大量雨雪主题的奏折。

清代的地方大员之所以热衷于上报雨雪，是因为清代的一项特殊制度——雨泽奏报制度。

重视雨水是传统

中国自古就有"农为邦本，食为政首"的说法。统治者们重视降雨是一种传统。

只不过，清代以前，雨雪上报一直都没能形成一种制度。

秦代就有地方向中央呈报雨水的记录。睡虎地秦简中记载："雨为澍，及秀粟，辄以书言澍稼……稼已生后而雨，亦辄言雨少多，所利顷数……"

秦代，雨水情况不用按月报，只需要在每年八月前呈报就可以。

东汉，郡国会上报雨泽情况。《后汉书》载："自立春至立夏，尽立秋，郡国上雨泽。"

唐宋时期，也有官员上报雨雪的记载。

明代，皇帝同样关心地方雨水情况。明仁宗朱高炽曾指出，关心天气情况是恤民之政。因此，他不仅要求地方官员上报天气情况，还要亲自阅读，"自今四方所奏雨泽，至即封进，朕亲阅焉"。不过，明代的雨水上报主要是看皇帝个人需求，雨水上报还没能形成一种制度。

雨泽奏报制度的产生

清代皇帝推出雨泽奏报制度。各直省需进行气候测量，尤其是雨雪的测量，并逐级上呈朝廷。

清代的雨泽奏报制度发端于康熙时期。康熙三十二年（1693）苏州织造李煦向皇帝上呈的"苏州得雨并报米价折"，可以看作雨泽奏报制度的开端。

不过事实上，李煦除了奏折，还向皇帝呈报了另一种气候记录——"晴雨录"，一种更为细致的气象记录。"晴雨录"需要人们日夜值班，把十二个时辰的天气都详细加以记录。晴、阴、雷、雨、雪、雾和风向等情形都需要被记录在"晴雨录"中。

不过，详细记录天气的"晴雨录"并没有在所有地区推行，原因是制作"晴雨录"的工作量很大，皇帝无法读完这些数据。然而时逢雨雪的奏报制度延续了下来。每月，地方大员会将负责辖区内的雨雪情况上报给皇上。为了方便皇帝了解民情，雨水奏折中也有粮价、收成的内容。奏折中题目一般会写"恭报××年××月雨雪粮价情形"。通过阅读这些信息，皇帝能大致知道一地的农业情况。

有时，皇帝阅读完各地雨雪粮价情况后，会在朱批中表达欣慰之情，朱批为"欣慰览之"。有时，皇帝也根据雨雪情况对粮食进行"宏观调控"。有一次乾隆在阅读了四川总督上报的雨雪分寸（主要是记载每次降雨后降水渗入土壤的深度）后，认为四川省今年的收成会好，就高兴地说："如此，可得买数十万谷以济他省乎？"

皇帝勤政，愿意阅读这类信息，地方官员自然也就重视上报。这就出现了有时雨雪奏折会多到有"刷屏"的感觉。

官员的小心思遇上严密的制度

如果查看上奏雨雪粮价奏折官员的职位，你会发现，汇报一地雨雪情况的人员远远不止一人。总督、巡抚、布政使、按察使、提督等都会向皇帝上奏地方的天气与粮价情况。甚至有些官员出差，沿途的经过地遇上下雨，也会随手记录，向皇帝汇报。

为什么需要这么多人汇报天气呢？

这其实也是清代雨泽奏报制度的要求。多个奏报的渠道可以尽可能地减少官员瞒报情况。

瞒报灾害的现象在清代并不少见。许多官员为了迎合皇帝希望风调雨顺的心理，选择报喜不报忧。康熙五十二年（1713），云南发生严重饥荒，由于总督、巡抚没有及时将旱灾的情况上报朝廷，赈灾不及时，导致很长一段时间云南民众的生活苦不堪言。

皇帝在阅读奏折时，也有一定的分辨能力。例如乾隆三年（1738），直隶总督李卫上奏甘霖，皇帝便一针见血地指出该份奏折"因欣慰朕怀而存掩饰之念"。嘉庆二年（1797），湖广总督毕沅上报雨雪情况，嘉庆帝看后朱批"一篇虚文愧而览之"。

于是，为了防止瞒报，皇帝要求多位地方官同时上报雨雪天气情况。渠道多了，情报也会更加可靠。有时为了核实某一奏折中天气记录情况的真假，皇帝还会专门派遣官员前往核验。

雨水、收成、粮价、民情四者密切相关。在清代，雨水、收成、粮价又有相应的奏报制度。这些数据，形成了庞大的"清代农业数据信息系统"。

总的来说，雨泽奏报制度为皇帝了解地方雨水情况提供了便利。有了雨雪信息，皇帝能够预估该地收成，提前做出相应的规划，稳定粮价，维护社会稳定。因此，从这个层面看，雨泽奏报制度在维护清王朝统治过程中起到了至关重要的作用。

谷 仓

□ 陆 苏

秋天，谷仓多么高兴每天都有意外的惊喜来敲门。去年留守的一颗谷粒，很羡慕新邻居身上稻秆和泥土的气息，还有它们黄澄澄的新衣。趁着它们睡着时，它伸手摸了摸，使劲擤了擤鼻子。

谷仓是一只听秋天说话的耳朵。一年中，自然对人的承诺大多在秋天兑现。谷子到了谷仓，就是静静的喜悦了。谷仓旁边，来来去去的是箩筐、麻袋，它们都被一根扁担招呼着，大鸟似的停在农人的肩上，扑棱棱地奔向谷仓。它们飞过的田野，叫着丰收。

谷仓的上面，搁着笠帽和蓑衣。它们在谷仓上休息，说着多年前的杏花和春雨。

我们在谷仓边生活，它是我们不肯送人的宝贝。我们和谷仓相互喂养、相濡以沫。它不精致，我们也不。我们可以大声说话，而不怕把对方吓着。

当天黑下来，窗子和门都去了梦里，一个更大的不怕黑的谷仓，把我们都拥进怀里，热热的。

诗人与驴

□ 曹亚瑟

要说"诗人与驴"的关系，那好像是其他动物无法取代的。横刀立马，那必定是将军；骑牛过关，那只能是老子；长长驼队走过漫漫沙漠，那肯定是商旅；而驴子瘦瘦小小、性格温驯，随处吟哦的诗人骑着它是再合适也不过了。

说到诗人骑驴，我首先想到的是陆游的那首"衣上征尘杂酒痕，远游无处不销魂。此身合是诗人未，细雨骑驴入剑门"。这是陆游由陕西南郑抗金前线调任成都府路安抚司参议官，途经剑门关时所写。这表明他从军抗金梦的破灭，带着一身征尘，骑着毛驴迎着细雨孑然独行，又回归到那个诗人的形象了。

驴子在中国大约有4000年的饲养历史，它虽然个子矮小，但善负重、能远行，最重要的是性格相对温驯、吃苦耐劳，所以不仅是百姓劳作的好帮手，也深得诗人们的喜爱。

"骑驴十三载，旅食京华春。"杜甫为求得功名和赏识，在长安"朝扣富儿门，暮随肥马尘"，骑驴游走于宦门显贵之间，吃着残羹冷炙，终于未能如愿。"迎旦东风骑蹇驴，旋呵冻手暖髯须"，骑着一头跛脚驽钝的驴子，呵着冻透的双手，这已成为杜甫的一个标准形象。

李白写过"吾爱孟夫子，风流天下闻"。为了吟出一句好诗，孟浩然不惜骑着毛驴冒雪翻山越岭，去苦苦寻觅梅花。所以苏东坡写下"又不见雪中骑驴孟浩然，皱眉吟诗肩耸山"，把这种形象永远地固定了下来。苏东坡在困顿时也离不开驴子，他曾给弟弟子由写诗唱和，感慨道："人生到处知何似，应似飞鸿踏雪泥。……往日崎岖还记否，路长人困蹇驴嘶。"路长人困、道路崎岖，"蹇驴"犹笨驴、驽驴，嘶鸣着，仍然载着诗人在踽踽前行。

钱钟书先生在《宋诗选注》中说，除了李白、杜甫与驴子的典故，贾岛骑驴赋诗的故事、郑綮"诗思在驴背上"的名言等，"仿佛使驴子变为诗人特有的坐骑"。

不说其他朝代，仅唐宋诗人吟咏驴子的诗句就不知凡几。以唐代为例，卢纶《赠别李纷》："头白乘驴悬布囊，一回言别泪千行。"王梵志的无题诗："他人骑大马，我独跨驴子。"顾况《访邱员外丹》："待君归来君未归，却复骑驴下翠微。"白居易《岁暮寄微之》："龙钟校正骑驴日，憔悴通江司马时。"

写驴子的诗，宋代也有不少：王禹偁《商州进士张齐说将赴春闱以诗别冯中允冯君酬和予亦次韵继之》："风雪骑驴去入关，试期难伴贰车闲。"谢逸《梅（其一）》："老杜骑驴入草堂，独怜江路野梅香。"郭祥正《酬蔡尉秘校》："环峰雨过烟岚披，君醉兀兀骑驴归。"王庭圭《送赵文卿之湖南》："想见骑驴得佳句，剩将收拾锦囊春。"陆游《排闷》："闲游野寺骑驴去，倦拥残书听雨眠。"

不过，这些诗句似乎都与诗人的落魄、失意连在一起。唐宋之际，马匹都用于边塞征战了，诗人只能养一头驴子，因为驴子不挑食、好养活，又不挑路，最多偶尔尥尥蹶子。也许，与骑马、坐车相比，诗人只能骑驴的境遇确是稍逊一筹吧。

北宋元丰七年（公元1084年），苏东坡自黄州移迁汝州，因王安石罢相后退居金陵，东坡专门绕道金陵，去拜见这位老上级也是老对手。"荆公野服乘驴，谒于舟次，东坡不冠而迎"，王安石还是那样，没那么多讲究，骑着驴子就来了。

苏东坡反对变法，不是出自私心，而是为了百姓生计；王安石变法，也不是沽名钓誉，而是为富国强兵。二人政见不同，但没有私仇。当有人想借"乌台诗案"置苏东坡于死地时，王安石出面制止，说："安有盛世而杀才士乎？"二人再次见面时，光风霁月，一笑泯恩仇。王安石劝苏东坡在金陵买上几亩地，与他做邻居算了，苏东坡感慨道早几年就好了。于此，苏东坡写下了《次荆公韵四绝（其三）》："骑驴渺渺入荒陂，想见先生未病时。劝我试求三亩宅，从公已觉十年迟。"

据记载，王安石平时就喜欢骑驴出行，他曾写过这样一首诗："蹇驴愁石路，余亦倦跻攀。不见道人久，忽然芳岁残。朝随云暂出，暮与鸟争还。杳杳青松壑，知公在两间。"

他寓居金陵之后，蓄养过一头驴子，饭后每每骑驴在钟山之间徜徉。他对驴子产生了深厚的感情，写诗这样吟咏："虽得康庄亦好还，每逢沟堑便知难。由来此物非他物，莫道何曾似仰山。"

驴子，算是与诗人结下不解之缘了。

风过山林

□詹文格

迁居乡间，我爱上了独自行走，有时顺着河流，有时沿着山径，不紧不慢地往前走。在人迹稀少的山区，山川河流占据着永恒的主场，鸟兽虫鱼是不变的主角。在这自由的王国里，云舒云卷，日出日落。

出没在莽苍山林，人是过客，只可旁观，无法留驻。我越往山里走，越有襁褓裹身的感觉，坐看阴晴雨雪，静听山鸣谷应。一滴水、一片叶，足可反射天空的光芒。

穿行在信号被屏蔽的山里，我以配角的心态，混迹其中。我每走一步，都得借助太阳的引导、河流的指引，才能辨别前进的方向。

走在山里，我更愿意倾听和注视。老鹰掠过丛林，碧泉跃下山冈，藤条攀附大树，露珠滚落草尖，花蕾挨着花蕾，果实亲吻果实……如此迷人的瞬间，谁都不愿错过。

当一滴清凉的雨点滴向额头的时候，我的脑门砰然洞开。山林的意象如同翻滚的波浪，奔腾的溪流像合唱的乐曲。我抬头凝望满树枯藤，苍老遒劲、筋骨毕现，像笔走龙蛇的草书；那些光影闪烁、由明变暗的叶片，如同被人收藏了多年的油画，用色彩感恩时光的浸染。

鸟似歌者，风是舞者，云像梦幻，雾如仙界。高妙的自然，天成的杰作，让人无以言表。此时此刻，陷落俗世的妄念、挣扎于凡尘的肉身，终于都变得轻盈起来。汗水滑过脊背的那一刻，我如见秋阳，久违的畅快与松弛，让我陶醉。

总有一些温暖，
暖了你整个青春

大雪落满宋，灯火不成眠

□ 清雅若诗

冬日，开封下了雪，南京下了雪，洛阳下了雪，杭州下了雪。不是在东京开封府，不是在南京应天府，不是在西京河南府，也不是在杭州临安府。大雪纷纷扬扬，白茫茫点缀梅花枝头，青瓦的房檐被雪覆盖，偶尔调皮地露出点额头，宇宙万物都像被冻住了一般，迷蒙中仿佛一下子回到了久远的宋朝。

宋朝，年关将至，雪落无声。三十六坊，灯火不眠，人声鼎沸。"方轨十二，街衢相经；廛里端直，甍宇齐平"的盛唐城市格局早已被坊市纵横、屋市比邻的不规则打破。"宝马雕车香满路。凤箫声动，玉壶光转，一夜鱼龙舞"成为宋朝市集的常态。

长达数十里的东京马行街，酒旗招展，商铺林立，间歇穿插官员宅邸。西域跋涉而来的行商，毡帽上盛满了雪，一串热气牵出一口市价。成千上万的百姓口含蜜饯，手捧果子，边逛边看，仔细品评，好不热闹。朝有清歌曼舞，暮有火树千灯。雪一重重下，烛花一节节堆，声浪一阵阵高，又忽然沉寂。雪落在梅花上，落在眉毛上，落在土地上，更是晶莹凝结在举目可见的年味上。

天寒地冻，瓦屋盛霜。陆游望着漫天白雪，心事澄明。而今已是暮年，犹如颤颤巍巍的细枝雪，抗金报国的意愿只能悉数押进"平生诗句领流光，绝爱初冬万瓦霜。枫叶欲残看愈好，梅花未动意先香"的诗句里。轻狂与昂扬被锁在大雪的朴素与平淡之中，个人的得失与家国的成败仿佛一起蕴藏在了天地沉寂之中。

那个写下世世代代仍被口口相传诗句的改革家，想要革新"积贫积弱"局面却控不住人心所向的政治家，即使风烛残年，也没能过好这一生。倒是我们这些时代后浪，坐拥着前人开创的基业，守着自己的小家，在家国安定、繁荣富强的平稳生活里，一年复一年地咏叹："爆竹声中一岁除，春风送暖入屠苏。千门万户曈曈日，总把新桃换旧符。"

写下"此间食无肉，病无药，居无室，出无友，冬无炭，夏无寒泉"清苦诗词的苏轼，衾被凉薄，炭石无依，归去无望。汴京灯火通明、暖帐生烟的良辰美景于他都成了旧梦里的奢望。苏轼不是一个就此沉沦悲观的人，相反，他用从容和洒脱走过了人生的三重境界。

初秋的那叶浮行扁舟里，苏轼还在"清风徐来，水波不兴""浩浩乎如冯虚御风，而不知其所止；飘飘乎如遗世独立，羽化而登仙"的现实世界中对标历史英雄，感慨宇宙浩渺，演绎缥缈与空灵的境界。江月年年，清风不改，蜉蝣万物，古今皆然。"盖将自其变者而观之，则天地曾不能以一瞬；自其不变者而观之，则物与我皆无尽也"，无穷的万物自有无穷的乐趣，他将宇宙万物与人生浩渺参悟，将独特思想与完美人格释放到极致。大雪满宋是花开了，灯火不眠是诗醒了，物我无尽是华夏千年的精神之魄，在经历一番地动摇山后超然了。

难怪孟元老从南宋眺望北宋时，一开口就是："暗想当年，节物风流，人情和美，但成怅恨……仆今追念，回首怅然，岂非华胥之梦觉哉。目之曰《梦华录》。"汴梁繁华，天下之冠；人才辈出，文化璀璨；市井生活，千姿百态。哪怕只是辞章里戛然而止的句子，花鸟人物画里遗漏的一缕丹青，都恍若大梦一场，终是远离繁华久矣。

雪满如宋，生命的诗意与浪漫古今相通。拨开历史的迷雾，跨过岁月的藩篱，无论置身于宋朝还是现代，起始之处蕴藏的都是一颗颗温柔滚烫的心。

灯火不眠，蜡烛照亮的城和钨丝点亮的夜，别无二致。窗边通红的炉灶，楼顶呼啸的大风，旋转追逐的星球，有人在的地方就有烟火与深情。雪覆盖城市，为大地添一件纯白大衣，母亲围身厨房，眼里仍闪着晶亮的光。温暖流传百年，浪漫治愈人间。

大雪落满宋，灯火不成眠。我们沉醉冰雪梦境，看遍大宋繁华，伫立风雅中国，置身温暖小家，终觉一切地久天长。

人在一滴水中

□［英］凯莱布·沙夫 译/高 妍

　　一切都始于一滴水。一位窗帘商人，也是一位正在成长的科学家，此时正紧闭着一只眼，另一只眼专注地用一个由一小片碱石灰玻璃制成的镜头在看着什么。在这个亮晶晶的小东西的另一头是一滴湖水的样本，是前几天他郊游时舀回来的。当他调整仪器、放松眼睛重新聚焦时，他突然发现自己一头栽进一个全新的世界。

　　在这一滴水的世界里，遍布着蜷曲的螺旋状物体、蠕动的斑点和带有细长尾巴的钟状生物，它们摆动着、回转着，忙碌地游来游去。此时，他不只是一个渺小的人，还是一个如宇宙般宏大的巨人，观察着另一个不包含他的世界。如果这滴水能够自成一个宇宙，那么另一滴，再一滴以及地球上所有的水滴呢？

　　这位窗帘商人兼科学家正是"光学显微镜之父"安东尼·列文虎克。

　　我常会思考，当列文虎克看到这些蜂拥而至的"微生物"时有何感受。不难想象，他一定很惊奇，但他是否想过，这些小生物也在回望着他呢？

　　人类并不"特殊"。事实上，我们和某些其他生物一样平凡无奇。我们通常意义上的世界既不是微观世界，也不是宇宙，只是这两者之间很狭窄的地带。

　　现在是21世纪，我们正积极探索生命存在于地球之外的可能性。我们也许会发现，人类终究就像一滴水里的微生物一样，只占据了亿万世界中的一个而已。又或者人类在宇宙中是孤独的，在大张的时间与空间之缝，人类不过是身处这个巨大裂缝的一个小小的孤独群体。

总有一些温暖，
暖了你整个青春

金鸡纳霜改写历史

□阿　宝

英格兰和苏格兰在同一个岛上，两个国家从1000年前就开始了斗争。苏格兰人确实很不容易，英格兰软硬兼施，纠缠了苏格兰数百年。直到后来，由于两个王室联姻，两个国家有了同一个国王，但苏格兰依然和英格兰各过各的，保持了自己的独立。

那么，后来，为什么苏格兰又顺从了英格兰呢？应了那句老话，人穷志短，再加一句——没有药啊！

为了摆脱经济困局，苏格兰人展开了一场豪赌。1695年，苏格兰人成立了"苏格兰对非洲及东、西印度群岛贸易公司"。公司开始执行一个雄心勃勃的"达连计划"。达连就是现在的巴拿马运河地区，也是美洲大陆最狭窄的地方。苏格兰计划占领达连，建立殖民统治并开辟一条连接太平洋和大西洋的通道。这条通道一旦打通，苏格兰就可以整天收过路费，这意味着它可以富得流油了。

但是，理想很丰满，现实很骨感。征服热带丛林地区最大的敌人，就是以疟疾为代表的热带流行病。疟疾是由蚊子传播的，得了疟疾的患者，浑身忽冷忽热，痛苦不堪。在热带地区作战，如果有人得了疟疾，情况就会变得非常糟糕，因为得病的人基本丧失了战斗和自理能力，需要专人照顾。

被疟疾折磨得毫无抵抗力的苏格兰殖民者，遭受了西班牙军队的攻击。当时的达连虽然是块处女地，但早已被西班牙视为囊中之物，不容他人染指。面对西班牙人的攻击，很多苏格兰人病得几乎连站起来投降都困难。

1700年，"达连计划"宣告彻底失败，苏格兰损失了全部流动资本的近四分之一，这对苏格兰经济的打击可想而知。英格兰趁机多方运作，苏格兰议会最终含泪接受了英格兰的合并计划，苏格兰"达连计划"的损失由英格兰承担。

为什么当时攻击苏格兰人的西班牙人不怕疟疾呢？答案很简单，西班牙人有当时对抗疟疾最有效的武器：一种金鸡纳树皮磨成的粉。

实际上，早在1630年就有了使用金鸡纳树皮治病的记录，出自当时的西班牙殖民地秘鲁的耶稣会传教士之手。我们可以推断，耶稣会传教士也许是通过某种渠道从当地印第安人那里知道了这种药粉的功效。

苏格兰当时有没有渠道获得金鸡纳树皮粉呢？有的，当时大量的金鸡纳树皮被运到欧洲高价出售，苏格兰想买还是买得到的。为什么苏格兰的殖民队伍没有配备呢？无非两个原因：一是认识不足，苏格兰当时没有殖民经验，可能对美洲险恶的丛林环境缺乏足够的了解，没有意识到疟疾的巨大威胁；二是苏格兰实在太穷，这些东西从美洲运到欧洲，泥巴也能卖出黄金价，苏格兰殖民队伍根本承担不起。

至于西班牙军队，金鸡纳树皮粉的发源地秘鲁就是西班牙的殖民地，而且不用绕小半个地球运输，当然不会缺少供应。

1693年，也就是苏格兰殖民船队豪情万丈地向美洲进发的前两年，距离苏格兰万里之遥的东方，一个叫爱新觉罗·玄烨的人，也就是大名鼎鼎的康熙皇帝得了疟疾，病情严重。法国传教士洪若翰进献金鸡纳霜，治愈了康熙皇帝的疟疾。那一年，康熙皇帝39

岁，皇太子胤礽19岁。如果没有金鸡纳霜，康熙皇帝在那一年驾崩，皇太子即位，就不会有后来的九王夺嫡，也不会有雍正皇帝、乾隆皇帝。

1712年，江宁织造曹寅身患疟疾，向皇帝求赐金鸡纳霜救命。曹寅可不是一般人，他曾任御前侍卫，和康熙感情非同一般，康熙4次南巡都住在他家里。康熙知道曹寅得病后，特地"赐驿马星夜赶去"，还写了一份很详细的使用说明书，恩宠真是非同一般。可惜曹寅命薄，药没送到就死了。

曹寅死的时候，只有54岁。如果他能熬过这一关，再多活十年八年的希望是很大的。曹寅一死，人走茶凉，皇帝对曹家的恩宠也就基本结束了，曹家从此开始败落。

曹寅死后三年，他的孙子出生，名叫曹雪芹。经历了家族由繁花着锦到树倒猢狲散的曹雪芹，写出了流传千古的《红楼梦》。

如果那瓶药能早点送到，也许曹寅就能多活很长时间，也许曹家就不会那么快败落，也许曹雪芹就会成为一个花花公子，也许这世上就没有《红楼梦》了。历史，有时候就是这么容易被改写。

人是一种美好的动物

□熊培云

我上大学那年，弟弟只有六岁。第一次放寒假，我带回了一个单放机和几盒磁带。有一天早上，弟弟钻进了我的被窝。当时我正躺在床上听《梁祝》，于是就取下耳机罩住他的耳朵。那是弟弟第一次听世界名曲，我至今未忘他满脸的惊喜。虽然弟弟只会说"真好听啊"，但我知道这幼小的生命在那一刻被美好的东西打动了。

《梁祝》为什么好听？六岁的弟弟答不上来，现在的我也一无所知。这世界上有些美妙是无法解释的，就像我无法解释为什么会怀念某个大雪纷飞的清晨或者黄昏。

音乐是我在人间经历的最奇妙的事物。虽然我没有真正创作或者拥有过任何一首歌曲，但那些美好的音符一直在精神上养育和丰富我。那些源自心灵深处的寂寞、牺牲与欢喜，直接通向的与其说是爱，不如说是人的神性。而这种神性，正是基于深藏人心中的美的激情。

而就在此刻，当我开始写这篇文字，耳畔交替响起的是《二泉映月》和《如歌的行板》。几十年前，小泽征尔曾说过《二泉映月》这支曲子他必须跪着听。而《如歌的行板》也让托尔斯泰潸然泪下。这两部作品的经典诠释是它们演绎了人类苦难的灵魂。然而，即使是托尔斯泰这样的大人物，也列不出一个公式来向读者解释他为何会热爱这种悲怆之美。

人终究是一种美好动物，这是我唯一可以断定的。所以，人总是沉浸于搜集并赞美美音、美景、美酒、美好的人格……

都市听风

□ [英] 特里斯坦·古利　译／周颖琪

一天，我正在跟人打电话，对方在办公室，位于离我们家最近的奇切斯特镇。对方说："我看到窗户外面有几只鹫。"

"是在盘旋吗？"

"对。"

"它们是在找停车的地方吗？"

"什么？"

"它们是不是在停车场上面？"

"是的，你怎么知道？"

"现在才上午10点左右，在你周围那一片，这么早就有足够热量产生上升气流的地方，就只有北门停车场的柏油路边了。"

城市可以塑造风，风也会改变城市。在过去，那些最不讨人喜欢的区域总是被安排在城市中下风的那一侧，经济条件差的居民不得不忍受一阵阵工业烟尘和其他"难闻的味道"。现在，这种问题已经不复存在，天空不再被烟尘遮蔽，大部分工厂都搬去了地价更便宜、人口更少的区域。不过，天气现象依然会在城市建筑物上留下印记。

建筑结构反映的是当地的天气。世界上的每一栋建筑物都是如此，试图向我们传递有关当地天气的信息。对于无视天气的建筑师，天气自然会给他们好看。2013年，伦敦新建了一栋摩天大楼，因为形状稍微有点凹陷，所以被亲切地称为"对讲机大楼"。不过，凹面反射的阳光汇聚成一点，照在楼下的街道上，导致一辆车的局部被熔毁。从此那条街上不准停车，大楼的开发者也丢尽了面子。

在极端情况下，建筑物和当地天气之间的关系会很高调。在天气极其炎热的国家，风是宝贵的资源，人们对风的态度也反映在建筑物上。在中东地区的一些地方，街道上空就有风塔，为的是不放过任何一点儿风，把它们捕捉和导流到下方的生活区去。在印度的海得拉巴这样的城市里，风塔和通风口则朝着风吹来的方向。不过，大部分情况下，建筑物和天气之间的关系更隐晦，要在城市里注意到这些线索，需要多角度观察和仔细思考。在建筑物的南侧，你会看到更多窗帘和百叶窗，太阳能电池板也面朝这个方向。

在多风的地区，建筑师成了玩转风的高手。一栋房子的面越多，抗强风性就越强；面对无情的风暴，六边形或八边形的建筑赢面更大。多角度的屋顶也比简单的直上直下的人字形屋顶更耐用。

曼哈顿的建筑物上插着不少旗子，它们和蒸汽一起，为我标示出了低处风的方向。其实在城市里，还有很多看起来不像旗帜的旗帜。停歇在屋脊上的鸟儿也会为你指明风向。如果鸟儿们全都面朝一个方向，那就说明那个高度上有风从小鸟对面吹来。鸟儿喜欢迎风站立，是因为它们要乘风起飞，而逆着风飞会弄乱羽毛。如果鸟儿们面朝的方向不太一致，那就说明空中有多变的轻风。高气压系统下经常出现这种现象。如果你发现，鸟儿们先是面朝同一个方向，晚些时候它们又转去了另一个方向，那就说明风向有变，天气也要变了。当然，这个观鸟识风的技巧也可以用于观察树上或是野外环境里的鸟。

美人脸上的"虫语"

□ 张月悦

一提起虫子，人们总会联想到它们可怕的外形，以及被它们蜇刺后的痛痒，便"敬而远之"起来。不过，在先秦时期，人们与昆虫的关系非常亲密，可以说《诗经》就是一部昆虫史，里面出现的昆虫有26种。有趣的是，这些昆虫还常常出现在美人的脸上。

《诗经·卫风·硕人》中写道："手如柔荑，肤如凝脂，领如蝤蛴，齿如瓠犀，螓首蛾眉，巧笑倩兮，美目盼兮。"这首诗描写的是齐庄公的女儿庄姜出嫁时的美貌，精心刻画了庄姜高贵的、美丽的形象。诗中出现了三种小昆虫：蝤蛴、螓、蛾。

蝤蛴，是天牛的幼虫，它们喜欢居住在桑树以及果树的枝干中，以此为食。现在很多人认为，蝤蛴是害虫。不过，古人认为，蝤蛴是黄白色的，颜色贴近美人白皙的皮肤，它的身体呈长圆筒形，非常丰润光滑，用蝤蛴来形容美人脖颈的修长与洁白再合适不过了。徐鼎在《毛诗名物图解》中对《诗经》注释："蝤蛴，桑虫也，桑质柔、腴白，蝤蛴食桑之腴，故色白而体柔。"自《诗经》开始，蝤蛴颈的说法广为流传，直到清朝，孙枝蔚作《贞女诗》："芙蓉为女颜，蝤蛴为女领。不如古松柏，为女性所秉。"

螓是蝉的一种，它有个非常显著的特点，额头非常宽广，甚至与身体同宽，《诗经》中正是用它这个特点来比喻美人的额头。在我国古人的审美中，一向讲究宽额广颐。什么是宽额广颐呢？就是额头方正，脸颊宽大，也就是现代网络所说的"国泰民安"的面相，象征雍容的、大气的美。据史书记载，盛唐时期的武则天、太平公主等都是宽额广颐的美人。

蛾指的是蚕蛾，它又是怎么跟美人的眉毛联系起来的呢？蚕蛾的触须不但细长而弯曲，而且具有对称美，似触须这样的眉毛放在美人脸上，更增添了许多风姿。后来，常用来形容漂亮女子的词语"娥眉"也与"蛾眉"通用。当然，蚕蛾之美不仅仅在触须，在盛唐时期，女子的妆容中出现了蛾翅眉。这种眉形短阔，末端上扬，仿佛蚕蛾展翅欲飞，有一种浓艳和张扬之美，让盛唐时期的女子呈现出不一样的精神风貌——耀眼与自信。唐朝诗人元稹诗云"莫画长眉画短眉"，李贺也云"新桂如蛾眉"。

虫虫于飞，从古代到近代，人们对昆虫都抱有特别的情感，一直到现代，昆虫都没有完全告别美人的脸庞，卧蚕眼这个响亮的名字登场了。这里所说的卧蚕眼是现代人对漂亮眼睛的称呼，有些人的下眼睑眼轮匝肌肥厚，在睫毛下边缘有条四到七毫米的隆起，在微笑时它会收缩，笑起来特别明显，就连眼神也变得更可爱，而它的形状正如一条蚕宝睡卧在睫毛下。这条"蚕"受到很多爱美人士的青睐，就算没有先天生成的，很多人也会通过妆造的方式在眼睑下方画一条"蚕"。

由此可见，人们通过小昆虫塑造出美人生动的形象，仿佛在倾听昆虫讲述着的一个个独特故事。一直以来，昆虫都是我们亲密无间的伙伴，曾几何时，蜜蜂在花园里嗡嗡采蜜，知了在枝头鸣叫，蟋蟀在秋夜里歌唱……只是，如今随着高楼林立，我们与昆虫的"友谊"也渐行渐远，只有在古人的诗歌和遥远的记忆里才能找到一些线索。

总有一些温暖，
暖了你整个青春

下落小猫：
一个令科学家
欲罢不能的谜题

□孙　欣

在人类探索大地、海洋和天空的征途中，处处都有猫的身影，科学研究也不例外。

猫从高处落下时常常能四脚着地，毫发无伤。可以想象，多少双充满兴趣的眼睛观察过猫上房上树捕鸟、偷食、戏耍……然后从高处以各种姿势落下，四脚落地安然无恙。这些看过许多次猫落地的人，在有条件的时候，就想搞清楚猫究竟是怎么做到的，因为很多别的动物——包括人类在内——都比不上猫。

1850年，著名的物理学家麦克斯韦在剑桥大学三一学院学习数学的时候，就对猫落地产生了浓厚的兴趣。传说他在业余时间经常研究猫落地的过程，抓住猫的四肢让它背部朝着地面落下，观察猫在空中的翻转。但是，猫的动作比人眼的感知力要快许多，麦克斯韦认为猫能在三分之一秒内实现翻身。当时还没有完备的摄影摄像器材，麦克斯韦无法从他的猫下落实验中得出有用的结论。

麦克斯韦之后，又有许多物理学家和生物学家做了许多实验，证明猫只需要大概70厘米的高度，就能在空中完成翻身，转成四脚落地的姿势。物理学家在研究动力学时，习惯将物体抽象成一个有质量的球体，因此当时的看法是猫在下落时用脚爪或身体触碰了环境中的支点，借助外力实现翻身，否则无法达成角动量平衡。

1894年，法国生理学家马雷借助新出现的摄影技术，给猫下落研究带来了突破，推翻了之前的普遍看法。他拍摄了组图《园丁的猫下落》，用一组19张照片证明了猫在空中没有支点借力的情况下也能轻松翻转身体，四脚落地。这组照片在法国科学院展示，引起了轰动，因为当时的物理学家认为猫在空中不借助外力翻身是对已知力学定律的冒犯。然而猫一次又一次地证明了自己，轻巧落地，把修正物理模型的难题甩给了目瞪口呆的科学家。

在摄影证据面前，研究者不得不修正他们的模型。他们认识到：把猫想象成一个"坚硬的球体"模型是错误的，因为猫的柔软身躯在空中能向不同的方向旋转，达到角动量的平衡。物理学家认为猫的前半身和后半身分别向两个不同方向旋转，配合前脚后脚的蜷缩和舒张，还有螺旋桨一样摆动的尾巴，使猫在极短的时间内实现了角动量平衡。

为什么这么多人对猫的下落问题感兴趣？猫的下落复杂微妙，既是生物问题，又是物理问题。在陆地上生活的高等生物每日奔忙觅食捕猎，感知自己的位置、确保肢体的协调运动非常重要，身体悬空的时候，如何保证安全着陆，猫在这方面做出了表率。

人类的梦想之一是飞行，冲出太空。进入太空后，飞船内的人处于失重状态。在这种状态下，人不能再自然感知"地面"所在，也就无法控制自己行进的方向。了解下落的猫在空中的运动方式，可以帮助宇航员在飞船和空间站的生活中更好地控制自己的身体。为了更好地了解猫落地的问题，航空航天研究者把猫带上了失重模拟舱。在失重状态下，猫丧失了四脚落地的本领，它们会惊慌地在空中打滚，无法确定应该向哪个方向"下落"。宇航员跟猫学会了不少肢体动作，帮助他们在失重状态下转身和翻滚。

热带雨林的德行

□ 黄 梵

尖峰岭的山岚雾气,成了我眼中的白色婚纱,它似要一世挂在山间,等着仙女前来试穿。

乘车来到热带雨林的栈道入口,我从下往上看,层层叠叠的树叶把一切掩盖得密密实实,似乎不愿让人知晓雨林的秘密。

中国林业科学研究院热带林业研究所的卢春洋,却是个试图揭开雨林秘密的人。她对雨林的讲述,一开始就吸引了我。我决定跟着她,沿着上上下下的栈道,穿行于鸣凤谷的雨林。我以前总以为,住得拥挤的是城里人。拥挤到觉得窒息,人就会去郊外,寻求更大的天地。进入雨林不久,我感觉植物住得比人还拥挤,也渴望有透气之所。

热带雨林的雨量很大,雨水会冲走地表土壤里的养分,令植物置身于贫瘠的土壤,因此它们必须各显神通,才得以生存。比如,苔藓、地衣等,等着灰尘透过树隙飘进雨林,等树皮上有了灰尘打造的"土壤",就蓬勃地附生其上。卢春洋说,有的苔藓甚至可以从空气中直接吸取养分。再比如,鸣凤谷有一棵学名叫"盘壳椆"的通天树,树龄已有千年,树高达35米。为了不在贫瘠的地表"饿死",它拼命往上长,不仅力争露头晒到太阳,还把根扎向富含养分的土壤深处。据说,树的根系,与树冠一样庞大。

我看见通天树,只靠着一层树皮,撑着伟岸的身躯。人甚至能走入其内,抬头望见它头顶竟开着"天窗"。看来它已具备智慧,设法摆脱了树皮内的多余"脂肪",轻装上阵,只为比别的树高出一头,只为比别的树根深一尺。它在鸣凤谷做到了最好,像英雄一样,日日听见来人传扬它的美名。

英雄也有最后的时刻。英雄也有迥异的作为。一些死去的大树,不知自己死后已成为英雄。一场台风过后,雨林中总有大树倒下;某棵时日已尽的大树,那薄薄一层树皮,再也撑不住它千百年的沉思,倒下成仙。这是整个雨林都珍视的时刻。倒毙之树,为树冠密布的雨林,猛然打开了一扇天窗,让阳光像仙女探身一般进入雨林,令所有植物都激动不已。据说,一棵倒下的紫荆木或托盘青冈,能为雨林打开数百平方米的天窗。

这种让我惊讶的现象,叫林窗。倒下的树,不只引入了阳光,让雨水能浇到雨林底层,还成了最肥沃的"土壤",让无数植物获得生机。不只真菌、腐木菌等早早行动,许多沉睡多年的种子也会被阳光唤醒,发芽生长。圆鼻巨蜥、变色树蜥等,也有了晒太阳的机会。随风飘来的孢子,被鸟衔来的种子,也会如归家一般,在倒下的树上着床、生长。

林窗让我觉得,雨林也有让人钦佩的德行。倒毙之树,以它死去的无用之用,令雨林重现生机。这等高尚,不能不让我想起海中的鲸落。它们都是以己之死,换来他者之生。

总有一些温暖，
暖了你整个青春

听 雪

□ 张祚浩

　　雪花由高空尘埃吸收水分子，层层凝结而成。亿万雪花表面看似亮絮絮的、白花花的，倘若小心翼翼地把她们摆在显微镜下瞄一瞄，哇，这美丽可爱的六边形晶体，或矮矮胖胖，或纤细修长，或扁平如纸。万千枝杈花哨得令人眼花缭乱，各种奇妙图形玲珑剔透、变幻无穷。

　　要想听懂雪花的倾诉与感伤，你最好手捧雪花，钻进山洞，一个人静静地听。你把美妙的冰晶雪花移到耳边，她会把那绝不雷同的六边形晶体撕碎了给你听，声细如金丝拨簧。听见了吗？那是情的诉说，爱的丝语，水的眷恋鸣唱。如果你觉得雪花这撕碎之声过于轻微，那你就扑到地上，把耳朵贴近雪面，听雪花们扑簌簌热情地拥抱。

　　然而，雪花也有愤怒的时刻。在极地，"咔嚓"一声冰脆爆裂，瞬时一如霹雳轰鸣，雷声滚滚，冰原冰山打破万古寂静，发出一声怒吼，崩裂出比一座城市还大的冰块，寻着远方而去。在峡壁，雪崩瞬间，霎时地动山摇，雪花腾云驾雾，呼啸奔腾，紧跟着一阵阵轰隆隆的巨响，震耳欲聋，响彻云霄，直让你耳鸣不绝，"响"为观止。

　　听雪，听雪的喃喃细语，听大自然的律动，听大地的心跳，听瑞雪兆丰年的无限怀想……

经 霜

□ 马 浩

　　人间草木，菜蔬瓜果，一旦经霜，便由内而外地发生变化，变得内敛、温润、沉稳、朴厚、甘美。

　　霜叶红于二月花。与红枫相类的，还有乌桕、樱花树等。樱花树经霜之后，叶子悄然变得殷红，妩媚俏丽。大自然实在神奇。霜，看上去严酷、冷峻，却有着济世的热心肠。银杏树经霜之后，树叶金黄，有着温暖初冬的华美。

　　果蔬之中，青菜经霜后，口感变糯了，少了春夏时淡淡的酸苦，多了些许甘美。大白菜经霜之后，开始抱心生长。大白菜不经霜冻，就无法储藏。夏天的大白菜，放上两天就会发黑变坏。山芋、萝卜等，想要窖藏，也必须经霜。柿子不经霜，青涩硬艮；经过霜打，色红如灯，汁肉软糯怡人。

　　水瘦山寒，便是寒霜莅临的景致。经霜，意味着去掉浮华、夸张、虚伪、狂妄和伪饰，变得简约、沉实、稳重、谦和与本真。夏虫不可语冰。经霜，从某种意义上说，也是一种历练。

③ 有什么需要明天做,就从现在开始吧

人性的故事

□周国平

一个印度动物园园主带着他的家人和动物，搭乘一艘日本货船移居加拿大，不幸遇险，货船沉没，最后只剩下两个幸存者：一个是园主16岁的儿子帕特尔，另一个是一只名叫帕克的孟加拉国国虎。人虎共处于一艘小救生艇，在无边的大海上漂流了227天。

这无疑是一个奇特的故事。海上生存已是难事，况且还要对付那只老虎。然而，恰恰是这只老虎，成了帕特尔活下来的救星。

失事之初，帕克的确是帕特尔面临的头等难题。当时船上还剩4只动物，鬣狗吃了斑马和猩猩，老虎又吃了鬣狗，下一个该轮到帕特尔了。因此，他一心盘算如何杀死老虎。但帕克在饱食之后的表现使他改变了主意。它专注地看着他，发出哼哼声。作为动物园园主的儿子，耳濡目染的经验使帕特尔理解了这种友好的表示，他做出了驯服老虎的决定。

驯虎的关键是保证其饮食，这使他有大量事情要做，忙于钓鱼、捕杀海龟、使用海水淡化器等。忙碌使他免于精神崩溃。如果没有帕克，他将独自面对绝望，那是比老虎更可怕的敌人。

可是，不要以为我们看到了一个"人兽相守"的浪漫童话，结束的场景无情地粉碎了这种错觉。船终于漂到了大陆，帕克跃到岸上，径直走向丛林，没有看帕特尔一眼，只是目不转睛地看着丛林，然后向前走去，永远从帕特尔的生活中消失了。其实，帕克始终是一头猛兽，最后仍然如此。产生错觉的不只是我们，还有帕特尔——他哭了，无法理解在经历了漫长的共患难之后，帕克怎么能如此无所谓地离他而去。

故事到此已经结束，但更大的意外还在后面。日本人来调查货船失事的经过，帕特尔给了另一个版本：沉船之后，幸存者是4个人，除了他，还有他母亲、一个厨师、一个水手，并没有动物。饥饿驱使厨师杀食了水手和他母亲，既然只有他活下来，显然他又杀食了厨师。看来动物的故事是他编造出来以掩盖可怕的真相的——其实鬣狗是厨师，斑马是水手，猩猩是他母亲，而老虎就是他自己。

哪个版本是真的？帕特尔问调查员："哪个故事更好？"调查员回答："有动物的故事更好。"帕特尔说："谢谢！和上天的意见一致。"这让我不禁想起讲述这个故事的印度老人说过的话："我有一个故事，它能让你相信老天。"听完故事，我们相信老天了吗？在极端残酷的生存斗争中，人成了赤裸裸的动物。可是，上天不喜欢这样，他把人性的故事给了我们。我们需要这个故事，当然不只是为了掩饰我们的兽性，更是为了对人性怀有信心。

敬畏一粒米

□ 林文钦

一粒米能有多重？我一直以为，它重如一座山。

小时候家里穷，母亲在深秋的时候总是出去"捡地"，就是去地里捡拾农人秋收后遗落在地里的粮食。每次母亲都要走上好几十里地，背回来半麻袋瘦瘦的稻秆儿，脱了皮，最后能收获一海碗大米。母亲一点点地积攒着，然后用它给我们当口粮。粒米之恩，能与皓月争辉！

诗人说"米是漫山遍野的精灵，是生长绿色的种子，是陆地结的珍珠"，我也有这种感觉。有时我看到掉在桌上的一粒米，就会产生一番联想：这粒米，不知道是哪粒种子被种在土里，经过了多少风霜雪雨，又被哪个农民精心养育，浇水、施肥，顶着酷暑烈日收割了来，再冒着酷暑高温脱了粒。脱一遍还不算，再脱一层皮，再脱一层皮，成为白白亮亮的精米，大有缘法落到我的饭碗里，结果不等吃它入口，就被轻轻抛弃，假如这米有灵，不知道会不会伤心。

对于米，汪曾祺先生有过经典描述。其笔下有一个叫作八千岁的人，开着一个米行，他店里一溜排开几个大米囤，从"头糙""二糙""三糙"到"高尖"应有尽有。挑箩把担卖力气的吃头糙米，一老碗紫红的糙米饭，上面堆上岗尖的腌小鱼和青菜，大口大口吞食；住家铺户吃二糙三糙米，比头糙精致，米色亮白一些；所谓高尖，精致透亮，只有高门大户才吃，普通百姓不是吃不起，只是总觉得有些糟蹋。

此外还有糯米和晚稻香粳。糯米不用说，常用来蒸八宝饭、包粽子；香粳米煮出粥来米长半寸，颜色浅碧如碧螺春茶，香味浓厚。《红楼梦》里有一个章回说到柳嫂子给芳官的一顿饭：一碗酒酿清蒸鸭子，一碗虾丸鱼皮汤，一碟腌的胭脂鹅脯，还有一大碗热腾腾碧莹莹蒸的绿畦香稻粳米饭。

我更是留意《红楼梦》里各色人等吃的米。身份不同，吃的米也需论资排辈。老祖宗看到有人盛了一碗白米饭给珍大嫂子，会笑嗔："怎么盛这个饭给你奶奶？"主子们吃的不是红米就是绿米。红的，颜色嫩红，味腴粒长，香气扑鼻，叫作"御田胭脂米"；那绿米，就是芳官吃过的"绿畦香稻粳米"。

我曾吃过一次素斋。那些不起眼的素菜素饭，被盛在清素的餐具里，竟是那样温润有致，不由心生一丝感恩，便细细把一碗米饭装进胃里，生怕丢弃一粒——它们可是粒粒都凝结了血和汗。

明亮而温暖的卡夫卡时刻

□ 黄雪媛

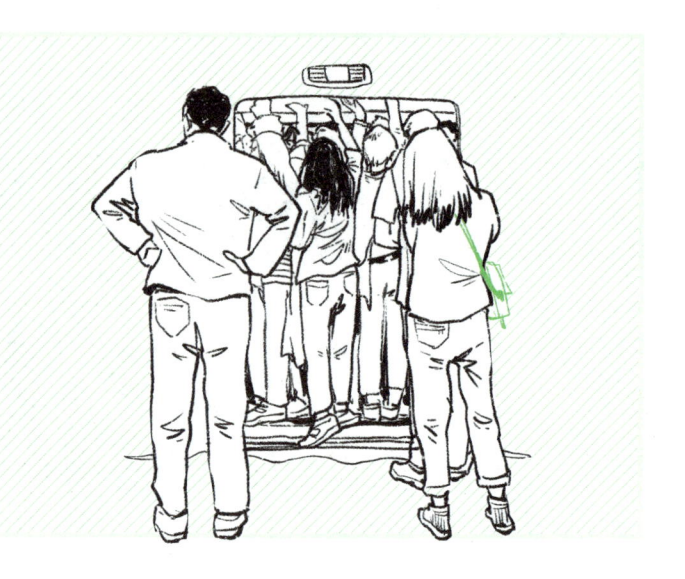

著名作家卡夫卡1883年生于捷克，18岁入布拉格大学学习文学和法律，1904年开始写作，同时在保险机构担任文员。其作品数量不多却举世闻名，如小说《变形记》《城堡》和《审判》，其中运用了变形荒诞的形象和象征直觉的手法，开一代先河，被誉为西方现代主义文学的宗师。

从前我常常感叹，卡夫卡一辈子困在保险局的文件堆里，没有婚姻和子嗣，寿命又短，一脸苦相，真是个"苦命人"！当我读到自媒体称呼卡夫卡为"互联网嘴替"或"格子间幽灵"，也跟着会心一笑。事实上，卡夫卡是一个丰富多面的生命，他的喜剧天赋是不容小觑的。

假如我们有意寻觅，并且足够耐心，会撞见一个个诗意的、陡然明亮的"卡夫卡时刻"。第一个指出卡夫卡身上那些不为人知的幽默感和明亮色彩的人，是他的挚友马克斯·布罗德。布罗德在《卡夫卡传》中写道："我认为他的关键词是积极向上、热爱生活、留恋尘世，以及一种恰当的充实生活意义上的虔诚，而不是自暴自弃、厌倦生活、灰心丧气等'悲剧性姿态'。"

他曾回忆："有一次卡夫卡来我家玩，正好我父亲在客厅沙发上打瞌睡，在半睡半醒中身体动了一下，卡夫卡以为把我父亲吵醒了，连忙举起双手，对我父亲说'您就把我当作一个梦吧'，然后蹑手蹑脚溜进了我的房间。卡夫卡就是这样一个人，他把创作和生活混在了一起，两者没有明确的界限。可以说：他创作地生活，生动地创作。"

卡夫卡和布罗德初识的夜晚，布罗德在文学俱乐部做完一场关于叔本华的报告，卡夫卡带着严肃而羞涩的神情穿过人群，走至矮他一头又比他年轻一岁的布罗德面前，问道："我可以陪您走回家吗？"布罗德欣然应允。10月底的布拉格夜色微寒，两个不到20岁的青年边走边聊，一会儿忘我激辩，一会儿又欣悦于共鸣，一直走到午夜才依依不舍地道别。

即使到了一百年后的今天，谁不想拥有卡夫卡这样的同事或朋友呢？卡夫卡在单位里从不嚼舌头、扯八卦，从不参与派系斗争。他永远彬彬有礼，优雅整洁；他追逐时尚、关注新技术新发明，崇尚自然生活和自然疗法，热衷户外运动和旅行。卡夫卡虽然很少主动约人，但从不败大伙的兴致，总是有求必应。

但每个和卡夫卡有所交往的人都会注意到，在他不善交际、疏淡羞涩的表象下，藏着巨大而神秘的能量。可以说，卡夫卡的"社恐"只针对不熟悉的人，在最好的朋友圈里，卡夫卡常常充当"显眼包"，将表现欲和表演天赋体现在主持和朗诵上。

1912年，卡夫卡为他的穷朋友、演员勒维四处张罗：安排演出场地，招募观众，印制入场券，甚至自告奋勇担纲开场白演讲，为朋友的登台做了出色的铺垫。

假如换一种角度，我们会发现，卡夫卡的文字处处具有幽默滑稽剧的效果。比如，当他某天开始写一篇新的小说，内心已经雀跃，却还不够自信去谈论它，他就会说："昨天我开始写一个小故事，它还那么短小，几乎连脑袋都还没伸出来。"他对自己的身体极其敏感，他会说："我的耳廓自我感觉清新、粗糙、凉爽、多汁，犹如一片叶子。"他的自嘲总是极度夸张，让读者忍俊不禁："看上去我像是彻底完蛋了——去年我清醒的时间每天不超过五分钟。"他天真热烈的心会因为自己坚持写日记而幸福地冒泡："我真想解释心中这种幸福感，它偶尔出现一次，现在就正充满我的心中。这确实是冒着气泡的东西，带着轻微的、舒适的颤动充满我的内心，它告诉我，我是有能力的。"

至于那个著名的句子："一只笼子在寻找一只鸟。"卡夫卡也许参透了"笼子"的意义。所以，他有多讨厌枯坐办公室的时光，就有多发狠工作。他把分内事做得尽善尽美，年度报告写得漂亮挺括；他深入工厂实地勘察调研，搜集大量资料，撰写安全生产指南，为事故报告配插图；他发明了一款便捷安全帽，大大降低了工人的工伤死亡率；"一战"期间，保险局的一半同事都应招入伍，导致人手紧缺，卡夫卡经常需要加班。在这样的工作强度下，卡夫卡仍然见缝插针地写作，只有极度自律和坚韧的人才能胜任如此强度的工作。

固然，卡夫卡在信件和日记中不止一次地写下"绝望"和"崩溃"这样的字眼，但是他总能"绝处逢生"，从未真正躺平。在与自我的长期较量中，卡夫卡发展出一套独特的生存策略——精神分身术和自我解嘲术！看似柔弱的人孕育出惊人的坚忍品质。

当然，卡夫卡并非天性快乐之人，那些明亮诗意的时刻只是生命的间奏。但凡具有强烈使命感的人都是幸福并痛苦着的，卡夫卡30岁不到就已写下豪迈的誓言："我对文学不感兴趣，因为我就是文学本身。"写作的使命感让这个布拉格公务员的生命充满西西弗斯和普罗米修斯式的悲情诗意，那短暂的岁月不再是随风飘荡的枯枝碎叶，而是一个明暗交错、主题鲜明、富有活力的有机整体。

对于卡夫卡而言，写作不是业余操持的游戏，不是为了赚取稿费，甚至不是获得社会声望的途径，而是一团照亮生命的火焰，抵抗周围世界的寒冷："我看到了我们世界的寒冷空间，我必须用火焰去温暖它，而我先要去寻找火焰。"卡夫卡用他的整个生命点燃了一团清冷火焰，它执拗地燃烧了一个世纪，还将继续燃烧下去。

"钓"成艺术家

□ 解飞扬

一天，我在河边钓鱼，不小心钓了一片倒影上来。倒影上映着蓝天、白云、树影，还有南飞的鸟群。倒影上的云朵还在变幻着形状，树叶随风飘动，看上去就像一幅栩栩如生的风景画。我将这片倒影带回了家，装在相框里，挂在了墙上。什么时候看到这幅画，我都感觉像来到了河边。后来，我又陆续钓了很多倒影回家，春、夏、秋、冬的各种景色都有。再后来，我钓倒影时，把身体伸向河水上方，将自己也映入了画里，以此来证明当时我就在河边。许多年后，我的这些画受到了大家的喜爱，成为世人争相收藏的对象。就这样，我成了一名艺术家。

法国同屋

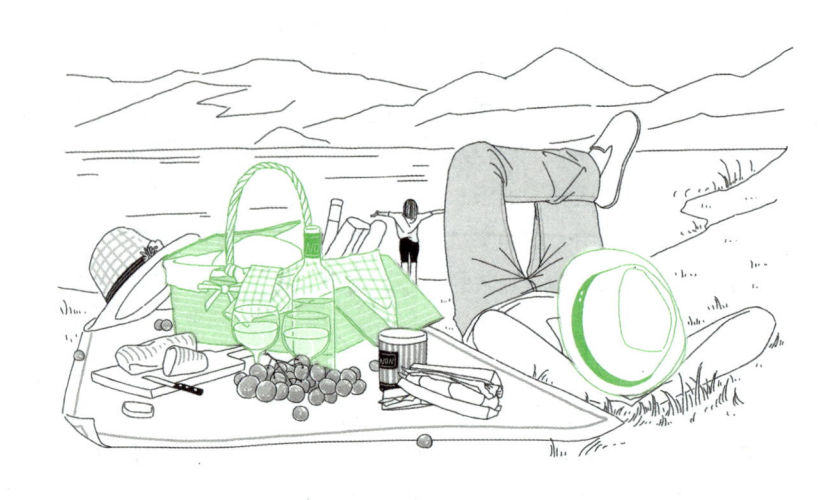

□ 程 玮

大学期间，我和一名法国留学生同住了两年时间。她属于最早来中国留学的那一批学生。当时学校非常重视留学生，为了帮助他们尽早适应中国的生活，老师挑选了一批学生给他们当同屋。我被分配做这个巴黎女孩的同屋。我喜欢优雅美丽或者聪明有趣的女生，她好像哪一点都靠不上。再加上她经常坐在床上，一边抽烟，一边谈论中国的很多现状，有时候我会跟她解释、争论，有时候我选择沉默。我们一直处得不冷不热。大学毕业以后，我们各奔东西，当时没有现在这么多通信工具，我和她很快失去了联系。

十几年以后，已经在德国生活的我突然收到她的来信。信是用中文写的，很短，但读起来有点感人。她说她住在离巴黎500多公里的海边，这几年一直在参与一个编写中法植物学大词典的项目，每个月都要回巴黎一趟，得知我也在欧洲，希望能跟我见一面。去巴黎是我喜欢的事，更何况现在有了一个理由。我们很快通了电话，约定几天后在圣日耳曼的一家咖啡馆见面。

午后的咖啡馆里人很多。我进去的时候看到一个头发花白的法国女人坐在迎门的桌子前向我微笑。我的目光不经意间扫过她，继续寻找我的同屋。就在转头的一瞬间，我突然意识到那个女人就是我的同屋。我的心有点痛，不是为她，是为我自己，因为我比她小不了几岁。岁月无情，我们都老了。

我走到她对面坐了下来，我们很平静地相视一笑，就好像昨天才刚刚分手似的。我们都不喜欢戏剧性的场面。她点了香槟，我点了咖啡，我们断断续续地交谈起来。她的中文一直不太好，现在更糟。我能听懂一点法语，但不会说。最后我们不得不用她一向痛恨的英语进行交谈。

后来，她带我去一所大学的植物研究系，她在那里有个办公室，她居然在翻译《本草纲目》。她向我解释，主要是靠查字典，已经翻烂了好几本中法字典和拉丁语字典。然后，她要请我去吃中餐。我说千万不要因为我而去吃中国菜，我吃什么都可以。她很认真地说："就是因为你，我一直每个月去吃一次中国菜，吃的时候经常会想到你。"

我有点感动，还有点惭愧。因为这些年我不论吃中国菜还是法国菜，从来没有想到过她。吃完中餐，我们沿着塞纳河散步。我们经过停泊私人豪华游艇的地方，也经过臭烘烘的、躺着流浪汉的桥洞。十几年以后再见面的我们，既不属于拥有豪华游艇的阶层，也没有落魄到去睡桥洞。我们都成了妻子和母亲，都在做喜欢做的事情。我们走了很长的路，但很少交谈。因为我们实在没有多少共同的话题。

走到法兰西学院和卢浮宫之间的艺术桥那里，我们停住了脚步。她问我认不认识回酒店的路，我说认识。她说："那么，我们再见了。"

我们轻轻地拥抱了一下。她突然说："我知道你不怎么喜欢我，我只是你生活中一个普通的熟人，可我一直把你当成我生活中最重要的朋友，这么多年来，我经常想念你。"

我更惭愧了，问她怎么会有这种感觉。她说我们当年分开的时候，她劝我到法国留学，她父母愿意为我担保。对当时的中国大学生来说，那简直是天上掉下来的大蛋糕。可我连想都没想，一口拒绝了。她说，那一刻她很受伤。她知道我和她两年的友好相处只是一种例行公事。我不知道该说什么，选择了沉默。

我们像法国女人那样分手，互吻了左颊和右颊。我穿过桥上拉琴唱歌的人群，走到桥那头。我回头看看，她还站在原地。风把她的丝巾吹得高高飘起来。我对她挥挥手，有一种挥别大学时代的感觉。

我突然意识到，我们竟然没有约定下一次见面的时间。或许因为都在欧洲居住，见面很方便；或许我们都已经在各自心底为过去的生活画上了一个句号。

我突然想跑过去告诉她，她对我的生活也很重要。她让我尝试了人生中的第一罐可乐。她送给我人生中的第一瓶法国香水。甚至可以说，她改变了我的思维方式和看世界的视角。我的很多获奖的儿童文学作品，都取材于那段时间的生活和感受。我非常感激她。

可是，她已经消失在熙熙攘攘的人群中了。

铆钉寓言

□胡　泳

生态学家保罗·艾里奇和妻子安妮·艾里奇写过一本叫《灭绝》的书，警示人们关注正在发生的物种大灭绝。他们在这本书的前言中讲了一则寓言故事。

一位旅客注意到，一名机修工正从他要乘坐的飞机机翼上敲出铆钉。机修工解释，航空公司将因此获得一大笔钱。同时，机修工也向这位震惊的旅客保证，飞机上有上千颗铆钉，此次飞行万无一失。事实上，他已经这样做了一阵子了。

这则寓言的重点在于，我们无从知晓，究竟哪一颗铆钉会是导致飞机失事的最后一根稻草。对乘客而言，哪怕敲掉一颗铆钉，都是疯狂的行为。

通过铆钉的寓言，艾里奇夫妇严正地指出，在地球这艘大型宇宙飞船上，人类正在以越来越快的速度敲掉一颗颗"铆钉"："生态学家并不能预言失去一个物种的结果，正如乘客无法估计飞机失去一颗铆钉，会有什么后果一样。"

世界自然基金会发布的《地球生命力报告2018》显示，从1970年到2014年，野生动物种群数量消亡了60%。数十年来，地球物种消失的速度是数百年前的100~1000倍。报告指出，人类活动直接构成了对生物多样性的最大威胁。

"铆钉寓言"精妙地显示了为什么人类每一年都在依靠运气生存。因此，风险的预警者希望，我们能够彻底改变导致危险的全球局势，而不仅仅是试图平安度过每一年。

> 总有一些温暖，
> 暖了你整个青春

阅读是同万物的友谊

□ 丛子钰

阅读焦虑也许是物质丰富的代价。书籍匮乏的时代，人们对阅读的渴望不是格外强烈吗？以前，人们互相借书阅读，甚至有人从书店里偷书。今天有了各式各样的电子阅读器，蹲坐在地上读书的场景却不多见了。对读书和文学的提倡，似乎变成了人文情怀对技术时代的一种抵抗。在这个时代，占据人们大量时间的是网络和短视频，人们需要的是超快速的阅读和娱乐。在短视频中，60秒之内就可以介绍完一本书的内容。罗兰·巴特曾经批评书籍内封上的内容简介，而对当代读者来说，它已经老掉牙了。网络时代需要的似乎不是读者，而是观众。

吊诡的是，人们越是渴望用速度换一点痛快，就越是难以得到满足。速度是一种瘾，它从未提供人们本来希望在其中得到的快乐。拿读书来说，读书所占据的时间和所收获的充实是等价的。相当于我买来一块肉，用火和盐把它加工成一道可口的菜肴，它的营养变成了我身体的一部分。而被加速过的知识像什么呢？像之前流行的所谓"科技与狠活"，充满工业佐料的味道。每本书的内容都要被强行塞进一分钟以内，变成一盒一盒的罐头。营养大打折扣不说，还很容易掺假。

当然，读书是可以提速的，但要靠自己大量的阅读来提高，和给自己的大脑"打知识玻尿酸"的方式不同，后者最终会搬起石头砸自己的脚。一些实用知识可以速成，并不意味着所有知识都可以速成，尤其是在人文领域，与其说它们是知识，不如说是素养，素养拒绝性价比。速成的知识核心是交易，它在意的不是知识的分享，而是被抹消了个性的购买者的数量。所以，意图通过技术的便利来彻底代替阅读的过程，对读者来说最后只能是上当受骗。

提高阅读速度不是坏事，把知识浓缩进短视频本身也不是坏事。就像快餐的出现解决了城市居民在繁忙工作间隙的就餐问题，快餐式阅读也让人们在闲暇的时间里至少还能通过阅读获得一点快乐，而短视频则通过让阅读可视的方法令快乐加倍。但问题在于，我们能否区分快餐和正餐。如果在不需要吃快餐的时候依然图省事，长此以往就会营养不良，而这才是我们需要警惕的。

但比起过于快速的阅读，更可怕的是其背后过于快速的生活节奏。劝导今天的年轻人放弃速读，重拾细读，常常显得过于苦口婆心。从实际来看，买书、存书都需要不小的成本，直接成本已经摆在这里，更不用提读书所需要的时间这一间接成本了。一名中学生，早上6点多起床，晚上6点多吃完饭，大概到9点钟写完作业，差不多就要准备睡觉了，此时此刻还有几个孩子会拿起书来阅读呢？而对于新一代年轻人来说，需要用知识的时候，有发达的互联网，有正在发展的人工智能，那他们为什么还要坚持读书呢？

比起当代生活的"快"，传统阅读的"慢"显得有些格格不入，不过书籍中很多有价值的内容，只有坚持"慢"才能获得。学习知识可以越来越快，但是体会情感要越来越慢。如果囫囵吞枣地读，我们读沈从文的《边城》只能读出"这个男人叫傩送，这个女人叫翠翠"，但《边城》的魅力是无法被"编程"

的。好书不仅要慢慢读，而且值得反复读。所有能够速读的作品基本都是速朽的，而所有美妙的书籍都值得并且只能慢慢地读。从某种程度上说，慢阅读也是为了与自己相遇，与自己对话，让每个人都能看清自己，感受到自己。

读书的目的，除了娱乐，当然就是获取知识，而迅速获取知识的方式之一，就是通过人工智能。在ChatGPT依然热门的时刻，我们总要为之降降温。之前扎克伯格试图用元宇宙来提供人工智能的教育服务，但遭到了各种质疑，其中之一是：如果算法只提供给每个人适合自身学习的知识，那人们怎么才能学到自己本来不想学却应该学到的知识？教育的目的是塑造全面的人，人工智能提供给人的所有知识，可以让人类被人工智能所代替。而正是那些不能被代替的部分，让人可以称为人。所以也可以这样说，阅读正是为了让人成为人。

其实人工智能目前最大的缺陷之一，是它能提供答案，但不能解决问题。比如，我们可以向它提问，ChatGPT有哪些缺陷，它给出的答案和人类得出的是一致的。也就是说，除非它已经有了足够数量的相关数据，否则就无法给出答案。然而我们真正需要的并不是对旧问题的解释，而是解决新问题的方案。若说做题，谁也比不过计算机，但是计算机并不能提供算法，而目前还没有一种算法能够解决所有问题，人们仍在等待新算法的出现，这些显然要通过阅读，通过人类的思考才能实现。另外，人工智能没有道德和情感，我们感觉它从不生气，而它也从不会高兴。我们没法和人工智能一起读一本书，也没法分享彼此的幼稚和困惑。而这些情感，都是我们的快乐体验。通过读书，自己获得了新知识，这当然是愉悦的。通过读书，把自己的体验分享给朋友，或者用自己的知识帮助别人解决困惑，这样的获得感是翻倍的。

所以，阅读并不仅仅是为了获得快感，也不仅仅是为了获得知识，阅读是一种共同的精神生活。我相信，最有趣的书并不是关于宇宙、关于历史、关于量子、关于战争的，而是用它所讲述的内容让我们在阅读中辨认出彼此。无论是读一首诗、一则新闻，还是读一篇科学论文，无论它们是关于人类还是关于人类之外的一切，我们都应该感到一种生生不息的力量。这大概就是今日我们依然需要阅读的理由。

你 HALT 了吗

□[美]萨姆·本内特　译/徐思思

作为一位心理励志演说家和咨询师，我认为你应该了解"HALT"这个概念。它是由四个单词的首字母组成的，即"hungry（饥饿）""angry（生气）""lonely（寂寞）""tired（疲劳）"。这个概念指的是，如果你感觉很糟，那么先问问自己是否有以下四个问题：饥饿、生气、寂寞、疲劳，然后优先处理它们。

"HALT"一旦发作，你的想法会变得含糊不清，整个人都极为情绪化。

当你身体崩溃的时候，潜藏着的恶魔、怪兽以及负面想法就会冒出来，变得越来越真实。所以，在你做任何其他决定，或是做其他事情之前，必须解决饥饿、生气、寂寞、疲劳这四个问题。

方法就是创建一个"HALT应急处理清单"。确定当发现自己过于饥饿、生气、寂寞或疲劳时，你应该做些什么。在状况出现前，设置好解决方案，以免造成不必要的伤害。你可以在包里放一根能量棒以防止低血糖；或在桌上放一只可以挤捏的压力球，来消除怒气。这些都能避免各种不幸的发生。另外，或许有一天你能学会在感觉累之前就休息。

叠加你的技能

□[英]彼得·霍林斯 译/多 宝

得益于网上丰富的资源和现代世界人与人之间的紧密连接，学习成为一名通才比以往任何时候都更容易。也正因如此，即便你掌握了某项技能，别人也很可能掌握了同样的技能。互联网是一把双刃剑，在帮助个人拓展技能的同时，也让个体之间的竞争与日俱增。若要拿你和拥有同样技能的人比较，他们也许无法仅凭一项技能就决定录用你而不是另一个人，反过来对另一个人来说也一样。

仅凭一项技能来确定你的价值或优势是不明智的。美国篮球协会排名前1%的球员是从各个联盟球队中选出来的极少一部分人，他们在全世界总人口中的占比更少。对普通人来说，跻身前1%几乎是不可能的。99%的NBA球员都不是勒布朗·詹姆斯或者斯蒂芬·库里，但他们的表现仍然可圈可点。即使如此，他们仍不在收入最高或名声最噪之列。

换言之，知道自己无法进入前1%，那又该怎么办？如何才能在一众拥有同样技能的人当中脱颖而出？与其寄希望于进入从统计角度看很难实现的前1%，不如尝试叠加技能。

"技能叠加"这个概念由美国漫画家斯科特·亚当斯提出并传播，斯科特是出版史上最成功，也是被引用次数最多的连载漫画"呆伯特"系列的创作者。"技能叠加"背后的理念是，精通一项技能，甚至达到顶尖水平，这令人艳羡，但并不太可能实现。因此，更现实有效的是尝试在多个领域都拥有较强的能力，并且这些技能可以相得益彰。

与其在一个领域搏前1%，不如争取在三四项擅长的技能领域达到前5%～15%。其中的区别就好比想象自己是莫扎特还是紧要关头能演奏4种乐器的录音室音乐人。不是每个人都能成为莫扎特，但是学会4种乐器就不是那么遥不可及。

亚当斯自己就是在工作中叠加技能的范例。他意识到自己的任何技能都到不了前1%的水准，而他创作的讽刺职场现实的"呆伯特"系列连载漫画刊载在不同的报纸上，在65个国家发行。相关报道显示，亚当斯坐拥超过7500万美元的净资产，其实绝大部分收入来源于"呆伯特"漫画的出版发行，其中包括出版物的版税和衍生产品的销售所得。有一段时间，美国几乎每间办公室里都有员工在工位上贴着呆伯特的漫画，以此来表达他们对种种职场事端心知肚明。亚当斯在任何领域都不是尖端的1%，他又是如何达到今天的高度的呢？

他不是天赋最高的漫画艺术家，他所有的人物基本上都是用简笔画创作的，会配上不同的发型和鼻子。看起来可能没什么艺术性，但就是很好笑，况且亚当斯真实的漫画实力显然比他表现出来的更高。就让我们把他的艺术表现力排到前10%吧。

他不是商业运作和赚钱的高手，但他确实去加州大学伯克利分校的商学院学习过，所以商业能力算前5%吧。

他也不是全世界最有趣的人，从来没想过当喜剧演员之类的。但是他的连载漫画幽默风趣，畅销不衰。所以在幽默喜剧方面，我们也把他排到前5%。

亚当斯说："当你把我普通的经商能力，与强大的职业道德、风险承担能力和相当好的幽默感叠加在一起，我就显得很独特了。而这种独特性是有商业价值的。"如果亚当斯这个例子还不够有说服力的话，你也不用往远了找，只要看一下波士顿咨询集团2017年的研究就会发现，如果一家公司的员工拥有多样化的技能，来自交叉背景，这家公司整体上就会比其他竞争者多出19%的营收。

这就是技能叠加的要义。只需要重新调整目标，放下跻身前1%的执念，转而在多项技能（可以选择那些彼此增益的技能）上达到前5%~15%的水平。选出自己具有优势和水准较高的技能与特长，把它们组合起来，这能让你比其他人更加突出。

人们通常认为只有高度掌握某项技能才能获得成功，某些状况下还要付出必要的机会成本或者牺牲。绝大多数医学院学生必须选择一个专攻方向，牙医一般不会看脚部疾病。体育事业也一样，想要在棒球、足球、高尔夫球或田径领域成为顶级选手，就势必要放弃其他项目。

但除了医学和体育，几乎所有其他领域都没这么绝对，高度掌握几项技能是有可能也确实能够实现的。技能叠加鼓励人们组合不同的技能，从而使自己变得与众不同。把自己已经掌握的常见技能组合起来，再学习可以把这些技能关联起来的新技能，你就会变得不可复制。

以我最喜欢的写作为例。世界上有很多有才华的作家。排名前1%的作家无论如何都能出版他们的作品。那么排名前5%的作家呢？他们仍然很了不起，但是因为不如前1%写得好，所以作品永远不会特别畅销，也就很难被更多读者挖掘到。

但是如果这5%的作家中有人综合了其他技能，比如会一点HTML（超文本标记语言），而且知道怎么玩转社交媒体，结果会有什么不同呢？这位作家不仅能写出妙语连珠的短文，还能为自己创建博客，精心打造独特的个人品牌。

此外，凭借在社交媒体上推广内容，他们还能引起读者的兴趣和全球市场的关注，然后，他们就收获了更高的阅读量。如果再加上一点商业运作的技巧，他们就能在其他平台或领域复制这个过程，争取到更多的读者，再产出更多的内容，最终使书的销量一飞冲天。

所以，虽然一位作家只能排进前5%，但是因为具备相当的营销推广能力，最终让自己的创作能够出版，也收获了一批忠实读者，这些也都能转化成收入。老实说，有些作家可能只能排到前25%，但是凭借多样技能的叠加，他们也能过上优渥的生活。

美好着就行了

□刘 炜

鸟鸣悬挂在公园的树上
像果实被风吹着
被太阳照着，随手可摘
喜鹊、野鸽子的果子要大点儿
白头翁、麻雀的果子要小一些
我坐在公园的椅子上
看水里的鱼腾起的水花
猜测哪条是大鱼，哪条是小鱼
天气晴朗，蓝天白云
都已开始接近秋天
太阳是人间最大的果实
声音洪亮
河边的蜻蜓不说话
蚂蚁也不说话
这么美好的早晨
美好着就行了
说什么都是多余

总有一些温暖，
暖了你整个青春

敢于蜕掉"旧皮肤"

□[美]奥赞·瓦罗尔 译/苏 西

前半生，我曾经蜕掉好几层皮肤：火箭科学家、律师、法学院教授、作家和演说家。在每次转型之前，我都会有非常难受的感觉——某些事不对劲了。某一时刻，我的旧皮肤再也无法容纳内在的成长，曾经合理的选择变得不再合理。

我在大学时学的是天体物理专业，后来加入"火星探测漫游者"计划的执行团队。我非常热爱这项工作，也喜欢为了把探测车送上火星表面而解决一个个实际问题，可是我不喜欢那些必修的理论数学与物理课。我对天体物理学的热忱渐渐消散，转而对社会中的"物理学"越来越感兴趣。尽管这意味着要浪费倾注在火箭科学上的4年时光，但我还是选择尊重自己的好奇心，决定转入法学院。放弃旧的，我会暂时失去平衡；可如果不放弃，我会失去自我。

我们往往会把自己与外在的那层表皮混为一谈，可那层表皮只是我们目前碰巧披在身上的东西，昨天它是合适的，但现在我们已经长大。然而，我们往往会发现自己难以离开它。我们抓着不喜欢的工作不肯放手；我们留在一段没有出路的感情关系中，不肯承认双方已经貌合神离。

我们身体上的这层皮肤每过一两个月就会更新换代，可由信念、感情关系、事业构成的那层皮肤远比真实的皮肤牢固得多。弃旧是违背传统观念的，我们推崇毅力、韧性、坚持不懈，给放弃打上巨大的耻辱标签。如果你反复去做行不通的事，或者当一件事情早已完成它的使命，可你依然紧抓着它不放，这种坚定的态度就毫无意义。

在一则佛教故事中，一个人为了渡过湍急的河流，造了一只木筏，靠它安全地抵达了对岸。他扛起木筏，走进森林。木筏绊上了树枝，减慢了他行走的速度。可他不肯抛下木筏。他心想：这是我的木筏啊！我亲手做的！它救了我的命！可是为了在森林里活下来，他现在必须放弃它。

蜕掉旧皮肤确实是非常痛苦的。但还有一个更加重要的问题是你应该思考的：如果放开手，我将得到什么？

当你按兵不动的时候，当你紧抓着束缚你的旧皮肤不肯放手的时候，你其实是在冒风险。一张画布可能从此空白，一本书无人动笔，一首歌未经吟唱，一段人生不曾被酣畅淋漓地充分体验。如果你继续做那份消耗灵魂的、死水一潭的工作，你就没法寻找到让你焕发光彩、照亮世界的事业；如果你接着读那本糟糕的书，只是因为你已经读了开头几章，那你就没法找到那部直击你内心深处的、有震撼力的作品；如果你还留在那段不和谐的感情关系中，只是因为除却一切挫败和羁绊，你依然深信能够改变对方，那你就找不到能滋养灵魂的爱情。

如果你感到活得很沉重，或许是因为你正扛着那只不再有用的木筏。如果你感到很难继续适应旧模式、旧关系、旧想法，开始厌倦生活，你很可能到了该蜕皮的时候。把"不是自己"的那部分舍弃，你就能看见"自己是谁"了。

遗忘的意义

□ 罗 新

阿根廷著名作家博尔赫斯的短篇小说《博闻强记的富内斯》，写了一个名叫富内斯的普通人。他从马上摔下来，从此获得了不可思议的记忆能力，凡是他见过、读过、听过、感受过的，他都不会忘记。用富内斯的话说，他一个人的记忆抵得上开天辟地以来所有人记忆的总和。事实上，这话并不夸张。看一眼附近的山，我们最多记得山的形状和大致的色彩，他却记得山上的每一棵树、每一片树叶、每一根小草，以及山上的一切事物在不同时刻的不同色彩和形态。

在富内斯的记忆里，时间是绵密、连续、清晰并且可以分解到最小单位的。他最大的苦恼是处理这些记忆——过于丰富的细节使分类变得不可能，因为分类的前提是概括，概括的基础应该是此起彼伏的断裂，而不能是如此完美的连续。有了他这样的记忆力，我们不仅无法理解"白马非马"这一古典逻辑辩论，甚至也无法讨论"白马"的概念，因为我们头脑中并没有抽象的"白马"，只有巨量的、彼此相异的、具体的白马。富内斯觉得，他至死也完不成对儿时记忆的分类，更不要提别的时期了。所以他说："我的记忆就像一个垃圾场。"更可怕的地方在于，这个不断膨胀的垃圾场会与他永远相伴，直到他的生命被彻底吞噬。

富内斯的故事以极端的方式提示我们，对生命来说，有时遗忘比记忆更重要。或者说，正是遗忘塑造了记忆。理解记忆的关键正在于理解遗忘。

记忆取决于遗忘，遗忘造成物理时间的断裂与破碎，使得记忆呈现出生命时间该有的样子。富内斯的悲剧在于，他丧失了遗忘的能力，因此他的生命时间被置换成了物理时间。他所说的普通人的"视而不见、听而不闻"，才是揭示生命本质的有效途径和方法。

从这个认识出发，遗忘不再是人类被动和消极的生理缺陷，反倒是人类之所以成为人类的前提条件，因此具备主动和积极的意义。德国著名这些假尼采曾谈到过"主动遗忘"："遗忘是一种提供沉默的积极能力，是为无意识所提供的洁净的石板，为新来者腾出空间……"在尼采看来，主动遗忘就是为了治愈创伤、克服心魔。从这个意义上说，遗忘具备肯定和确认的功能，而不是表面上的拒绝和排斥。

有时，遗忘过去就是为了重新开始；打破时间的连续，就是为了使一个期望中的未来有可能呈现。

总有一些温暖，
暖了你整个青春

那些发生在同一个时代的事儿

□馒头大师

1

公元1504年，34岁的唐伯虎过得并不是很开心。

就在一年前，他和弟弟唐申分了家。受5年前的"徐经科场案"牵连，唐伯虎的仕途已经被封死，妻子也离他而去。

从这一年开始，看穿一切的唐伯虎，开始纵情声色，放飞自我。至于生活的经济来源，他倒是不愁的——凭他的诗、书、画"三绝"，弄点润笔费可以说是轻而易举。

但要说他真的已经通透，也未必。他在这一时期的不少作品，都折射出他的感叹，比如那幅著名的《秋风纨扇图》。

画上的仕女手执纨扇，侧身凝望，眉宇间有幽怨怅惘之色，衣裙在萧瑟秋风中飘动。或许是怕人不能解读其中意境，唐伯虎还在画上写了一首诗："秋来纨扇合收藏，何事佳人重感伤。请把世情详细看，大都谁不逐炎凉。"

他的心情，一览无余。

差不多在同一时期，达·芬奇为佛罗伦萨市政厅绘制壁画《安吉里之战》的同时，开始创作一幅自己喜爱的画作。

这幅女子肖像画完成后，达·芬奇非常喜爱，始终将它带在身边，哪怕晚年移居法国后仍不离左右。

这幅画，我们都知道叫《蒙娜丽莎》。

没错，达·芬奇和唐伯虎是同一时代的人，都因为一名女性而被后人津津乐道：一个叫蒙娜丽莎，一个叫秋香。

2

1616年4月23日，52岁的威廉·莎士比亚走到了他生命的尽头。

死神来得似乎没有任何征兆：已经回家乡安享晚年的莎士比亚前一天还和两位朋友畅饮高谈，第二天就一病不起，很快就去世了。

后世对莎士比亚的死因有过不少猜测，甚至猜他是被毒死的。但他的女婿、医学博士约翰·霍尔认为，老丈人的死因就是脑中风。

就在5年前，莎士比亚曾写下一句话："我的身体在颤抖，我的心在疯狂地舞动，但这并没有引起我的快乐。"

当时很多人认为，这是莎士比亚的自恋情结，但用现代医学眼光来看，这些症状很可能就是"心房颤动"的表现——房颤病人得脑中风的概率，是普通人的5倍。

就在3个月后的7月29日，66岁的汤显祖也去世了。

这位以《牡丹亭》闻名于世的戏剧家，一生蔑视权贵，早早辞官，淡泊守贫。

研究汤显祖的专家徐朔方曾指出：汤显祖生活在思想相对更禁锢封闭的明朝，相较于伊丽莎白时代的莎士比亚，汤显祖能塑造出《牡丹亭》中敢于追求自身幸福的杜丽娘形象，更难能可贵。

无论如何，有一件事是明确的：一东一西，两位伟大的戏剧家，不仅生活在同一个时代，并在同一年陨落。

3

1971年2月9日，"阿波罗14号"圆满完成了登月任务，返回地球。

这已是人类历史上第三次成功登上月球。作为这次登月的任务之一，指令长艾伦·谢泼德在月球表面打了一次高尔夫球，一共挥了两杆——一个球进了凹坑，另一个则滚得比第一个更远。

当宇航员在月球打高尔夫球的新闻被播出后，很多人都对人类文明的进步感到欣慰。

也就是在这一天，66%的瑞士男性投票表决：允许瑞士的女性拥有投票权。

按照瑞士1848年实施的宪法规定：女性没有投票权，她们如果要获得投票权，必须男性投票通过。1959年，斗争了百年的瑞士女性曾迎来一次"争取投票权"的投票，不过67%的瑞士男性投票否决。

换句话说，当人类已经可以在月球上打高尔夫球的时候，作为欧洲发达国家的瑞士，女性才刚刚获得投票权。

班固的失误

□ 祁文斌

东汉的班固与《史记》的撰写者——"太史公"司马迁，并称"班马"，是中国历史上名垂千古的史学大家。但鼎鼎大名的班固最后死于狱中，不得善终，很大程度上源于自身的失误。

据《后汉书》记载："固不教学诸子，诸子多不遵法度，吏人苦之。初，洛阳令种兢尝行，固奴干其车骑，吏椎呼之，奴醉骂，兢大怒，畏宪不敢发，心衔之。"班固缺乏管教的子孙们目无法纪，恣意妄为，让其他官吏很是头痛，苦恼不已。班固的家仆连京都的父母官种兢都不放在眼里，妨碍了人家的车骑非但不认错，还借着几分醉意把种兢大骂一顿。洛阳令种兢很生气，但碍于班固的面子，更忌惮班固背后的"靠山"——国舅窦宪，只得咽下这口气，但怀恨在心。

后来，窦宪因"密谋叛乱"东窗事发，作为窦府红人与座上宾的班固，自然难脱干系，被"株连"下狱。岌岌可危之际，班固平素"不教学诸子"所种下的祸端便凸显出来。班固家仆曾冒犯过的种兢伺机落井下石，行挟私报复百般陷害之能事。火上浇油之下，此时的班固百口莫辩，难逃一死。

谁能料想，名满天下的班固最后在"底下人犯错"这种"无足轻重"的小事上栽了跟头？

"蚁穴失察，必崩大坝"，细枝末节的疏忽，亦可招致杀身之祸。在做人处世方面，班固有欠缺。教子无方，疏于管教家人、奴仆，成为其人生旅途中的利刺。

朋友圈

□ 朱光潜

人生的快乐有一大半要建筑在人与人的关系上面。只要人与人的关系调处得好，生活没有不快乐的。许多人感觉生活苦恼，原因大半在没有把人与人的关系调处适宜。

谁都知道，有真正的好朋友是人生一件乐事。人是社会的动物，生来就有同情心，生来也就需要同情心。读一篇好诗文，看一片好风景，没有一个人在身旁可以告诉他说："这真好呀！"心里就觉得美中有不足。遇到一件大喜事，没有人和你同喜，你的欢喜就要减少七八分；遇到一场大灾难，没有人和你同悲，你的悲痛就增加七八分；孤零零的一个人不能唱歌，不能说笑话，不能打球，不能跳舞，不能闹架拌嘴，总之，什么开心的事也不能做。

世界最酷毒的刑罚要算幽禁和充军，逼得你和你所常接近的人们分开，让你尝无亲无友那种孤寂的风味。人必须接近人，你如果不信，请你闭关独居十天半个月，再走到十字街头在人丛中挤一挤，你心里会感到说不出来的快慰，仿佛过了一次大瘾，虽然街上那些行人在平时没有一个让你瞧得上眼。

谁也都知道，朋友对于性格形成的影响很大。

一个人的好坏，朋友熏染的力量要居大半。既看重一个人把他当作真心朋友，他就变成一种受崇拜的英雄，他的一言一笑、一举一动都在有意无意之间变成自己的模范，他的性格就逐渐有几分变成自己的性格。同时，他也变成自己的裁判者，自己的一言一笑、一举一动，都要顾到他的赞许或非难。一个人可以蔑视一切人的毁誉，却不能不求见谅于知己。

每个人身旁有一个"圈子"，这圈子就是他所常亲近的人围成的，他跳来跳去，常跳不出这圈子。在某一种圈子就成为某一种人。圣贤有道，盗亦有。隔着圈子相视，尧可非桀，桀亦可非尧。究竟谁是谁非，责任往往不在个人而在他所在的圈子。古人说："与善人交，如入芝兰之室，久而不闻其香；与恶人交，如入鲍鱼之肆，久而不闻其臭。"久闻之后，香可以变成寻常，臭也可以变成寻常，习而安之，就不觉其为香为臭。一个人应该谨慎择友，择他所在的圈子，道理就在此。

古人常拿"如切如磋，如琢如磨"来譬喻朋友的交互影响。这譬喻实在是很恰当。玉石有瑕疵棱角，用一种器具来切磋琢磨，它才能圆融光润，才能"成器"。人的性格也难免有瑕疵棱角，如私心、成见、骄矜、暴躁、愚昧、顽恶，要多受切磋琢磨，才能洗刷净尽，达到玉润珠圆的境界。朋友便是切磋琢磨的利器，与自己愈不同，摩擦愈多，切磋琢磨的影响也就愈大。这影响在思想方面最容易见出。

一个人多和异己的朋友讨论，会逐渐发现自己的学说的不圆满处，对方的学说有可取处，逼得自己不得不作进一层的思考，这样自己的学问才能鞭辟入里。在与朋友互相切磋中，一方面被"磨"，一方面也在受滋养。一个人被"磨"的方面愈多，吸收外来的滋养也就愈丰富。

孔子尝劝人"无友不如己者"，这话使我很彷徨不安。你不如我，我不和你做朋友，要我和你做朋友，就要你胜似我，这样我才能得益。但是这算盘我会打，你也就会打，如果你也这么说，你我之间不就没有做朋友的可能吗？

柏拉图写过一篇谈友谊的对话，另有一番奇妙议论。依他看，善人无须有朋友，恶人不能有朋友，善恶混杂的人才或许需要善人为友来消除他的恶，恶去了，对友的需要也就随之消灭。这话显然与孔子的话有些抵牾。谁是谁非，我至今不能断定，但是我因此想到朋友之中，与人比较是一个重要问题，而这问题又与善恶问题密切相关。

我从前研究美学上的欣赏与创造问题，得到一个和常识不相同的结论，就是：欣赏与创造根本难分，每人所欣赏的世界就是每人所创造的世界，就是他自己的情趣和性格的返照；你在世界中能"取"多少，就看你在你的性灵中能提出多少"与"它。现在我思索这比较实际的交友问题，觉得它与欣赏艺术自然的道理颇可暗合默契。

你自己是什么样的人，就会得到什么样的朋友。人类心灵常交感回流。你拿一分真心待人，人也就会拿一分真心待你，你所"取"如何，就看你所"与"如何。"爱人者人恒爱之，敬人者人恒敬之"。人不爱你敬你，就显得你自己亏缺，你不必责人，先须反求诸己。

朋友往往是测量自己的一种最精确的尺度，你自己如果不是一个好朋友，就决不能希望得到一个好朋友。要是好朋友，自己须先是一个好人。说来说去，"同声相应，同气相求"那句老话还是真的，何以交友的道理在此，如何交友的方法也在此。交友和一般行为一样，我们应该常牢记在心的是"责己宜严，责人宜宽"。

遥远的北极

□［法］奥利弗·拉雷　译／冯艺洋

爱德华·阿比在《孤独的沙漠》一书中写道："无论踏足与否，我们都需要自然。它就像避难所，哪怕我们可能永远不会去那里。就好比我可能永远不会去某处，但是一想到它就在某个地方，我就会很安心。我们需要有处可去，就如同我们需要希望。"

有些景色似乎有魔力。听到我们内心的呼唤，它们便能立刻将我们带离日常的琐碎。

翻看几页讲述西伯利亚的小说，或是在下雨的周末参观有关冰岛的摄影展时，我们都能身临其境地感受到自然——每一寸肌肤都能感受到。我们能感受到皮肤的颤抖，仿佛置身于潮湿的微风，风中夹杂着树脂与蘑菇的清香；掀开帐篷刮进来的冷风让我们微微打战，心跳也随之加速。亚北极和北极地区大自然的狂野让我们得以喘息，也让我们的灵魂自由呼吸。

插板的响声

□王厚明

早晨起来，女儿说昨天夜里床头的插板有响声，一夜没怎么睡着。我去看了一下，并没有听到什么声音，然而凑近插板细听，果然有吱吱的响声，我说应该是电流的声音吧。用螺丝刀拧下感觉在响的三块插板中间的一块，动了动电线，没有发现松脱的现象，但依然有声音。于是和女儿说，等下班请人来修一下。

这天下班后，我请家门口五金店的一位师傅来看看。这位师傅算是个小能人，附近邻里的门被反锁打不开，灯具、电饭煲、电子钟坏了都找他，也都能给人颇为满意的修复。当师傅听我讲了情况，随口说是插板坏了。来到后，我说是中间的插板响，他听了下感觉似乎也是，于是直接换了一个新插板，然而仍然有声音传出来。他也有些奇怪了，动动线头，又用电笔测了测，百思不得其解，说大概是当时装修时铺设的线路有问题，这没法修，要修也要大动干戈，麻烦大了，于是恢复原状而去，留下了一脸无奈的我。

想想这样也不是个事，一到夜里插板里的声音就更明显，女儿睡不着呀，于是又找电业局的员工来看看。上门的师傅事前听我说了情况，也带来了新的插板，看来他们判断的都是插板有问题。电业局的师傅听了听，我说是中间的插板传出的响声，他把中间的插板拆下来换上新插板，听了听还是有声音，又把左边的插板也拆下来，又听了听，对我说："不是中间的响，是左边的插板响。"我听了下，真是左边插板发出的响声。很快，师傅给左边换了个新插板，困扰女儿睡觉的吱吱响声果然消失了。

两位师傅并不复杂又截然不同的修理，让我不由心生感叹。可以说，五金店师傅手艺技术并不差，但一直受了我的误导，没有独自判断，也认为是中间的插板发出的响声，换错了插板也没有再进一步细查，并把问题想得很复杂，最后无果而终。电业局师傅虽然也受了我的误导，但在无法解决问题时，显然怀疑了我的看法，通过自己的察看细听，做出了正确的判断。

有时候，人与人的差别看似不大，但往往在思维和细节上有了分别。这种思维恐怕就是独立思考的质疑思维。这样的误导并不在少数，它们往往干扰了正确的判断和认知，能不轻信盲从、不自以为是，敢于怀疑一切，敢于试错纠错，真正从实际出发，从实践求真知很重要。而细节则是一种作风，要求人在问题面前不马虎、困难面前不放过，养成谨慎、心细如发的做事习惯。否则，近在咫尺的真知也会与我们擦肩而过。

《中庸》有言："致广大而尽精微。"意思是，达到宽广博大的境界，同时又深入到细微之处。从做人做事而言，不随波逐流、保持独立精神，方可在辨明方向、宽阔格局中将人生"致广大"；不遗巨细、专精覃思，才能在洞悉规律、去伪存真中将事业"尽精微"。

没有多余的步骤

编译 / 乔凯凯

祖父经营着一家工厂，有一个不算太大的厂房，里面放着三台机器。忙碌的时候，祖父往往亲自上阵，和几名工人一起工作。闲暇的时候，祖父便在厂房周围转来转去，检查有哪些地方需要修整和改进。

读大学前的暑假，我来到祖父的工厂帮忙。这并不是我的初衷。我确实想利用这个暑假找一份工作，增加一些社会实践经验，最好赚取一点零用钱。但我向往的是大规模的公司或者工厂，至少不应该是如此小的"作坊"。祖父却极力邀请我来，他接到了一个大的订单，需要人手。"更重要的是，我觉得在这里你应该能学到一些东西。"祖父笑眯眯地对我说。

我接受了祖父的邀请，他给出的薪水足以让我打消去别处工作的念头。经过一周的学习和适应之后，我就可以正式操作机器了。操作机器之前的准备工作有些烦琐，但是没关系，每台机器旁边都挂着一张"启动检查清单"，每次启动机器之前，只需要按照清单上的流程检查一遍就行了。祖父的工人包括祖父本人，都是这样做的。

一个月后，我已经熟悉了清单上的步骤。没错，我确定自己已经熟记于心。我的意思是，不用看清单，我也可以完整地操作下来。

"不，千万不要那样做。这是工厂里的大忌。"祖父对我摆摆手，要我打消这个念头。

我表面点头，心里却不以为意，甚至还产生了一丝不屑。我实在想不明白，那些工人已经重复了那么多遍，难道还没有记下来吗？尤其是祖父，他从年轻的时候就开始干这项工作，几十年间居然都没有记住清单上的内容？还要重复那项看起来多余的步骤。其实，有一件事情我没有告诉祖父——前两天我已经悄悄试过了，如我想象的那样，一切都很顺利，没有出现任何问题。

那天，我走进厂房，准备开始工作。下雨天容易让人放松，加上之前我有过"经验"，因此，我没有看那张"启动检查清单"，而是直接开始操作。就在我自以为一切进行顺利之时，突然听到一声巨大的声响，刚刚启动的机器突然停了下来，还有一根直径大约5厘米的铁棒飞出来，撞到对面的墙壁上。

祖父听到声响，飞跑过来。我待在原地，几分钟后才反应过来，吓出了一身冷汗。幸好机器旁边没有其他人，否则如果有人被铁棒伤到，后果不堪设想！

很快，祖父弄清楚了事故原因：一个小螺母没有拧紧，机器开动后松退出来，导致零件散落的，就是那根5厘米粗的铁棒。

当祖父看向我的时候，我向他坦承了错误——清单上有这项检查，但我当时精神有些放松，在记忆中漏掉了这一项。如果我能听从祖父的告诫，对照清单来做启动检查，就可以避免这个事故。

"一个聪明的工人——无论他经验多么丰富，都会使用'启动检查清单'。要记住，人的脑子会有疏漏的时候，而清单上的内容永远不会变。规则的存在是为了确保万无一失。"祖父看着我说。

我认真地点了点头。那个暑假，为了弥补祖父遭受的损失，我主动放弃了自己的报酬。但我觉得，我收获了许多宝贵的东西。

总有一些温暖，
暖了你整个青春

他对生活撒了一点儿谎

□查 非

桑贝先生可以说是全世界有名的淘气鬼。他出生在法国西南部城市波尔多，上小学的时候就已成为全体老师的"敌人"。他在淘气这件事上非常用功——每天按时来学校，很少迟到，从不早退，准时上每一堂课，然后，努力捣乱。

他像一辆开足马力的碰碰车，每天认真练习自己的淘气。他的成绩不好，但他总是很快乐，喜欢逗所有人开心，每天都有讲不完的故事。他最喜欢分享的话题是"我家的美好夜晚"，好像每天放学回家都有开心的事等着他——美味的晚餐、外国的趣闻，还有快乐的钢琴练习。他会在集体出游的时候让大巴车停下来，因为他的爸爸马上要上一档电台节目，他必须下车，到附近的人家里听广播。

日子久了，他的故事渐渐变得不大对劲。起初同学们只是纳闷，为什么桑贝从不邀请他们去家里玩，他的爸爸从没有出现在任何节目里。他们去"少年之家"玩耍，那里有一架钢琴，桑贝讲了那么多和音乐有关的故事，可坐在钢琴前，他竟然是用一根手指弹钢琴的。

他家的邻居修正了桑贝的故事。桑贝家里既没有钢琴，也没有"美好的夜晚"，那里住着贫穷的小商贩一家，每晚上演的都是闹剧——酒瓶砸在墙壁上的碎裂声，小孩子的哭声，女人的尖叫，醉汉的嘶吼，还有打在小桑贝脸上的响亮耳光。

桑贝喜欢上学，因为只有离开家，去一个完全陌生的地方，他才能短暂忘记家里的悲剧，创造一个只有快乐、没有暴力的谎言世界。

他的家里不可能有一架钢琴，于是他找来纸笔，开始画画，在稿纸上展现自己想象中的美好世界。他最早的作品是一个用尾巴拖着平底锅的小狗，它没有家，一直在街上流浪，晚上窝在平底锅里睡觉。他还画了很多小孩子的童年，全都不符合他的生活现实，里面的孩子淘气却快乐，一边闯祸，一边笑着奔跑。

桑贝的所有谎话都有一个共同特征——它们除了让自己开心，毫无用处。他没有用谎言骗取利益，也没有伤害过其他人，他的谎话只对自己有效。其实，他在用一个想象中的世界作为目标，给自己打气——看，我也可以有美好的生活。

14岁那年，桑贝辍学了。他考上了美术学校，但因为家里没钱，他没去报名。只有初中学历的桑贝干过很多苦差事——推销牙膏，骑自行车给人送酒，后来谎报年龄参了军，却因为常常在执勤的时候画画被关禁闭。到了23岁那一年，他才找到人生方向。那时候的他给报社画插画，认识了编辑勒内·戈西尼。戈西尼很喜欢桑贝的画：里面总有一个淘气的小男孩，什么调皮捣蛋的事儿他都做过。因为戈西尼的鼓励，桑贝开始专心画小孩子，成了一个画童年生活的漫画家。

童年做过的淘气事都变得有意义了。桑贝的一部分童年直接变成了《小淘气尼古拉》。和桑贝一样，小尼古拉也是一个淘气鬼，他敏感、善良，喜欢幻想。他在学校里有一群小伙伴，他们一起踢足球，一起奔跑，经常闯祸，也经常开怀大笑。桑贝总在幻想一种美好的生活，他改不掉这个从小养成的习惯，这一度让他感到不安，直到他发现了一个秘密：原来每个人都是这样生活的。

"人并不总是幸福的，但每个人总有办法让自己幸福一点儿。"这些感受成为桑贝的创作理念。他继续画自己理想中的美好画面，画给大人看。他画的是自己想象中的城市生活，里面也都是温暖的"谎言"。小女孩在阳台上练习芭蕾舞；提着公务包的中年人解开了领带，昂起头迎接吹来的风；空无一人的儿童乐园里，秋千上坐着戴眼镜的推销员，他正歪着脑袋看太阳。

2022年，桑贝先生在秋天到来之前去世了，享年89岁。他这一辈子讲过很多"谎话"，可是仔细盘点它们又会发现，当他跟这个世界告别的时候，"谎话"里的很多细节已经变成事实。所有看过他的作品的读者都可以为他证明，这个人的一生拥有友谊、才华、欢笑和爱，还有一个温暖的童年。

当哀愁遇上艺术

□[英] 阿兰·德波顿 译/陈信宏

痛苦与悲伤不是人生走错道路的结果，而是经常伴随着正确选择而来的正常现象。

在艺术的种种用途里，其中一项出人意料的重要功能，就是教导我们以成功的方式承受苦难。我们可以把许多艺术成就视为艺术家"升华"哀愁的结果。在艺术里，升华指的是心理过程的转化，将平凡无奇的基本经验转变为崇高美好的事物——这正是哀愁遇上艺术所带来的结果。

艺术可以提供一个宏大而严肃的观点，让我们检视自身处境当中的辛苦艰难。这点在浪漫主义式的壮丽作品中尤其如此，也就是那些描绘星辰、海洋、宏伟的山脉或大陆裂谷的艺术作品。

这些作品让我们认识到自己的微不足道，激起一股令人愉快的惊恐，让我们理解到人类面临的灾难相较于永恒之道是多么琐碎渺小，从而使我们更能平心静气地接受每个人在人生中都不免遭遇的那些无法理解的悲剧。

我们可以借着艺术作品的帮助而致力于理解——进而欣赏——我们实质上的微不足道。

总有一些温暖，
暖了你整个青春

用"自黑"去化解完美困局

□陈艳涛

今天的影视观众都对完美人设有了免疫力，寻找那些完美好人的瑕疵，成了一种看剧的乐趣。那些个性鲜明、毫不掩饰缺点，甚至有点小奸小坏的人，一旦展现出某种人性闪光点来，反而更能让观众产生共鸣和欣赏。

而那些溜光水滑、无懈可击的人，总不免让人心生疑虑，想探究其完美背后的真相。那些境遇顺遂、待人接物圆滑周到的人，也不免会让周围的人猜忌、怀疑，甚至毫无理由地厌恶、排斥。

也因此，从《红楼梦》诞生起，冷静完美的宝钗，就被无数读者质疑，让他们像侦探一样，去搜寻字里行间各种蛛丝马迹，来判定她是一个虚伪、冷酷、奸诈的人。

这也很好理解，作家王蒙说过：一个人的无懈可击会变成最大的"懈"，让别人攻击。

但这并非没有化解之道，坦诚，就是一种解药。宝钗就几次用这种方法，化解了旁人对她的信任危机。

宝玉因金钏和琪官事件挨打后，宝钗是第一个前去探望的人，袭人一时大意，说出了宝玉小厮茗烟的话，话里话外都透露出怀疑宝玉挨这顿打，是因为薛蟠透露了琪官的事，才引起一场风波。宝玉急忙拦住袭人，袭人这才"明白自己说造次了，恐宝钗没意思"。

而宝钗是如何化解尴尬的呢？她首先坦承自己的哥哥是个"天不怕地不怕、心里有什么口里就说什么的人"，就算是他"说话不防头"，一时说出宝玉的事来，"也不是有心挑唆"，因为一则这本来是实话，二则以他的个性，他不会理论这些"防嫌小事"。

宝钗这番话，坦率真诚又入情入理，看似不辩解、不护短，但又处处为哥哥解释了动机缘由，直让袭人"羞愧难言"，让宝玉对她来探病的情意，以及那种红着脸低头弄衣带的"娇羞怯怯"动心不已，"将疼痛早丢在九霄云外"了。

坦诚以待，去打破完美表象，加上适当示弱，甚至会化解一些顽固的敌意。

小说《知否知否，应是绿肥红瘦》里，申氏将丈夫齐衡对她的冷淡，归咎于齐衡忘不了他视为初恋的"白月光"明兰，又受了一些人的挑唆，当明兰和申氏终于在宴会上初次见面时，申氏带着深深的敌意。

但她没想到的是，她的一腔怒意如一拳打到了棉花上，因为明兰很快就跟申氏聊起了真心话，说到了自己的难处，"都说我有福气，嫁到侯府是高攀，可谁知这宅院……有刁奴欺主，庄园瞒账，我一个庶女出身，无靠无挂，入了这府里，便也是寸步难行，你说我若撂不开这些，这日子，愁也愁死了"。

申氏听到这番话之后，对明兰的态度有所改观，不仅不再为难她，甚至在日后明兰有难时，还真心为她出谋划策。

申氏对明兰仍有戒备时曾问她："说这些话，是不是有些交浅言深？"明兰回答："很多事都是交深言浅弄出来的。"

这的确是人际交往中很难把握的度，有人总按捺不住虚荣心，忍不住向周围的人"凡尔赛"，有人总试图在社交网络上打造出虚幻的精致完美生活，但真正明智、眼光长远的人，会像宝钗和明兰这样，懂得"自黑"，勇于打破虚假的完美表象，用"有懈可击"和"交浅言深"来化解敌意、收获真心。

"觅之"的气度

□蓬　山

阿桂是清代乾嘉年间的重臣，担任领班军机大臣十余年，身兼将相，位居乾隆宠臣和珅之上。《清史稿·阿桂传》评价："然开诚布公，谋定而后动，负士民司命之重，固无如阿桂者。还领枢密，决疑定计，瞻言百里，非同时诸大臣所能及……"

《啸亭杂录》中载，阿桂有一匹御赐良马，某日脱缰而去。马夫前来报告时，阿桂正在看书，只回答两字："觅之。"后来马被寻回，下人又来复命，阿桂又只徐徐说了一字："好。"仍读书如故。

清人笔记中有关阿桂的记录甚多，对其操守、气度多有称赞。前述问答中区区三字，已可窥一斑，可谓颇得大臣之体，亦足为管理者借鉴。

一来，丢失御马，非同小可，马夫定已诚惶诚恐，恨不得即刻补救。当务之急是找马，而非惩罚过失。若上级雷霆一怒，成为下属不堪之重，反而耽误找马。想来阿桂心中并非不急，但不动声色，轻描淡写一句"觅之"，疏解下属情绪，使他们全力投入工作。二来，齐家治国本出一理，阿桂既是当国宰辅，又是一家之长，其角色重在让家国运行有序，人们各司其职，而非插手干涉琐屑细节。既然找马目标已定，让家丁放手去做便是，又何须赘言呢？

阿桂的修为与家教有关。其父阿克敦是朝廷一品大员。阿桂年轻时，阿克敦某次问其如何治理刑狱，阿桂回答："行法必当其罪，罪一分，与一分法，罪十分，与十分法。"本以为应答得当，孰料遭到怒骂。阿克敦说："罪十分，治之五六，已不能堪……且一分罪，尚足问耶？"阿克敦所言，用现代眼光看，似乎有失法治精神，但很符合当时的实际情况。刑狱往往愈求愈深，上司要追究一分，下属可能就要加压两分，势必牵连越来越广，因此重在"适中而止，则情法两尽"。

阿桂谨守教训，冲和有度，为官甚正。权势熏天如和珅者，也对阿桂敬畏有加。

总有一些温暖，
暖了你整个青春

起身散个步

□[英]布鲁斯·戴斯利 译/尘 间

当你坐在办公桌前或把自己关在会议室里抓耳挠腮想主意时，起身散个步似乎是一种分心。因为稍作休息的结果便是工作一点儿没少，时间却少了很多。其实当我们活动身体的时候，很容易产生一些神奇的灵感。对很多人而言，散步是理清思绪、活跃"创意神经"的最佳方式之一。正如J.K.罗琳所言："没有比晚间散步更能给你灵感的了。"

同为作家的查尔斯·狄更斯，无论如何都称得上一位超人般的高产作家，写了15部长篇小说，数百篇短篇，还编辑周刊。狄更斯每天都会持续高强度地专注工作5小时，即从上午9点到下午2点，而在完成深度投入的工作后，狄更斯会走16～19公里路。"不然我保证不了我的健康。"他声称。

也许哲学家克尔凯郭尔表述得最为精彩。"我走着走着就走进了最佳的思考状态，"他写道，"而我也知道，再烦恼的思绪，你走着走着也就走没了。"

相比坐着，散步能极大激发创造性思维

这一说法有确凿的科学依据吗？这正是斯坦福大学的玛瑞莉·欧佩佐和丹尼尔·舒瓦兹研究的内容。在实验过程中，他们采用了一系列广受认可的创意测试方式，比如"替代使用"，即以一件物品为对象，要求人们提出富有想象力且适用的其他用途。

比如，有位志愿者面对一把钥匙，受其形状大致像眼睛的启发，他建议可以将其用作一只新的眼睛。这当然不能被视为"适用的新意"。而很快另外有人提议，说一位被谋杀、即将死去的受害人可以用钥匙将凶手的名字刻在地上，这就能算"适用的新意"，尽管这的确招来了一起接受测试的其他同伴异样的目光。这些测试后来还尝试了各种不同的方式：一种是让人们先坐着回答，再边走边回答；一种是让人们先边走边回答，再坐着回答；还有一种是让人们一直走着回答或者一直坐着回答。

欧佩佐和舒瓦兹发现，散步能极大地激发创造性思维：事实上，81%的参与者在散步时提出的创造性建议的得分比他们坐着时提出的平均增加了60%。

他们对此的解释是，在创造性思考时或在此之前进行有氧运动，能有效活跃思维。事实证明，在激发创意方面，散步极有帮助，尽管它不是解决复杂的逻辑难题的最佳方式。

正如科学家们所言，散步或许对聚合思维无所帮助，比如找到某个问题的"正确"或标准答案，但对发散思维而言是个强大的工具，可以帮助你闪现新奇而富有想象力的点子。更可贵的是，这种强大的作用力会持续很久。在需要提供创造性想法之前选择散步的志愿者，在后续测试中的得分比那些始终坐着的高得多。

选对散步的地方也会产生有利影响。2012年公布的另一份研究报告指出，在空旷地带散步50分钟有助于集中注意力：在自然环境中散步，有益于净化我们的感官，让我们后续以彻底放空的心态回归工作。

散步会议：向你的同事倾诉困惑

散步不仅助你思如泉涌，它还是一种创新性的会

议模式。克里斯·巴瑞兹布朗主持着一家领导力培训公司，在激发领导者更强的创造性思维能力方面颇有盛名。他坚决认为，带来创造性思考力的散步，在用于团队时同样具有巨大影响。他的公司采取了一项叫作"户外散步"的方式，帮助员工疏通潜意识里的心理障碍。

巴瑞兹布朗的方法是让员工成对出去短时间（通常不到半小时）散个步，要求散步期间其中一人大声讲述他们面临的困境与挑战。他说人们起初还是比较怀疑的："我愿意试试，但我没法想象这会有什么好处。"然而，"半小时后他们回来说，'哇！真是出乎意料！我的思路现在清晰多了'。"巴瑞兹布朗认为这一方法让我们在"大喊大叫"时通过整理毫无头绪的思想进而获得全新的观点。

"我们很少有机会毫无拘束地谈论我们的生活。"巴瑞兹布朗表示。然而，当我们肩并肩和他人散步时，似乎能够重新组织思想并流畅地表达了。在有些情况下，半小时是合适的，但巴瑞兹布朗在主持公司的非现场会议时，他更倾向使用的技巧是让人们出去7.5分钟，一个人听，另一个人讲。"通常当人们回来的时候，他们会对自己一直在关注以及困惑的事情感到更加清晰。"这种交流方式，促进了他们生成创意的发散思维，同时也促进了一定的聚合思维。

当你想要找个方式让今天的工作变得不那么压抑，抑或你想厘清自己的思绪时，你可以从你的办公桌前起身，去户外走几步。相信我，这是一个不错的主意。用哲学家弗里德里希·尼采的话来说："一切真正伟大的思想都是在散步时构思而成的。"

亚特兰蒂斯的水手

□杨无锐

管理学大师彼得·德鲁克写过一本名为《旁观者》的自传。在这本书里，他复述过沉没之城亚特兰蒂斯的故事——柏拉图也写过这座城：

"很久很久以前，有座城叫作亚特兰蒂斯，因城中的人骄傲、自大和贪婪，整座城市没入海中。有个水手在船触礁之后，发现自己落入城中。他发觉在这座沉没之城中，还有许多居民，每个星期天，钟声响起，大家都会到奢华的教堂做礼拜，为的就是希望在一个星期的其他六天里，都可以把信仰抛在脑后，互相欺诈……那个从阳世来的水手目睹这一切，顿时目瞪口呆。他知道自己要小心，不能被发现，要不然，就永远见不到陆地与阳光，不能享受爱情、生命与死亡了。"

故事里的水手，见识过真正的生活，因而能够认出貌似生活的伪生活。他为自己确立的使命是，哪怕身处沉没之城，他也得努力盼望、保守真正的生活。总得有人在遭受惩罚的地方理解生活，捍卫生活。这个人，可以是水手、作家、哲人、诗人、管理学家，也可以是经理、校长和职员。亚特兰蒂斯的悲剧，不在于沉没，而在于根本没人知道自己已经沉没。

总有一些温暖，
暖了你整个青春

从午夜到拂晓的灯光

□听月生

不出意外的话，这应该是我第一次，也是最后一次去通宵自习室。作为大一新生，我对通宵自习室有所耳闻。当夜幕降临，教学区逐渐陷入黑暗，那里便会亮起明亮的灯，在追梦的青年身上洒下理想的光辉。它在我心中，无异于殿堂般的存在。

古有王冕"夜潜出，坐佛膝上，执策映长明灯读之，琅琅达旦"。每每读到这种勤学苦读的事例，我的内心总会生出一种向往，也想找个机会体验一下彻夜苦读的滋味。

在这个念头的推动下，我试着约班上的同学一起去通宵自习室看看情况，结果被一一婉拒。可我想去的念头并没有消失，反而像野草一样，随着时间的流逝不断生长蔓延。终于，因期中赶作业的契机，我决定去通宵自习室一探究竟。

学校的通宵自习室位于26教一楼——一间较为偏僻的教室，在这之前我从未涉足。从宿舍到教室的距离虽然有点远，可架不住我激动的心情，我迈着轻快的脚步很快便走到了。在同学的指引下，我来到这间教室门口。那是一扇普通到不能再普通的深蓝色铁门，我屏住呼吸，推门而入，眼前的景象跟我之前的想象有一点差距。

这间教室跟平时上课的教室没什么区别，里面几乎坐满了人。教室里暖烘烘的，一进门，热气便扑面而来。与普通教室不一样的是，这间教室很多课桌上下都堆着一摞摞的书，座位上还有毯子、坐垫等物件，同学们俨然一副"扎根"此地的样子。

我好不容易找到一个空位，坐定后便开始写我的期中作业。不知不觉过去了好几个小时，我环顾四周，这里的人都在埋头写字或是看书，因此，我在这里写作业的效率确实比在宿舍写时要高得多。我以为这里所有的人都会像我一样熬个通宵，可晚上10点之后，周围的同学竟陆陆续续背起包离开。

从最开始的座无虚席，到凌晨时最后一位学姐一边收拾东西一边问我："妹妹，你也在外面租了房子吗？不在这通宵的话咱们一起走？"

我大吃一惊，好奇地问了一句："学姐，这不是通宵自习室吗？你们怎么都不留下来通宵？"她扑哧一笑道："妹妹，通宵自习室只是整晚不断电而已，相比其他教室，大家可以在这里多学习一会儿。整晚不睡觉谁受得了！"

"啊？"学姐说出真相的瞬间，我深深地感受到了想象和现实的差距，有股复杂的滋味涌上心头，不知道该怎么评价自己的这一次"冒险"。

等到学姐离开，内心的恐慌顷刻间压倒了一切，我成了真正的"孤家寡人"。我千算万算，没算到最后只剩下我一个人。我想象中的通宵自习室，是一大帮学子在里面彻夜奋战。眼下，我只能为自己的莽撞而后悔。

寝室楼早已关门，我只能留在教室将就一晚。幸好善良的学姐给我留下了一个枕头和一条她午休用的空调被。伴着教室里时钟的"嘀嗒嘀嗒"，我忍不住趴倒在桌面。虽然我没有豌豆公主那般挑剔，可习惯平躺在床上的我，很不习惯这种睡觉方式。我试着调换多个姿势，都因不适而惊醒。

最后，我睡到了地上。夏末秋初的夜晚初具凉意，空调被太小了，我只感觉凉意从我的脚尖蔓延到全身。"嗡嗡嗡"，蚊子加入了这场我与眼皮的战争。我在坚硬的地板上辗转反侧，实难入睡，便只好起身坐回座位，拿出桌上的数学课本细细研读，很快便有了睡意。不知耗费了多少心神和时间，我终于趴在桌上合上了双眼。睡醒睁开眼，我却发现折腾了那么久，才到4点58分，距离天亮仍有一段时间。我再也无法忍受，已经失去了跟这里的一切战斗的勇气，只想回寝室。此刻我由衷地羡慕地球上每一个正在熟睡的人。

我做足心理建设，推开厚重的教室门，背着电脑慢慢地挪出了26教，踏着沉重的步伐走入无尽的黑暗。偌大的校园里寂静无声，我有些害怕，索性加快步伐向宿舍走去。不远处却冒出一个黑影。我打开手机的手电筒，就着微弱的光默默低头往前走，走近了才发现是个跟我年纪差不多的学生。

我舒了一口气，可即将从大路走进林间小路的时候，我又警觉起来。偏偏这时候刮来一阵风，有的枯叶紧紧抓住树干，却也躲不过被风吹得簌簌下坠的下场，地上的叶子更是凄凉，被吹得稀里哗啦。这时的我，只觉"风声鹤唳，草木皆兵"这八个字完美概括了我的心情。

在恐惧的笼罩下艰难跋涉一公里后，我终于回到了宿舍楼门口，此时天已蒙蒙亮。可宿舍楼的大门铁青着脸，依旧紧闭着，我不好意思打扰宿管阿姨的美梦，只得在外等待。我坐在门口的青石板上，上演了一出"枯坐到天明"的戏码。也不知过了多久，随着"吱呀"一声的开门声，高悬在我心上的大石头落下来了，我连招呼都没打就飞奔上楼，直奔宿舍的床。

身体接触到被褥的那一刻，我的内心瞬间被幸福感充盈。这一天的床铺比以往任何一天都更舒服、更柔软，我沉沉地睡了过去。或许，在很多人看来，一个人去自习室通宵学习是一件莽撞且幼稚的事情。可对我而言，我跳出了三点一线的日常生活，做了自己想做的事情，这是一次宝贵的体验。

探秘内心所想，不再止于好奇，畏首畏尾只会让你错过很多有趣的经历。

用一生的时间看天

□李元胜

用一生的时间看云
它们聚散不定
那光晕里沉默的人群
那经过纸上的
隆重的春天
我全都暗记在心
用一生的时间看天
看它一年年展开无边的明亮
又有什么可以
在其中留下
我满腔的爱与恨
都小如芥子
也许今后许多年里
我都不再歌唱
就这样看着
等着
那些破碎已久的东西
怎样在平静的傍晚到来

晏子的改变

□姚秦川

《晏子春秋》记载，齐景公即位之初，晏子并不受重用。国君为了测试他的才能，派他去治理东阿。晏子一去就是三年。这期间，一些居心叵测之人，故意向齐景公说晏子的坏话。齐景公听后非常不悦，把晏子叫了回来，要罢他的官。

晏子一脸愧疚的样子请求齐景公："能否再给我三年时间，我一定将东阿治理得井井有条。"齐景公勉强答应下来。

没想到，只过了一年时间，齐景公就听到许多人在说晏子的好话，他很高兴，打算好好奖励晏子。晏子回来后，齐景公饶有兴致地问："为何现在只过了一年，就都说你好话了？"

晏子变得神情肃穆，退后一步回答道："臣那三年治理东阿，尽心竭力，秉公办事，从不惧怕得罪人。当时，臣修路筑桥，方便百姓，结果遭到了富绅们的反对；臣秉公断案，处罚那些违法之徒，于是遭到了豪强劣绅的阻挠；臣表彰节俭、勤劳之人，提倡向这些人学习，惩罚那些懒惰之徒，如此一来，那些游手好闲之人对我便恨之入骨。臣在东阿的前三年，想要为老百姓办一些好事，提倡一些好的作风，却根本无法实施，因为这样做会侵占一部分人的利益，所以，他们便开始散布臣的谣言。"

听到这里，齐景公皱着眉头问道："那为何现在大家又开始夸奖你呢？"

晏子叹息了一声，回答道："后来臣开始反其道而行，故意顺着那些豪强劣绅的性子做事，这样一来，原来那些说臣坏话的人，自然开始夸奖臣了。臣认为，前三年治理东阿，大王本应奖励臣，没想到回来后，受到的竟然是惩罚；这次回来，大王本应该惩罚臣，结果却变成了奖励，臣实在是不敢接受这样的奖励啊！"

听了晏子的一番话，齐景公才知道自己彻底错了，他为自己以前没有了解事情原委就妄听谗言感到羞愧，也为差点儿错失一名贤臣而自责。

身居高位的人总是容易被一时的流言蜚语蛊惑，如果偏听偏信，大好的事业就会毁于一旦。好在齐景公及时醒悟，后来，他放心地将国政委于晏子，晏子也不负重望，将齐国治理得井井有条。

4

不必才华横溢，但要试着改变固有认知

总有一些温暖，
暖了你整个青春

断章取义的代价

□ [美] 奥赞·瓦罗尔 译／苏 西

诗人罗伯特·弗罗斯特的《未选择的路》是美国文学史上最受欢迎的诗歌之一。如果单看诗名你还没有印象，那么末尾这一小节你肯定知道：

多年之后，我将叹息着把往事回顾——
林中分出两条路，
我选择了少有人走的那一条，
由此走出了迥异的旅途。

这首诗被人们广泛引用，从汽车后保险杠上的贴纸，到机舱购物杂志里的插页海报，随处可见。它是个人主义与自主选择的宣言——我们自己选择想走的那条路，而不是别人为我们选的。这首诗令人惊讶的地方不在于它的流行范围之广，而在于这么流行的一首诗，竟会被人误读到这种地步。

仔细审读这首诗，你会发现经常被人忽视的、极为重要的微妙细节。在前面的小节中，弗罗斯特提到，人们的足迹在两条小路上的踏痕其实一样。在接下来的小节中，他写道，两条路同样覆盖着落叶，"未经脚印污染"。换句话说，你分不出哪条路上走的人更多，选哪条其实都一样。旅人的"后见之明"——他选中了更好的、少有人走的那一条——只不过是自我欺骗罢了。这简直是史上最讽刺的事之一：一首论及自我欺骗的诗作，却衍生出了广为流传的自我欺骗。

我就曾是其中一员。在大一那年的英语课上，我引用了这几行诗句，结果得到了教授的（善意）提醒：在怀着被误导的自信心引用诗句之前，应该花点功夫读完全诗，稍微琢磨琢磨。我跟其他人一样，懒得读完整首诗，在没有顾及上下文的情况下就选摘了那几行"金句"。对这首诗的误读——以及更加广义上的误读——应该就是这样流传开的。

对于事实，我们懒得去倾听、细读，甚至连快速浏览都做不到。相反，我们依赖选摘，但它无可避免地会导致断章取义。每一次对作品原意的扭曲，一旦经过媒体的报道和转发，就会被再次放大。一个作者诠释了原作者的作品，然后另一个作者又来诠释这种诠释，每多加一层，扭曲就加重几分。

一个讽刺网站曾发表过一篇文章，标题是《研究显示：看科学报道时，70%的脸书用户只看完标题就发表评论了》。转发这篇文章的将近20万人做了什么？他们虽然在社交媒体上点了转发键，但其中许多人连看都没看。我们是怎么知道的？因为愿意点开这篇文章的人会发现，它是假的。整篇文章里面只有两个英文句子，余下的全是大段大段毫无意义的假词。

断章取义曾经引发美国历史上最糟糕的阿片类药物泛滥。1980年，赫谢尔·吉克医生给《新英格兰医学杂志》的编辑写了一封信，信中只有5句话。吉克是波士顿大学医学中心的医生，在他的医疗记录数据库中包含"住院病人服用止痛药后成瘾"的数据。在那封信中，他报告说，成瘾现象很罕见。

后来的调查发现，吉克的报告是非正式的，而且数据面很窄——只限于此前没有药物成瘾史的住院病人。那封信被刊登在杂志的通讯栏目里，且未经同行评议。关于这封信，吉克本人也没多想，他说："在我做过的一长串研究中，它差不多排在最末尾。"

最初，这封信并未引起多少关注。可是在刊出10年后，它好似渐渐自行获得了生命。1990年，一篇刊登在《科学美国人》杂志上的文章引用了这封只有5句话的信，称它是"广泛研究"，以此支持该文中"吗啡不会让人成瘾"的观点。1992年，《时代》杂志引用了这封信，称之为"里程碑式的研究"，来说明人们对阿片类药物成瘾的恐惧"基本上毫无根据"。止痛药奥施康定的生产商普渡制药也开始援引这封信，并断言，在服用阿片类药物的患者中，上瘾者还不到1%。基于这一断言，美国食品和药物管理局做出批准，如果合法地将奥施康定用于止痛，可以将它的成瘾性描述为"极为罕见"。

这场传声筒游戏在极大程度上歪曲了吉克信中的发现。他的发现基于住院患者在短时间内服用阿片类药物的表现，并不涉及待在家里的普通患者长期服用的情况。但制药公司利用那封信来说服身处一线的医生：对于长期疼痛，阿片类药物绝对是安全的，而且，如果不开这类药，无异于把患者置于非必要的痛苦之中。

没人想到该去读读那封信的原文。1999—2015年，有18.3万人死于处方阿片类药物的过量使用，数以百万的人药物上瘾。信的作者吉克说："那些制药公司做出那种事来，却拿我写给编辑的那封信当借口，这让我倍感耻辱与难堪。"

解决办法是什么？读完整首诗。如果没有读完全诗，就不要引用其中的句子。在这个"标题党"盛行的世界里——绝大多数人只看标题、无视内容——读完全诗，是你能做的最具颠覆性的事。这会让你远远领先于那些懒得挖掘资讯源头的人。你会看见其他人看不见的东西。

两则传说

□ 王鼎钧

下面两个故事都出自民间传说。

寒士冒雪赶路，狼狈不堪，经过古庙，打算入内避寒，不料和尚把庙门关了。后来寒士显贵，派兵剿庙，把和尚一律杀死。

一人贫不能自立，经常受乡党周济。多年后，此人忽操刀行凶，把施惠者一律杀伤。官府鞠讯，此人的回答是："我欠这些人的恩情太多，无法偿还，见了面就难过，不如杀个干净。"

民间故事常寓至理。眼见人处困境而不加援手，人必恨之。施惠于人而望报，人亦必恨之。只是一般人恨的程度不同，不至于剿庙或行凶而已。

丰于阅历的人往往随时随地助人，而又随时随地否认他帮助过某人，使受助者心安。"施比受更为有福"这句格言不会动摇，因为"施"字本来含有不要报偿的意思在内。施而望报，纵不至于招祸，关系也不会愉快。

你真的被低估了吗

□ 吴嘉欣

你还记得《狐狸与葡萄》的故事吗？在这则寓言中，一只狐狸因为够不着高枝上的葡萄而说"葡萄太酸，我根本不爱吃"。人们常用故事中的狐狸讽刺那些无法达成较高的目标，便以"目标并不好"或"自己不想要"为由掩盖自身能力欠缺或行动失败的人。

换个角度思考，这则寓言还会带给我们新的启发。狐狸为什么会把失败归结于外界环境，即葡萄太酸，而不认为是由于自己的能力不足而摘不到葡萄呢？这就要提到心理学中的一个概念——心理特权。

在日常生活中，你也许会遇到一些人，他们经常抱怨外界对其"不公平"，认为自己的能力被低估，获得的报酬太低。换而言之，这些人理所当然地认为自己应该比他人得到更多的资源和报酬，而不去思考这些是否是自己应得的。例如，在企业中，一些没有额外贡献的员工却认为自己有权利获得额外的奖励，之所以会出现这种情况，是因为这些员工共有的一种信念感，即心理特权。

说到心理特权，不得不提起一个更加广泛的概念——权利感。作为一种普遍的主观知觉，权利感或多或少地存在于大多数人的内心，影响着人的一系列心理活动和行为。一些科学家将权利感分为三种类型：正常的适应性权利感、抑制性权利感和过度的权利感。其中，具有正常的适应性权利感的人能够客观且真实地对于"自身能从他人处获得什么"进行评估；具有抑制性权利感的人则对此缺少自信和决断力，从而低估自身的需求和可获得的权利；具有过度的权利感的人会产生对自身需求的过高期望，且这种期望已远超现实中他们应得的范畴。这类过度的权利感就是一种心理特权。

为什么会产生心理特权？

也许你会发现，当一个人拥有较高的心理特权时，就像拥有了一种"性格"，常常表现在其生活中的方方面面。也就是说，心理特权在个体范围内具有跨时间和跨情境的一致性。因此，很多心理学家都将心理特权看作一种会对个体的认知和行为产生广泛影响的人格特质。然而，美国加利福尼亚大学的梅杰教授通过研究发现，心理特权并不是一种与生俱来的人格特质。人类在成长的过程中会受到多种因素的影响，心理特权是在成长过程中通过不断强化而形成的。心理学研究者还发现，容易引发高水平心理特权的相关因素主要包括情境因素和内在因素。

临床心理学家们很早就注意到，不愉快的生活经历（情境因素）与个体的心理特权之间存在联系。例如，童年时期生活贫困的人，可能会在成长中逐渐强化"应该在日后的人生中拥有不再忍受困苦的特权"的观念；当一个人有过受委屈、没有得到应有的尊重或公平对待的经历时，便可能认为自己已经承受了比别人更多的损失，因此应该在以后的生活中享有更多的利益或特权，并且可以承担更少的社会责任。此外，具有高水平心理特权的人在面对挫折时会产生更强烈的委屈感，从而激发心理特权水平进一步升高。

从内在因素的角度来看，心理特权的产生不仅在于经历不愉快事件，而且与一个人对于这些事件的主观建构有关。一个人从不同角度思考自身经历，会导致不同的心理观念，相比于客观看待事实的人，主观上认为自己经受了更多苦难的人，更容易引发高水平的心理特权。相反，当一个人的"平等观念"逐渐增强时，其心理特权水平便会随之下降。一项有关"平等观念"的心理学实验发现，当研究者为了强化一组实验参与者的"平等观念"，邀请他们列出平等对待他人的三种益处以后，结果显示，相比于没有被强化"平等观念"的参与者，这组参与者的心理特权水平明显更低。

我们已经知道，心理特权其实是一种与事实不符的主观观念。这种倾向往往会给人带来一些消极情绪与负面的结果。总体而言，高水平的心理特权会降低一个人的社会责任感和对他人的同理心，诱发人际冲突。在不同的现实生活场景中，我们也很容易看到心理特权的一些具体表现。

在学校中，具有高水平心理特权的学生可能会表现出一种"学业特权感"。这种学业特权感会阻碍学生培养正确的学习态度，如更容易因为成绩与自己的期望不符而感到焦虑，甚至会因为主观题分数低而与教师产生冲突。高水平心理特权还会使学生更容易忽视提高自身能力，而将失败归咎于他人。

在消费环境下，消费者过度扩大自身的权利，也更容易引起消费者与商家的矛盾。一些具有高水平心理特权的消费者会要求享受服务优先权，做出插队、言语攻击等不良行为，或针对购物过程提出不合理的诉求。这类由过度的特权感导致的事件无疑会给消费环境带来负面的影响。

总之，心理特权所体现的是一种过度关注自身、降低社会责任感的夸张感知，然而，它并不是一种无法改变的特质。因此，当一个人受到较高的心理特权感的影响时，在自己的认识或他人的引导下，增强对于平等观念的认识，减少对自我的过分"同情"，改变主观认知，并采用更加客观的视角看待个人经历，都能够帮助自身降低心理特权水平。当我们能正确地面对各种责任，也能享受相应的权益时，心理特权才会从心中消失。

麻烦的乐趣

□ [日] 松浦弥太郎　译 / 张富玲

"在麻烦的事情里头，隐藏着真正的乐趣。"直到长大成人，我才渐渐体会到这句话的真谛。举例来说，做菜最有趣的地方就在于那些要花功夫的一道道工序。做好的餐点之所以好吃，品相之所以出色，全是因为在做的过程中你细心地捞去浮沫或做刀工处理，就算费事也不偷工减料。

花费时间精力自己栽种蔬菜也好，不选旅行社的套票，从零开始自己安排旅行也好，不管是工作、生活还是学习，事物所有的滋味、优点和乐趣，全是从麻烦的事情中孕育而生的。

"麻烦"这个字眼具有把一切全盘否定的强大的"消解能量"。就算你是真心期许自己好好生活，尽可能每天开开心心地度过，但就在你说出"麻烦"二字的瞬间，仿佛所有的魔法都会解除，一切努力都付诸东流了。

灯塔、猫和鸟

□郁喆隽

斯蒂芬岛位于新西兰的南岛和北岛之间，面积只有1.5平方公里。1894年岛上建了一座灯塔，一个叫大卫·莱尔的灯塔看守来到了这座荒无人烟的小岛上。为了排解寂寞，他带了一只怀孕的母猫，名叫蒂波斯。不料，这样一个不经意的举动却引发了意想不到的后果：蒂波斯每天都会给莱尔叼来一种不知名的鸟。莱尔对鸟类有一定的研究，于是将这种鸟寄给远在伦敦的专家鉴定。后来才知道这是一个斯蒂芬岛特有的物种——斯蒂芬岛异鹩。养猫的人都知道，有时候猫抓其他小动物不是为了吃，而是纯粹好玩，或者是为了讨好主人。待到蒂波斯在岛上产下一窝小猫后，情况变得一发而不可收。

不少鸟类科普读物，以及纪录片《南太平洋》第五集"奇怪的岛屿"中都提到了这个事件。结果当伦敦的专家通知莱尔他发现了一个新物种时，这个物种已经不可逆地走上了灭绝之路……虽然莱尔的继任者努力在岛上扑杀猫，但最终在1925年斯蒂芬岛异鹩正式宣告灭绝。如今只有在新西兰的博物馆里才能看到为数不多的几只斯蒂芬岛异鹩标本。这个事件因此常被动物保护者作为警示——一只猫灭绝了一个物种。

当然，责任不仅是蒂波斯的，也是人类和环境的。异鹩的祖先一定是会飞的鸟，否则它无法跨越海洋来到岛上。岛上的环境对它们来说过于优越，没有任何天敌且食物丰沛，于是它们逐渐丧失了飞行能力，主要捕食地面上的昆虫。类似这样"用进废退"的例子在南太平洋的岛屿上特别多，新西兰的几维鸟就与此类似。

有意思的是，《庄子·逍遥游》中有一句"鹪鹩巢于深林，不过一枝"，以此来表达它小而无用。魏晋时期的张华写了一篇《鹪鹩赋》，其中提到："鹪鹩，小鸟也，生于蒿莱之间，长于藩篱之下，翔集寻常之内，而生生之理足矣。色浅体陋，不为人用，形微处卑，物莫之害，繁滋族类，乘居匹游，翩翩然有以自乐也。"

无独有偶，美国诗人狄金森也写过不少诗，借用鹪鹩表达战胜苦难、小而无惧的志向。遗憾的是，文学的美好意象终敌不过演化的冷酷事实。遗世大概可以独立一时，却经不起一个脆弱条件的改变。

镇定自若

□戴建业

谢安是一位让无数人倾倒的政治家,既风流儒雅又稳健老练,既有潇洒迷人的个性又有令人惊叹的功业,是东晋中期政坛上的中流砥柱。他在朝主政时,"强敌寇境,边书续至,梁、益不守,樊、邓陷没,安每镇以和靖,御以长算"。其实,他不仅能在棘手的军国大事上"镇以和靖",即使平时游赏时也镇定自持。

《世说新语》中有一则谢安与众人泛海出游的故事。与谢安一起泛海的是当时文艺、学术、宗教界的名流,包括书法家王羲之、文学家孙绰、玄学家许询、高僧支道林等。要是在一个风和日丽的日子,纵一叶扁舟于蓝色的大海,或谈玄论道,或品诗论文,或叩舷长啸,的确有说不尽的风雅。可是,偏偏天公不与这群名流雅士作美,他们的船刚入海就"风起云涌",船在咆哮的海面上左右颠簸,孙绰、王羲之等人脸色陡变,一齐高喊赶快掉转船。天气的突变,以及"孙、王诸人"在突变中的慌乱,衬托出谢安此刻的神态反应,"太傅神情方王,吟啸不言"。"王"通"旺"字,"方王"是说谢安正在兴头上,在洪波涌起的海涛中悠然吟啸不语,神态是那样陶醉、专注。平时谈笑风生而此时乱作一团的诸公都把目光投向了谢太傅,只见他"貌闲意说,犹去不止"。在波浪滔天的大海上他胜似闲庭信步,岂止没有回头的意思,还让人将船不停地向海中划去。

前面只是天刚变脸时的一幕,更严峻的考验还在后头。"既风转急,浪猛",眼看有葬身海底的危险,诸人有点魂不附体,这时他们"皆喧动不坐"——命都快要保不住了,还坐得安稳吗?谢安自然也意识到了处境的危险,他不可能拿性命开玩笑,如果这时还要让船"犹去不止",那就不是沉着而是莽撞了。不过,即使意识到了处境的险恶,他还是那样从容冷静。"公徐云:'如此,将无归?'""将无"是魏晋人的口语,表示委婉商量的语气。他用徐缓的语调对大家说:"现在这种情况,我看还是回去吧?"谢安此时成了诸人的依靠,一听到他说"将无归",众人好像死里逃生似的长吁了一口气,立即"承响而回"。

故事的最后两句是画龙点睛之笔:"于是审其量,足以镇安朝野。"一个在生死关头犹能从容不迫的人,一个在风急浪涌的海面犹能镇定自若的人,在未来的政治旋涡之中,在强敌压境的危急时刻,一定能成为国家稳定的磐石,成为朝野仰赖的重心。

人类认知的陷阱

□[美]托马斯·基达 译/慕 兰

在生活中，我们会做很多明智的决定，也会犯下很多错误，错误的信念与决策不仅会影响个人的日常生活，还会影响重大的社会决策。

那么，为什么我们会成为错误思维的牺牲品呢？是我们太愚蠢吗？当然不是。在思考和决策的过程中，任何人都会犯错误，包括训练有素的专业人士。此外，还有两个最基本的原因。第一，我们往往会自然而然地以错误的方式去寻找和评估证据。第二，批判性思维和决策制定技能可以抑制人类犯错的天性，但通常学校并不教授这些思维和技能。在此，我将主要观点概括为六点，即人类认知的六个陷阱。

第一，偏爱故事胜于数据。故事总是精彩的。然而，仅仅依靠故事来形成信念并做出决策可能让我们步入歧途。原因何在？因为这意味着我们会忽略其他更有用的信息。

第二，寻求印证自己的想法。如果你相信通灵者可以预测未来，那你是否会对他们为数不多的几次正确预测记忆犹新，转而忘记那些错误的预测？我们天生偏爱使用"印证自己的想法"这一决策策略，即格外看重支持自己的信念和期望的信息，对那些与自己信念相左的信息不屑一顾。

第三，忽略机缘巧合的作用。人类与生俱来具有一种根深蒂固的欲望，去发现世界存在的因果关系。这种追根溯源的欲望很可能缘于人类的进化发展。在早期人类社会，那些发现事物因果关系的祖先不仅幸存下来，还将这种基因世代相传。通常情况下，这种偏好对我们很有帮助。但问题是，这种偏好在我们的认知结构和思考过程中占据了主导地位，以至于被我们过度应用了。所以，我们看到的事情的"因"，往往只是单纯的机缘巧合。

第四，错误感知世界。我们喜欢认为自己感知到的就是世界的本来面目，我们总是听人们说"我知道自己看到了什么"。然而，我们的感官也会受到蒙骗。有时候，问题本身就在于选择性地进行感知，某些东西我们没有看到是因为我们的注意力不在那里。另一些情形则恰恰相反，我们看到的其实并不存在。

第五，过度简化思维。生活如同一团乱麻，日复一日，我们需要处理的事情千头万绪，在进行决策的时候亦是如此。为了避免陷入"分析瘫痪"的窘境，我们会采取很多简化策略。假设你去看医生并且进行了一项病毒测试，测试结果呈阳性，这说明你感染了病毒！你应当有多担心呢？医生告诉你说："当一个人感染这种病毒时，这项测试的准确率是100%；如果一个人并未感染这种病毒，也会有5%的概率被测出阳性。"与此同时，你还听说大约每500人中就有1人感染这种病毒。那么你感染病毒的概率究竟是多少呢？多数人会说大约95%。事实上，正确答案是4%！使用简化策略会导致我们忽略关键信息，进而致使我们的判断出现严重的错误。

第六，存在错误记忆。人们的记忆不是对过往经历回放的快照，恰恰相反，记忆是可以被建构的。当前的信念、期望、环境，甚至暗示性的问题都会影响我们的记忆。更准确地说，记忆是对过去的重构——随着每一次重构，记忆会离真相越来越远。

当苏轼遭遇"塑料友情"

□ 姚秦川

北宋时期,章惇和苏轼关系紧密。苏轼在凤翔府任判官时,章惇则担任商州令,两人都是少年进士,趣味相投,爱好相近,自然诗酒流连甚是相得。

有一日,他们两人同游仙游潭,对面岩崖高耸,峭壁千尺,而且非常光滑。章惇游兴大发,不停撺掇苏轼,说何不到对面岩壁上去题字?苏轼一看脚底下,只有一座横木搭建的小桥,下边是溪涧,深不可测,看得他脚都发软。不过,章惇对此却毫无惧色,他微微一笑,很平静地走过小桥,最后卷起衣袖爬上峭壁,在很高的地方写了"章惇苏轼来游"一行大字,然后面不改色地又走了回来。

那天,苏轼被章惇的疯狂举动吓得不轻,过了好半天,他才抚摸着章惇的背,眼望远方,忧心忡忡地对章惇说:"你以后肯定会杀人。""为什么?"章惇很奇怪地问。苏轼回答道:"连自己的性命都不珍惜,怎么会珍惜他人呢?"章惇听后并没有生气,反而哈哈大笑起来,仿佛受到了莫大的夸奖。然而,可能连苏轼也没有想到,章惇日后想要杀害的人,恰恰是他。

宋哲宗即位后,皇太后主持朝政。当时,皇太后不喜欢变法人士,倾向旧党,所以非常器重苏轼兄弟,而支持变法的王安石和章惇等人则被下岗或降职。因此,章惇便恨上了好友苏轼,觉得他比自己走运。几年后,皇太后去世,宋哲宗亲政,又重新大力起用新党人物,同时任命章惇为宰相。章惇手握重权后,对当年的旧党大臣"秋后算账",而好友苏轼更是被他直接贬到了惠州。

时间不长,章惇看到苏轼写了一句"为报诗人春睡足,道人轻打五更钟"的诗,顿时觉得苏轼的日子过得太过舒服,于是又把苏轼贬到了更加荒凉的海南岛;而苏轼的弟弟苏辙,则被贬到了广东雷州。不过就算章惇在背后向自己"捅刀子",苏轼也没有特别嫉恨这位老朋友。

有意思的是,章惇最小的儿子章援恰好是苏轼的弟子,当初正是因为获得苏轼的赏识而取得功名。苏轼晚年受诏北归,此时的章惇势力已衰。在苏轼北归的过程中,章援当时想要造访苏轼。不过章援的内心慌张异常,因为他不知道老师是不是还记着与父亲的新仇旧恨,因而他提前写了一封信给苏轼,想要打探一下虚实。

苏轼在给章援的回信中坦言,自己和丞相章惇订交数十年,固然主张分歧,但都是正人之争,叫弟子不要过度挂念流俗之人所言。章援收到苏轼的信后,被对方的宽容大度深深折服。然而令人唏嘘的是,此时的苏轼已步入晚年,他最终病逝在北归的路上。

北宋是一个特殊的年代,终其一朝不杀士大夫,这也给了文人官员敢于直谏的勇气,所以很多官员都曾经不止一次被贬谪。晏殊、司马光、欧阳修都被贬谪过三次,而苏轼、秦观二人更是一生都在被贬谪的路上。

值得一提的是,这些官员虽然在朝廷不和,私下却惺惺相惜,在生活上互相照顾,很少出现章惇对苏轼这样,一言不合就落井下石,以至"友谊的小船说翻就翻"。不过,面对章惇的不近人情以及各种乖谬的做法,苏轼却坦然面对,并没有伺机报复,而是用自己的大度和正气,赢得了世人的尊敬。

总有一些温暖，
暖了你整个青春

布莱恩的礼物

□[美]科林·塞尔 译/张春波

住在这边乡村的孩子，都不会有太多的朋友，哥哥吉姆和我就是如此。我们俩年龄差不多，因此成了很好的玩伴。但我们一有空，仍会骑自行车到一英里以外的邻村，去找一个年纪相仿的孩子一起玩，他叫布莱恩。他父母都是农民，有一大群哥哥姐姐，还有一个弟弟。

有朋友相伴的夏季过得格外有趣。关于布莱恩早期，也是最有趣的记忆，是我们六七岁时一起玩垒球的经历。我仍清楚地记得布莱恩像一阵风一样，光着脚在各垒间奔来跑去的情景。当然，我们的友情不局限于夏季，我们上的是同一所学校，并且乘同一辆校车。我不记得是什么时候发现布莱恩患了"肌营养不良症"的，只记得那时我们还在上小学。看着我们曾经那么健康的玩伴一天天衰弱下去，不能再做十分喜欢做的事，我们的心情变得越来越沉重。

上初中第一天的情景令我终生难忘。校车来到布莱恩家门前，我们伤感地望着布莱恩在手和膝盖的支撑下爬上了车。而在上个学期末，他上车时只是有些吃力而已。

随着年龄增长，布莱恩的情况越来越糟，他不得不坐轮椅了。但他绝不让自己被轮椅所束缚。轮椅只是他的腿，而不是他的锁链。他的上肢依然有力，所以父母为他买了一辆机动三轮车，这样他就可以在乡村的小路上来回走动了。

大约13岁时，有一次布莱恩开着那辆三轮车爬上了我家前院的斜坡，这时三轮车突然向后翻了过去。我狂奔到他跟前，边哭着叫人来帮忙，边紧张地想他是否还活着。听到我的尖叫声，我哥哥也跑了过来。布莱恩双眼紧闭，一动不动。我抽泣着拍打他的脸颊："布莱恩！你怎么样？"布莱恩睁开眼，憨笑着说："嗨，把三轮车扶起来，让我坐回去吧！"我哥哥破涕为笑，布莱恩也笑了起来。他喜欢逗大家笑。

渐渐地，布莱恩的手臂也衰弱了，很显然，他需要另外一种交通工具了。我母亲想到了一个主意，于是，我和哥哥便着手行动起来。我们在咖啡罐上贴上他的名字，并请大家募捐。我们很快就凑到足够的钱，为布莱恩买了一辆高尔夫球车。在其他孩子都已拥有自己的第一辆小汽车时，布莱恩则开着他的高尔夫球车四处走动，不论白天黑夜，不论刮风下雨。

等到我们都上高中的时候，帮布莱恩去学校又成了一个挑战。他已经不能再乘校车了，而且他不断增长的身高和体重，也使他的父母很难再抱动他。于是，我哥哥承担起了这项任务。每天早上，吉姆都会到布莱恩家帮他起床，把他送进车里。布莱恩的妈妈会开车把他们俩送到学校，然后由吉姆把布莱恩扶出车外，坐到轮椅里。当我哥哥拿到驾照后，便由他来开车送布莱恩上学和回家。

吉姆从没把布莱恩看作负担，而是他的朋友。同样，布莱恩也是我哥哥的忠实好友。一年又一年，我哥哥不辞辛劳地帮助布莱恩，除了友情别无所求。他们高中毕业时，我和吉姆讨论了毕业可能给布莱恩带来的变化。我担心布莱恩从此会形单影只，毕竟布莱恩的社交生活除了家庭，主要来自学校。吉姆向我保证他会经常来看布莱恩，他们的友谊会持续下去。哥哥遵守了自己的诺言。高中毕业后，吉姆在当地找了份工作，并与布莱恩保持着联系。他仍在布莱恩需要的时候给予他无私的帮助。

布莱恩30岁刚过没多久，就永远离开了我们。他的葬礼在一个乡村教堂举行，他的家人和朋友都到齐了。葬礼过后，我和哥哥被邀请参加在教堂旁边举行的家庭聚餐，与布莱恩的家人一道追忆往事。

那天晚上，我静静地坐在父母的客厅里，回想着布莱恩的葬礼和他的一生。父亲问我布莱恩一家的情况，我给他讲了那一天的情形。"上学的时候和以后的日子，吉姆都一直在帮助布莱恩，"我告诉父亲，"对布莱恩来说，他真的是一个好朋友。"

父亲看着我说："你大错特错了。友谊是双向的，他们在彼此的友谊中都受益匪浅。是布莱恩让吉姆懂得了什么是真正的友谊，以及如何去忽略一个人的残疾。他仅仅通过做你们的朋友，便教给了吉姆和你很多东西。你们能认识他，实在是很幸运的事。"

父亲是对的。无论什么时候想起布莱恩，他在我脑海中都不是沮丧地坐在轮椅中的样子。我看见他坐在三轮车上穿过稻田，看见他驾驶着高尔夫球车在尘土飞扬的路上行进，看见他在打垒球——光着脚。

少即是多

□ 薄世宁

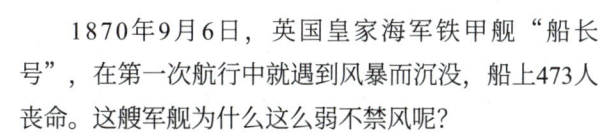

1870年9月6日，英国皇家海军铁甲舰"船长号"，在第一次航行中就遇到风暴而沉没，船上473人丧命。这艘军舰为什么这么弱不禁风呢？

事故调查发现：首先，"船长号"以蒸汽机作为动力，又画蛇添足地安装了风帆桅杆；其次，工人们在造舰时唯恐用料不足，大多数零件的重量超出设计标准，导致完工的军舰整体重量比设计重量多出了747吨；最后，两门旋转炮塔导致军舰上部过重，重心上移，稳定性欠佳。遇到风暴，这艘号称当时最先进的铁甲舰就这么沉没了。

从此，炮塔铁甲舰都取消了风帆设备，只保留一根军用桅杆用来发信号、打旗语。每一个零件的重量都必须符合设计要求，安装的每一步都必须符合图纸的规定。因为血的教训告诉我们：复杂和多并不意味着完美，反而是隐患。

有一句话说得好："如无必要，勿增实体。"这个原则在医学上就是医生精进医术要过的第一关：少即是多。现代医学之父威廉·奥斯勒说过："年轻医生在职业生涯刚开始时，治一种病用20种药；年长医生在职业生涯要结束时，则用一种药治20种病。"

高端、复杂的治疗未必是好的治疗，也不等同于彻底治疗。所谓面面俱到的医生，未必是负责任和关心病人的好医生，他可能只是为了满足病人的心理需求——很多病人认为治疗的环节越多，用的药越多，病就好得越快、越彻底。或许这个医生本身就存在着思维误区。

其实不止医生、病人，所有人都可能存在这样的思维误区。

食盐掀翻了大唐

□雷 音

在古代，盐是一种仅次于粮食的战略物资。各朝各代的盐业政策反反复复，时而官营，时而民营，到了唐朝，围绕食盐的经营，终于掀起了轩然大波。

公元755年"安史之乱"爆发，安禄山起兵叛唐，并进攻中原地区，当时的平原太守颜真卿，为了抵抗安禄山的叛军，需要筹措大量军饷，于是他用政府资金垄断了当地的盐业市场，把所有的食盐全部收购过来，然后加价卖出，赚取了足够的军费。

颜真卿的做法是战时不得已而为之，但"安史之乱"后，被唐朝庸官们奉为至宝，认为是政府发财的真经，唐朝的盐业制度立刻从民营转向了官营，而且官盐的出售价格节节攀升。

原本民营期间，食盐的价格每斗不过10钱；官方垄断之后，食盐的销售价格就提高到了110钱，暴涨了10倍！

唐朝后期官营盐业给统治者带来了巨额财富吗？没有！过去10文一斗的盐变成了300文一斗，这不是明摆着给冒险家们一个获取暴利的机会吗？当时只要是产盐的地区，就少不了私盐贩子的身影，私盐大批入市，强烈地冲击了官盐的市场。唐德宗把食盐价格推上了高峰，但总收入不升反降，因为百姓都去买私盐了，300文一斗的官盐，根本无人问津！

面对蜂拥而起的私盐贩子，唐朝皇帝们高高举起了屠刀，想用杀无赦的办法来维护自己的盐业垄断地位。如果此时官府能够和私盐贩子和解，也许这个王朝还有救。但是唐王朝的统治者又犯了一个严重的错误，最终让唐朝灭亡，也成就了中国历史上最大的一个私盐贩子——黄巢。

黄巢的老家是山东菏泽，那里在春秋战国时期就是重要的产盐区。唐朝末年，黄巢家中三代都是私盐贩子，贩卖私盐是死罪，黄巢家能把这个营生做成家族企业，可见当时的法律不过是吓唬老实人的，对于老练的私盐贩子来说，严厉的法律不过是减少了自己的一些潜在竞争者而已。

贩卖私盐利润极高，所以黄巢在唐朝末年犯上作乱，颇有点儿古怪。一般人都是吃不饱肚子，不得已暴动抢东西，给自己找条活路。而黄巢家境殷实，居然还参加过科举考试，只可惜名落孙山。

唐末的大动荡是另一个私盐贩子王仙芝发动的，当他带领造反的队伍攻城拔寨的时候，他的私盐合伙人黄巢看到了一条通往仕途的另类道路，于是拉起来一号人马与王仙芝响应。

其实，黄巢和王仙芝造反的目的是取得功名，而不是地盘。王仙芝在战败被杀前的一年，曾经七次向朝廷要求投降求官，都遭到了拒绝。黄巢在流窜过程中，也是屡屡求官，都未能如愿。最后，黄巢攻入了长安，自己当起了皇帝。

后来，唐朝向周边民族借兵，终于平定了黄巢的暴乱，但唐朝遭此重创，已经奄奄一息，没过多久就灭亡了。这糟糕的结局，很大程度上要归罪于唐朝后期执行的糟糕的盐业政策。

盛极一时的唐朝，就这样终结了。

把自己当外人

□陈禹安

遭遇重大人生困境时，你会如何化解内心巨大的痛苦？中国人特别推崇的一种方式是内省。曾子说："吾日三省吾身。"孟子说："行有不得，反求诸己。"美国心理学家伊桑·克罗斯提出了一个颠覆性的观点：过度内省非但无助于缓解痛苦，反而会加剧痛苦！

从心理学的角度来看，内省式的自我对话，是情绪平复及创伤整合的过程。一般程度的痛苦，经过几轮自我对话也就烟消云散了；而巨大的痛苦，会引发一轮又一轮的喋喋不休，这相当于持续不断地打击自我，削弱自我，让自我丧失应对困境的勇气与能量。

克罗斯在一次与痛苦做斗争的经历中偶然发现，直呼自己的名字，把自己当作别人去展开对话，有助于缓解痛苦。例如，"伊桑，你在做什么？这简直是疯了！"像和别人说话一样称呼自己，让克罗斯在心理上立刻退了一步。突然间，他觉得自己能更客观地关注自身面临的困境了。

在这句发挥神奇作用的话中，"伊桑"是第三人称，"你"是第二人称，当他使用这两个人称取代"我"这个第一人称和自己沟通时，自己和自我之间的情感距离扩大了。这等于将自我抽离，从而更理性地面对问题。

在一项实验中，心理学家让一群孩子假装自己是在执行一项无聊任务的超级英雄，有一部分孩子在实验中会被要求从自己所扮演角色（如蝙蝠侠）的角度来谈感受，另一部分孩子则需要从"我"的角度来表达感受。结果，"蝙蝠侠们"比"我"能让孩子在实验中坚持更长时间（承受更长时间的压力和痛苦）。扮演超级英雄，就是把"我"变成了"蝙蝠侠"，那么，压力和痛苦就是"蝙蝠侠"而非"我"去承受，"我"自然会好受得多，更能忍受乏味的任务。

我们所提倡的内省聚焦于自我动机、行为和责任。越是内省，越会突出自我作为承担一切的主体。但如果你的"自我"尚没有那么强大，心理能量不足以应对巨大痛苦，要硬撑，往往会心理崩溃。这时，请不要急于内省，你可以试着放下"我执"，把自己当作别人来看待。等痛苦缓解、自我变得强大后，再来做一番内省，更好地提升自己。所以，痛苦的时候，请把自己当外人。

马克·吐温的"警示性遗产"

□ 武宝生

几年前,我在美国康涅狄格州州府哈特福德市的马克·吐温故居参观,竟有一项意外收获,那就是,马克·吐温不仅为世界文学宝库留下了辉煌的一页,还为世人留下一笔人生"警示性遗产"。

马克·吐温故居位于福明顿大道旁的山坡上。这是一栋哥特式红色砖木结构的三层小楼。据说,这栋造型独特、充满艺术创意的建筑是马克·吐温亲自设计的,他曾在此生活了18个年头,一生中的主要著作都诞生于此。

我随人流从一楼到二楼、三楼,对各个房间匆匆浏览了一遍,对马克·吐温当年的起居、创作粗略了解了一番,可谓蜻蜓点水、走马观花。

当大家走出正门时,导游提醒说还有地下室呢,有兴趣的可以从侧门下去瞧瞧,当然了,地下室没有风景,阴暗潮湿,味道也不清新。听了导游的话,人们对地下室顿时失去兴趣,纷纷去看风景了。不远处,鸟语花香,动物成群,弯弯的帕克河缓缓流淌,清清的河水犹如少女的甜喉欢乐歌唱。

不远万里来到哈特福德,就是来仔细品味马克·吐温的,于是我独自来到地下室。乍一看,地下室确实没啥风景,光线昏暗,空气不爽。但是,地下室中央摆放着的一台生锈的旧式排版印刷机吸引了我。印刷机旁摆放着两排旧长凳。我想,这台旧式印刷机一定有故事。

讲解员向我笑笑,说:"非常欢迎您深入底层,'万丈高楼平地起',底层隐藏着看不见的风景。先请您在旧凳子上坐下来,沉思片刻。"

我坐下来,但不知沉思什么。

讲解员接着说:"好吧,还是让我这个多嘴的女孩先说吧!很显然,这儿没有留下马克·吐温与爱妻亲吻拥抱的甜蜜旧照,也听不到马克·吐温戏逗孩子们的快乐欢笑。这里,留下的是一台旧式印刷机。然而,它却一刻不停地'印刷'着马克·吐温的痛苦与不幸!地球人都知道,马克·吐温是一位伟大的作家,但是,当年他还有别的梦想。很遗憾,他的梦想出了偏差。他曾不满足自己的写作生涯,脑袋被当时的市场之风吹晕了。他看到有人一夜之间暴富,于是也想迅速发家,快挣钱,挣大钱。觉得靠写小说难成亿万富翁。马克·吐温十几岁时曾当过印刷工,他见有人搞印刷挣了大钱,便突发奇想,认为自己才有理由成为印刷界的大富翁。但是,他错误地估计了当时的印刷市场,结果,一赔再赔,使自己的晚年陷入绝境，不得不卖掉这座让他辉煌、让他兴奋的高档别墅去抵债，成为一个负债累累的穷光蛋，悲凉而孤独地流落他乡。"

最后，讲解员加重语气说："朋友，我们不但要记住马克·吐温的文学辉煌，也要记住他人生结局的悲凉。一半辉煌，一半悲凉，这就是马克·吐温。他可以成为一位伟大的作家，却难以成为一名实业家。请您将这台旧式印刷机留在您的脑海中吧。因为，它是马克·吐温留给我们的一笔沉重而有价值的人生'警示性遗产'。"

地下室没有风景，它却在我的心中铭刻下深深的烙印。马克·吐温临终时坦言："我步入市场的失败，就是没有认清'我是谁'！"

紫色的鸟鸣

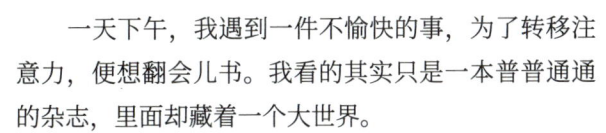

□周毓之

一天下午，我遇到一件不愉快的事，为了转移注意力，便想翻会儿书。我看的其实只是一本普普通通的杂志，里面却藏着一个大世界。

一位作者如此想象：桑树上的鸟鸣是紫色的，因为吃了桑葚；梨树上的鸟鸣是白色的，因为饮了梨花蜜；榆树上的鸟鸣是一嘟噜一嘟噜的，像榆钱儿；泡桐树上的鸟鸣是一朵又一朵的，像泡桐花；无花果树上的鸟鸣是透明的，带着禅意……

另一位作者告诉我们：已知的最早的生命，是原生的单细胞生物。人们历来都认为生物与非生物有质的区别。不过，现在的科学家已不再接受这种将生物与非生物截然分开的设想，而把生物看作由非生物自然进化而来。

一位科幻文学作家则提醒我们：平行宇宙理论的出现，使宇宙的广阔度又增加了许多个数量级，使人迹未至的苍茫空间又复制了无数个。这种宇宙与人类在大小上的对比令人触目惊心，这种对比是一个明确的启示，召唤着人类走出微尘般的地球摇篮，去填补那巨大的空白。

从可东临以观沧海的碣石，到其叶沃若的陌上之桑，再到求其友声的嘤嘤鸟鸣，最后到凝望与谛听这一切的我，这中间究竟经历了什么样的过程？而这个"我"，可以是整日与书为伴，烦恼时还要靠书来解惑的"我"，也可以是这本杂志中一位小说家笔下那位为安一个灯泡而发愁的独居老太太，还可以是另一位小说家笔下一个憨厚的乡间农人，质朴沉默如黄土，毫无怨言地劳作，照顾久病的老妻。而这一切，都置身于广阔到我们难以想象与理解的宇宙之中，无论是时间维度，还是空间维度，我和我所面对的这一件小小的事，都几乎可以忽略不计。

这样说，并非要消解现实世界的意义，而是提醒自己，"我"之外，还有一个"无我"却永恒存在的世界；我面对的这件转瞬即逝的小事之外，还有那些意义久远、永不衰朽的事件。在一个过于强调自我的时代，是否可以稍稍学着将自己隐入尘烟，静静仰望那壮丽的宇宙云图？

总有一些温暖，
暖了你整个青春

"时光飞逝"是怎么一回事

□ 彭 薇

对时间的浪漫表达

时间是什么？它是个概念，看不见、摸不着，却对我们的生活有着重大的影响。一个人从出生到终老，都与时间有着密切的关系。

北京师范大学民俗学教授萧放认为，中国人的时间感知与世界上其他国家的人一样，都经历了自然时间向社会时间的转变。但中国有着悠久的农业传统，依赖自然条件的农业生活，使得中国人的时间观念有着浓厚的自然性特点。

我们对季节岁时的感觉特别强烈。比如，中国自古就有一套独特的岁时体系，对应一年四季的季节生活。而年、月、日等时间概念的产生顺序跟人类认识天体的顺序有很大关系。

首先认识的是太阳。"天"就是人类对太阳"东升西落""循环出现"形成的认识。所以一天也叫一日。再后来，根据结绳记事又创造了"年"的概念。什么是一年？甲骨文中，"年"就是"上禾下人"，寓意人们从播种禾谷到成熟收割，在时间范畴上一个季节的轮回，周而复始。

中国人对时间的流逝有着浪漫的表达。一年被分为四季，每一季都有诗意的指代。比如，春天叫"芳华"，"迟日江山丽，春风花草香"。夏天是"蕃秀"，"夏三月，此谓蕃秀。天地气交，万物华实"。秋天为"桂子"，"十里荷花，三秋桂子，四山晴翠"。冬天有"雪落"，"千片万片无数片，飞入梅花都不见"。

人们在观月、赏月中又发现了月有阴晴圆缺，以月相周期的变化开启了月份之名。12个月又像一个轮回，循环往复中见证时间的流逝。一月正月、二月杏月、三月桃月……一直到十一月冬月、十二月腊月，每个月都以自然界的代表物来"冠名"。

时间悄无声息。为了计算时间的流逝，中国历史上留下了四代计时器——日晷、沙漏、机械钟、石英钟。俗话说"一寸光阴一寸金"，光阴用"寸"来计量，起源于日晷计时仪器。"一寸光阴"就是晷针的影子在晷盘上移动一寸所耗费的时间。

我们现在还会用"时光如梭"来形容时间的飞逝，这也和中国过去的农耕社会相关。"梭"是织布机中牵引线团的织具，老百姓便用"穿梭"比喻频繁、迅速地运行，光阴的流逝就像织布机上梭的速度一样快。

时间感受可以被定义

人们对时间的探索，一直没有停止。

1962年，法国地质学家迈克尔·斯佛尔进行了一次关于时间的实验。他想知道，如果与太阳隔绝，身处黑暗中，是否能忘却时间。

他在法国南部的一处洞穴中发现了地下冰川。他计划花两个月的时间像动物一样生活，没有阳光，与世隔绝。最后得出结论：当人处于隔绝阳光的环境中，会感觉时间变得更慢了。

在我们的主观经验中，时间并不是一成不变的。有时它被"拉长"了，让我们感觉度日如年；有时它又被"压缩"了，使人感慨时光飞逝。

科学家研究发现，我们在经历时间的过程中，会对时间进行"塑性"。时间过得快与慢，取决于我们的喜怒哀乐。大家或许会有共同的感受：当我们聆听喜欢的音乐、看喜欢的电影时，觉得美好的时光过得很快；而当我们遇到很难解决的问题时，或者情绪处于愤怒、焦虑、恐惧等状态时，又会觉得时间过得很慢，度日如年。

也就是说，我们的大脑测量出的时间范畴是主观的，尽管大脑能感知时间并控制我们的行为，但大脑关注的是自身的运转。从人类感知的角度来看，时间就是大脑在自说自话。

美国科普作家艾伦·柏狄克认为，人类在身体上也会对一天24小时的周期有着模糊的同步感受，基于时间，生命体都会产生"生物钟"。他总结了人体生物钟的一些客观特性。

比如，人在早晨时痛感最迟钝，因此最适合做口腔手术；人的身体协调性和反应速率在下午3点左右处于最佳状态；下午5点到6点，是心脏最强劲、肌肉最有力的时间；人的皮肤细胞在夜晚至凌晨4点分裂速度最快；男人的胡须在日间的生长速度要快于夜间，所以晚上剃须，效果会延长到第二天。

"留住"时间需要这么做

对于时间的感知，有一个老生常谈的问题。随着年龄的增长，人会觉得时间过得越来越快。为什么我们对青春时光的记忆，比其他时期的更加清晰？

你有没有这样的感受：当我们回首往事时，记忆中来自15岁~25岁之间发生的事占据了大多数？比如童年的旅游经历，中学时购入第一辆自行车，第一次考试考砸了，第一次收到工作录用信等，这些记忆特别深刻。而到四五十岁之后，却很难再对生活中的琐事或习以为常的事有深刻印象。

国内外心理学家通过一些实验提出了"怀旧性记忆上涨"的概念，用来解释为何一段既定的时间会在过去显得更长。

"怀旧性记忆上涨"的关键词是新鲜感。一个人在青春期和成年之初，大脑会经历一段特殊的发育时期。因此，大脑在这段时期非常高效，在此期间产生的经历会形成强烈的记忆。随着年龄的增长，我们的生活趋向稳定，新鲜的人生体验变少了，也就很少在意当下的经历。

所以，读书时常觉得日子过得特别慢，但工作之后，觉得时间过得特别快，一眨眼好几年就过去了。

英国心理学家克劳迪娅·哈蒙德对这种现象进行研究，提出了"假期悖论"的概念。她说，我们的大脑会自动删减重复、单调的记忆，而优先记住高峰体验。如果想要尽可能地"留住"时间，在长度有限的情况下，唯一的办法就是拓展自己人生的宽度，多做一些不一样的事情，给人生留下美好的回忆。

当然，这些改变也可以从一些小事做起。比如上班走一条没走过的路线，尝试一些新鲜而又力所能及的运动，去不同的地方旅行，学习新领域的知识和技能等。总之，想让时间慢下来，可以适当跳出既定的轨道，制造更多的"刻骨铭心"。

有效花钱

□吴 军

钱的本质是什么？它实际上是对各种资源的所有权和使用权的量化度量，而资源本身又可以分为自然资源和人的资源。

一个人的钱的多少，反映了他今后能调动的社会资源总量。若一个人有100万元存款，而另一个人有1万元存款，前者可以得到的自然资源，或者可以使他人付出的劳动时间，是后者的100倍。当然，用钱换取什么自然资源，使用他人的劳动时间做什么，是你的事情。

当你有效花钱时，就等于有效地利用了社会资源，而有效利用了社会资源，就有可能获得更多的钱，从而形成一个良性循环，这时钱的意义才体现出来。

总有一些温暖，
暖了你整个青春

妙答与巧辩

□刘金祥

看到一则趣谈，1935年我国著名学者陆侃如在巴黎大学进行博士论文答辩时，一位法国著名汉学家问他："汉代乐府《孔雀东南飞》，为什么要向东南飞？"这纯粹是一个令人匪夷所思的乖谬问题，让那些在场的教授和学生目瞪口呆。但是陆侃如立即回答："西北有高楼，上与浮云齐。"他的话音刚落，全场便爆发出热烈的掌声，众人都为陆侃如的深湛学识、敏捷才思和贴切用语而击赏和赞叹。陆侃如回答的精妙和精彩之处在于，不仅由于"西北有高楼，上与浮云齐"是一首著名汉代乐府五言诗的前两句，而且就主旨和文意而言，此句正好回应了孔雀为何飞向东南方向的深层人文意蕴，此乃相当精准和极为恰切的神来之语。

这类蕴含着睿智、聪慧和机敏的妙语应对，在古今文人士子应酬唱和中屡见不鲜，大多见诸古代史籍文献的记载和阐述中，后世读者看罢禁不住击节叹赏、交口称誉。古代文人将这些原本散见于各种典籍、彼此没有任何关联的文句信手拈来、脱口而出，让人感到不仅运用得非常精当巧妙，而且显得非常从容自信。当然，有时这种回答和应对还带有论辩色彩甚至挑战意味，不仅唇枪舌剑、咄咄逼人，而且引人入胜、让人醍醐灌顶。

近期闲来翻阅著名史学家陈寿所著《三国志》，看到蜀汉大臣兼知名学者秦宓的一段传奇经历，每每读来，回味无穷。秦宓年轻时才华横溢、学养深厚，为当时广汉的一代名士。西蜀建兴二年（公元224年），丞相诸葛亮兼任益州牧，迎请秦宓担任益州别驾，不久又将其提升为左中郎将、长水校尉。早在蜀汉章武元年（公元221年），刘备称帝以后，为报义弟关羽被害之仇亲率大军东征孙吴，秦宓以"天时必无其利"为由，竭力进行谏阻，触怒了刘备，被囚下狱，后家人用钱才将其赎买出来，可见秦宓是一位耿介直率忠义之人。建兴三年（公元225年），东吴派遣辅义中郎将张温出使蜀国修好，返回吴国时诸葛亮率领百官为之饯行，秦宓由于看不惯张温的做派和言行，遂姗姗来迟。张温认为秦宓是轻视和怠慢自己，于是用言语向秦宓诘问和发难，引发了一场各自褒扬自己国家、相互贬低对方的激烈舌战。

容貌奇伟、善于巧辩的张温问秦宓道："不知先生是否喜欢读书？"秦宓慢条斯理地答道："在我们蜀国，五岁小儿尚且读书，更何况我们这些成年人。"张温听罢微微一笑道："那么，在下可以向先生询问几个问题吗？"秦宓瞟了张温一眼后淡淡地说："好吧，请便。"张温整理一下坐姿，开口问道："天的头在哪里？"自幼饱读诗书的秦宓从容答道："在西方。《诗经》上说天帝'眷然回首向西看（乃眷西顾）'，由此可知，天的尽头在西方。"张温见难不倒秦宓，又问："天有耳朵吗？"秦宓不紧不慢地回答："有啊。《诗经》云：'鹤鸣于九皋，声闻于天。'尽管天的位置很高，但天底下的声音他都能听到，假如天没有耳朵，他怎么能够听到仙鹤的鸣叫声呢？"张温不服气地继续问道："天有脚吗？"秦宓回答："有。《诗经》云：'天步艰难。'如果天没有脚，怎么行走啊？"张温见秦宓始终语高自己一等，感到很难堪，便诡异地继续问道："那请问先生，天有姓氏吗？"秦宓立即正色回答："天岂能无姓！天姓刘。"张温气恼地说："天凭什么姓刘？"秦宓淡定从容地说："天子姓刘，天当然也姓刘。"

张温被秦宓呛得张口结舌、哑口无言，想不到在二人问答过程中自己吃了大亏，让秦宓借机宣介了蜀汉是代表上天的正统政权，于是心有不甘，疾言厉色地另找话题问道："太阳是不是从东方升起来的？"他想借此标榜东部的吴国才是天下之王，不料秦宓不紧不慢地回答："太阳虽然是从东方升起的，但它永远在西方落下。"其意是指吴国最终应为蜀国所有，西方的蜀国才是天命之所在。秦宓有理有据且符合逻辑的回答，彻底征服了盛气凌人的张温；张温理屈词穷、无话可说，懊丧落寞地离开了蜀国。

我们知道，三国时期是一个思想观念交锋、言语表达相对自由的历史阶段，彼时文人们非常喜欢也非常享受蕴含着睿智和聪颖的文字游戏。一代博通经史、擅长辞赋的文学才子蔡邕，在为著名孝女曹娥所立之碑的碑文撰写评语时，用"黄绢、幼妇、外孙、齑臼"四个字谜加以代替，令学识广博、足智多谋的曹操走了三十里路、思考良久才破解了蔡邕的评语谜底。对这八个字的谜底，与曹操一同路过曹娥碑的名士杨修是这样诠释的：黄绢是有颜色的丝，就是绝字；幼妇是少女，于字为妙；外孙，女之子也，于字为好；齑的意思是捣碎的姜、蒜等，都是些辛辣的调味品，臼就是捣烂姜、蒜的容器，齑臼连起来是"受辛之器"，"受"旁加"辛"就是"辤"，是"辞"的异体字。因此，这八个字的谜底就是"绝妙好辞"。后世流传的很多字谜，大多源于三国时期。至于杨修领悟洞悉曹操下达的行军口令"鸡肋"后一语道破曹操进退两难的矛盾心境，反而招致杀身之祸的悲剧故事，则是在提醒和告诫后代文人，切莫聪明反被聪明误。

被区分出来的角马

□ [加拿大] 乔丹·彼得森　译 / 史秀雄

生物学家罗伯特·萨波斯基写过一篇关于角马的文章，说角马是群居动物，混成一群时，对研究者来说难以区分，这使得通过观察个体来了解群体行为的研究非常困难。研究者观察其中一只角马，低头记一些笔记，再抬头时，就已经找不到它了。

后来，生物学家想到一个办法，开着吉普车，带着一桶红色涂料和绑着抹布的棍子来到角马群附近，用棍子蘸上涂料，在其中一只角马的臀部点了一个红点。生物学家以为这样就可以跟踪并研究这只角马的行为了，但你猜发生了什么？这只被区分出来的角马被狮子吃掉了。

狮子一直埋伏在角马群附近，它们是角马的主要天敌，但没办法同时追捕一群难以区分的猎物。它们在捕猎时需要集中针对一个特定猎物，所以当它们追捕幼小或跛足的角马时，其实并不是专挑软柿子捏。真实情况是，狮子当然更想捕捉到健康肥美的角马，而不是老弱病残，但它们必须能够识别猎物才行。于是那只角马就被一直虎视眈眈的狮子吃掉了。

总有一些温暖，
暖了你整个青春

守门小吏，拒绝皇帝

□姚 望

东汉初年，汝南郡西平县有个叫郅恽的人，精通《韩诗》《严氏春秋》，知晓天文历数。有一年，他移居江夏，在那里教传学业。因为学识渊博，才能出众，很快声名鹊起。

不久，郡里推荐郅恽为孝廉，他因此当上了京城洛阳上东城门守门的小官。虽然只是一个普通岗位，郅恽却像之前教书一样，兢兢业业、严谨认真。

一日，光武帝刘秀心血来潮，带领一队人马外出打猎，一时忘了时间，到了晚上才驾车返回。刘秀的车队想从上东城门进城，不料，守门的郅恽却紧上门闩，无论如何不开城门。

刘秀以为郅恽认不出皇帝的车队，叫随从前去通报，还让郅恽从门缝里看清楚，外边到底是谁来了。他以为郅恽看到自己后，一定会立即打开城门下跪求饶。不料，站在城门里的郅恽却毫不客气地回话："你们的火把举得太远，根本看不清楚。"

没办法，生了一肚子闷气的刘秀只能带着随从转到东中门，才进入城内。

第二天一大早，这件事便在洛阳城传得沸沸扬扬，大家都认为郅恽太傻，你可以不给其他人开城门，还敢不给皇帝开城门？这分明是不把皇帝放在眼里。许多人觉得郅恽这次一定死罪难逃。

令众人大吃一惊的是，还没待刘秀治罪于郅恽，郅恽竟然先将了刘秀一军。

一大早，他便直接上奏，提出意见："从前的周文王时常惦记百姓的生活，不敢打猎玩乐。陛下却跑到远处山林打猎，白天玩不够，晚上才回来。如果天天如此，那国家基业怎么办？空手与虎斗，无船硬过河这种情况虽然没有出现，但事先还是要做好充分准备。这就是我私下担忧的啊！"

刘秀看了郅恽的奏报后，明白了他的苦心和深意，不但没有惩罚他，反而奖励了他100匹布。而昨夜放刘秀车队进城的那个官员，则被降职到参封县去当县尉。

可见，忠诚有时并不是对上级言听计从。那些目光长远，有大局观又敢于挑战权威的人，表现出另一种有担当的忠诚。

"秋花不落"的偏见

□ 栗正民

《警世通言》中有则故事：苏东坡在王安石府中，看到两句咏菊诗："西风昨夜过园林，吹落黄花满地金。"他认为菊花耐寒，"吹落黄花"说不通，便续诗两句："秋花不比春花落，说与诗人仔细吟。"后来苏东坡被贬至黄州，见到菊花经风落瓣，遂意识到自己见识短浅。

秋花落与不落，本是自然现象，若仅靠揣测，想当然地认为"秋花不落"，就会做出错误判断。这启示我们，人的认知是有局限的，要突破局限，摆脱偏见，就要经常自察自省、查漏补缺。人在自我认知上，是谦虚谨慎还是高傲自大，不同态度决定着认知的高低。齐白石晚年虽已负盛名，但深感画工大不如前，在与其子谈话中讲道："很多人觉得我随便抹一笔都是好的，我也被这些赞誉弄得飘飘然了，无形中放松了对自己的要求。直到前几天我看到年轻时画的一幅画，才猛然警醒——我不能再被外界那些不实之词蒙蔽了。"之后，他便又一笔一笔地练习描红。正是有"知不足"的清醒，齐白石晚年坚持重练基本功，艺术之树才能长青。

一些人之所以在认知上存在偏见，是因为缺少睁眼向外看的主动，导致知识老化、思想僵化。知识有"保鲜期"，昨天知道不代表今天知道，只有勤于学习，有"引活水"的自觉，不断更新认识，才能让思想不落窠臼。所以，要一刻不停地加强学习，向课本学、向实践学、向身边人学，在转益多师、交流碰撞中汲取知识、开阔视野、增长才能。学习既不能"三天打鱼，两天晒网"，也不能挑肥拣瘦，仅学已知的、简单的，而是要钻进去学、往深里悟，让自己真正学有所得、日有所进。

"轻者重之端，小者大之源。"有"尽精微"的细致，才能摆脱"秋花不落"的偏见。《警世通言》中还记有另一则故事。王安石患有一种疾病，需用瞿塘中峡水烹阳羡茶医治，苏东坡为王安石取水，因途中困倦错过了中峡，便用下峡水替代。王安石发现后告诉苏东坡，"上峡水性太急，下峡太缓。惟中峡缓急相半……此水烹阳羡茶，上峡味浓，下峡味淡，中峡浓淡之间。今见茶色半晌方见，故知是下峡"。上下游水看似相同，但水性大有差别，不细心留意极难甄别。现实中，一些人求知满足于差不多，实则已和实情差很多，犯下"秋花不落"的错误也就难免了。只有在点滴细节上不舍寸功，既认真又较真，才能在细微中见真章，始终站在正确的一边。

梦想也需有尽头

□ 清风慕竹

南齐南阳人张敬儿从小就是一个有梦想的人，《南史·张敬儿传》说他"性好卜术，信梦尤甚"。梦在别人看来可能是件虚无缥缈的事，可在张敬儿眼里则不然。当初他曾娶妻毛氏，后来又遇到了美女尚氏，他对尚氏喜欢得不得了，以至"弃前妻而纳之"。他喜欢尚氏可不单单因为她长得漂亮，更因为尚氏会做梦，而且梦特别准，很合张敬儿的心思。

张敬儿刚被任命为南阳郡（今河南南阳）太守时，尚氏告诉他，说她头天梦见一只手热得像着了火。炙手可热自然是个不错的兆头，张敬儿很高兴，但也没太往心里去。后来张敬儿又被任命为雍州州长时，尚氏说她梦见自己一个肩膀发热。州长比太守官要大，热的地方不仅上移，而且面积扩大，张敬儿开始重视起尚氏的梦来。再后来，他又被授予车骑将军，加授开府仪同三司（相当于宰相级待遇）时，尚氏的梦果然也进一步升级，她梦见自己的半个身子都发热。有这样一个经常做梦且很灵验的妻子在身边，就像带着一个升官与否的晴雨表，张敬儿焉能不宠爱有加？

要说张敬儿做官全凭妻子做梦那是冤枉他。张敬儿出生在一个武官之家，打小就练武术，习弓马，膂力大，有胆气，喜欢进山射虎，发无不中。生逢战乱年代，张敬儿这一身武艺无疑就是吃饭的饭碗。他作战十分勇猛，曾经随同官军讨伐叛乱的蛮人，结果官军战败，让蛮人追着跑。张敬儿单人独骑在后，在贼军军阵里往来冲突几十回合，杀死了几十个人，在左腋中箭的情况下，贼兵依然拿他没什么办法。

南朝宋元徽二年（公元474年），桂阳王刘休范起兵造反，时任右卫将军的萧道成奉命讨伐，攻打了很长时间也没能拿下，萧道成十分着急。张敬儿通过观察发现刘休范总是穿着白衣服，坐着车子上下城楼指挥作战，而他身边的卫兵并不多。他就向萧道成提出了诈降之策，萧道成很高兴，承诺说："你如果能办成此事，就把本州赏赐给你！"张敬儿和黄回两个人于是放下兵器，赤手空拳地来到城门前大喊投降。刘休范早就听说过张敬儿的名字，听说他来投降兴奋异常，不仅没有怀疑，还将其招呼到自己的车前问话，张敬儿乘机夺下刘休范挎在身上的佩刀，一刀斩下他的头颅。刘休范身边数百随从，吓得四散逃走，张敬儿则提着人头，驰马而归。

以这样的勇敢加能力，升官提职自是不在话下，事实上，张敬儿头上的乌纱帽也的确在不断地变换。只是张敬儿对升官提职过于重视，以至于欲壑难填不知满足。

萧道成当了皇帝后，张敬儿始终记着平定桂阳之乱时萧道成的诺言，便向萧道成讨官。萧道成认为张敬儿还年轻，职位也低，不想把襄阳这样的重镇交给他，哪料到张敬儿"求之不已"，屡屡讨要，并且晓之以理、动之以情道："您别忘了，沈攸之还在荆州，您知道他什么时候就会兴兵反叛？您如果不让我去防范他，恐怕对皇上您也没什么好处。"张敬儿的这些话打动了萧道成，于是，张敬儿被封为襄阳县侯、雍州刺史，食邑二千户，督雍、梁二州军事。

张敬儿是一个马上将军，没什么文化，对朝廷上为官的礼仪一窍不通。后来职位升了，听说要进京做官，张敬儿就在府中开辟了一间密室，屏退众人，自己在密室中学习揖让答对之礼，对着设想的皇上空位，起来跪下，一连好几天足不出户，训练得十分刻苦。他的妾侍们都偷看暗笑。

后来，萧道成驾崩，张敬儿在家偷偷地哭泣说："皇上死得太可惜了，太子年少，我与他接触不多，论能力他还不如我呢。"

所谓一朝天子一朝臣，对于前任皇帝手下握有兵权的张敬儿，齐武帝萧赜继位后难免心存疑虑，不再重用。失落的张敬儿心生异志，于是频繁地向手下人讲起妻子做梦的故事，强调其灵验无比，然后又不无深意地说："我妻子就要梦见全身发热了。"

后来，不等尚氏梦到自己全身发热，张敬儿就忍不住亲自做起了梦，他梦见故乡树林里神庙前的大树，长得高插天际。这可是一个了不得的兆头，他想让手下人相信，跟着他走，定然贵不可言。怕别人不信，张敬儿又偷偷地编了一首歌谣，让乡里的小孩们四处传唱："天子在何处，宅在赤谷口，天子是阿谁？非猪如是狗！"天子在什么地方，在赤谷口，那里是张敬儿的老家；天子会是谁呢，不是猪而是狗。原来张敬儿还有个弟弟，他弟弟小名叫猪儿，他的小名叫狗儿。

张敬儿做梦的事不久就传到了齐武帝的耳朵里，这事在别人听来或许一笑而过了，可皇帝听后就不这么想了。道理很简单，一山不容二虎，皇位岂容他人觊觎。恰巧又有人举报张敬儿派人到蛮夷居留地做生意，齐武帝越发怀疑他心怀不轨。

这一天，齐武帝在华林苑设下筵席，命令文武官员必须全部参加，并在筵席上宣布了张敬儿的罪状，下令逮捕他。张敬儿知道美梦已碎，站起身来，脱下带着貂尾的冠帽，用力摔到地上，号叫说："就是这个玩意害了我！"

人生不能没有梦想，但任何梦想也该有个尽头，如果放纵欲望而不知道停止，将梦想变成妄想，美梦很可能就会变成噩梦一场。

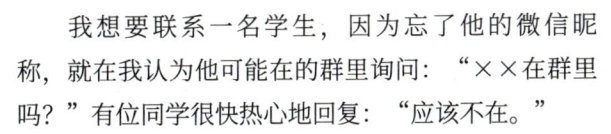

应　该

□韩铁铮

我想要联系一名学生，因为忘了他的微信昵称，就在我认为他可能在的群里询问："××在群里吗？"有位同学很快热心地回复："应该不在。"

一天早上，我去超市，问从里面出来的顾客："请问这里有早点吗？"对方回答："应该没有。"

不知从何时起，"应该"这个词使用得日渐普遍。类似上面的问题，我想只有三种答案：有，没有，我不知道。"应该有""应该没有"大概是弄不清、说不准的意思。我觉得如果是这样的话，可以直截了当地说："我不太清楚。"

一般而言，"应该"这个词有理所当然的意思，也有"必须是这样"的意思，比如说"应该尊敬师长""应该遵守交通规则"……

"应该"和"是不是""有没有"这类词连在一起，有了模棱两可的味道，让人有些摸不着头脑——到底是还是不是？有还是没有？

总有一些温暖，
暖了你整个青春

一只猫的生活与哲学观

□ [法] 依波利特·阿道尔夫·丹纳　译/莫 昕

我出生在一个堆满干草的谷仓深处的一只木桶里，这个谷仓位于山谷里的一个大农场。我的叔叔是只深谙世事的老猫，他教给我世界通史。他说，我们最早的祖先十分野蛮，到现在森林里还有和我们祖先一样的野猫，干瘦干瘦的，掉光了毛，在水沟里跑来跑去，却已经抓不到什么老鼠了。而我们，享受着尘世间最高级的欢乐，在厨房里谄媚地摇着尾巴，咕噜咕噜发出乞怜的低叫，舔着空盘子，每天也不过挨十来个巴掌。

天气炎热的时候，我们就在池边打个盹儿。一根根干草在阳光下闪亮；火鸡们多情地转动着眼睛，任由红色的肉冠搭在喙上；母鸡们在草堆里翻刨着，大肚子贴在地面上吸取着热量。

到了冬天，蜷坐在厨房的炉火边就是极乐。火舌舔舐着木柴，噼啪声中火星飞溅。此时，铁扦子旋转着，传来和谐悦耳的滴答声。扦子上的鸡肉烤成焦褐色，亮晶晶的，好看极了。美妙的香味传来，舌头不由自主地舔着嘴唇，等着厨子打开炉子，拿出鸡肉，把属于你的那块分给你。

正吃食的，心花怒放；吃饱了的，心满意足；那些躺着在消化的，就更是称心如意了。最幸福不过的，就是那肚满肠肥、暖洋洋地蜷成一团的，觉着肚子里无比地受用，身上的皮都欢喜得要开出花来。毫无疑问，如智者所言，如若这世界是一个有福的神灵，那这大地就是一个巨大无比的肚子，永世无歇地在阳光下烘烤着圆圆的肚皮，消化着里面的生灵。

沉思让我的思绪发散开去。我的眼前出现了光明，我感觉自己参透了一些自然界的秘密，找到了万物的真正缘由。

我们最早的祖先（还有那些野猫也这样认为）说，天空是一个很高很高的阁楼，屋顶严严实实，太阳永不刺眼。我姑姑说，在那阁楼里有一大群肥老鼠，太肥了，行动起来费劲得很，而且吃掉得越多，他们就来得越多。

很显然，这都是那些穷鬼的看法，他们从没吃过老鼠，也没法想象漂亮的厨房是什么样子。况且阁楼是木头颜色的或灰色的，而天空是蓝色的，这就完全让人迷惑不解了。

事实上，他们还引用了一个精妙的理论来支持他们的看法。他们说："很显然，天空是用麦秆或面粉做的一个阁楼，因为天上经常会出现金黄色的云朵，就像扬麦子时出现的烟尘；或者白色的云朵，就像和面时扬起的面灰。"可我告诉他们，云朵不可能是由一片片的谷物或一团团的面粉构成的，因为云朵落下来，就变成了雨水。

我们必须开阔思维，才能有更可靠的手段进行思考和推理。自然界无处不以其本相出现，一花一世界，一鸟一天堂。所有这些动物来自何处？来自一个蛋，这大地就是一个裂开的巨蛋。

这山谷就是一个看得见的世界，如果你好好看看它的形状和边界，你就会相信我说的确实无疑。它就像一个蛋一样呈凹形，与天空相连的锋利边缘是锯齿形的，就像裂开的蛋壳。

一块块蛋白和蛋黄凝固紧实，就构成了那些石块、这些房屋，还有整片坚实的土地。有些部分保持柔软，构成了人们耕种的土层；还有的在水里流动，形成了池塘和河流。

至于太阳，它就是一个巨大的红色火把，在那蛋的上方来回移动，用文火柔和地烘烤。人们特意把蛋打开，就是为了能更好地受热，厨子就常常这样做。整个世界就是一摊巨大的炒鸡蛋。

聪明睿智如我，对自然、对人类、对任何个体，都没有更多的问题了，也许除了对烤炉里的几个小小美餐还有些疑问。我只需沉浸在我的聪慧之中，因为我的完美已经到了极致。在我之前，没有哪只猫曾如我般参透这些奥秘。

井蛙共振

□ 蓬　山

与"信息茧房""孤岛效应""数字鸿沟"等相联系的，是"井蛙共振"。井蛙不可以语于海，夏虫不可以语于冰……"井蛙"，当然不是个好词。

多年前，人们津津乐道于互联网抹平了各种壁垒，让世界变得越来越平，诸如"网络冲浪""信息高速公路"之类的词语，就映射着人们奔腾的豪情与好奇的心理。但随着网络技术的飞速发展，信息过载带给人的疲惫也随之而来。

此时，网络就像一位"和蔼可亲"的长者，密切地注视着你，窥探着你。通过越来越智能化的算法推荐，精准推送，让许多人沉浸于偏食、偏听、偏信的"过滤气泡"中。有源源不断的悦耳之声，谁还耐烦听那些刺耳的声音？对胃口的东西取之不尽，谁还想去尝试其他味道？于是，"茧房"和"孤岛"便形成了。

互联网原本想让那些井底之蛙看看井外的世界，然而，井底之蛙却借助网络，找到了更多的同类。他们彼此打气鼓劲，相互支持肯定，观念和意识逐渐固化偏激，共同提高聒噪的声量，根本不愿意去了解井外的世界，反而让井口更加狭窄。这就是"井蛙共振"，它将噪声不断放大、扩散，使之具有越来越强的破坏性力量。

因此，一些极度反智、偏狭的论调，却能不断被炒作。动辄便要起诉某人、打倒某人、抹黑某人，在"共振"中，存在感和成就感不断膨胀，进而陷入恶性循环。个中还有某些伪装的"井蛙"煽风点火，企图借此收割流量。

潜移默化中，不少人由最初被动地接受推送、筛选，逐渐发展为有意识地过滤、屏蔽。因此，必须保持警醒，提高思辨能力，保留一条"破茧之路"。

神秘的冰激凌

□岑 嵘

美国佛罗里达州某度假胜地有一处海滩。该海滩附近的水域每年都有鲨鱼出没，有时鲨鱼也会攻击海里游泳的人，曾对游客造成伤害。这种情况虽然不常发生，但在游客中造成了恐慌。

数据科学家前往调查，在整理当地鲨鱼攻击次数的数据时，他们惊奇地发现了一个规律：在草莓味冰激凌卖得好的日子，鲨鱼的攻击案例也多了起来。

数据一出，大家纷纷猜测其中的原因。有人大胆推测，或许是因为海里的鲨鱼喜欢草莓的味道，所以吃了草莓味冰激凌的游泳者更容易受到攻击。

另一个关于冰激凌的故事是这样的：2000年，一位用户给通用汽车公司写了一封投诉信，信中说："我家有个传统：晚饭后去吃冰激凌，每个晚上我们都开车去买不同口味的冰激凌。我最近购买了一辆庞蒂亚克，但是驾车去买冰激凌的时候我发现了一个问题，每次我买了香草味的冰激凌，汽车经常启动不了，但是如果我买其他口味的，汽车就会很好地启动。我知道这听起来很疯狂，但它是事实。"

难道和鲨鱼喜爱草莓味冰激凌一样，汽车也会选择冰激凌口味？

这两件事情听起来都很神秘，但答案并不神秘。

在佛罗里达州的海滩中，鲨鱼肯定不会因为草莓味冰激凌而去攻击人类，真相是天热的时候，沙滩上和海里的人比较多，而人多直接使草莓味冰激凌的售卖量增多，鲨鱼袭击人类的案件也相应增多。草莓味冰激凌的热卖与鲨鱼袭击案件增多虽然同时发生，但它们是由同一原因，也就是"天热"造成的。

购买香草味冰激凌导致汽车无法启动也是类似的原因。通用的工程师调查后发现，在那个用户常去的冰激凌店中，香草味是最受欢迎的口味，所以店主把它放在前台最容易拿到的地方，而其他口味的冰激凌则放在后面的柜子里，需要花更多时间去取。所以每次买香草味冰激凌时，来回只需要几分钟，而买其他口味时，则需要更长时间。

当车主买香草味冰激凌时，由于停车时间短，汽车发动机还没有完全冷却，汽油就开始蒸发，形成"蒸汽锁"，堵塞了汽油泵或喷油嘴，导致汽车无法启动。而购买其他口味的冰激凌时，由于停车时间长，汽车发动机已冷却了一段时间，所以就没有发生无法启动的问题。

这两起"神秘事件"，其实都是把"相关关系"误认为是"因果关系"的案例。而把相关关系当作因果关系，这在我们的生活中也是很常见的认知错误。

哥伦比亚大学的学者在2012年得出一个结论——巧克力人均年消耗量越大的国家，诺贝尔奖获奖人数也越多。如果平均每人每年多摄入400克巧克力，该国的诺贝尔奖获奖者就会增加一人。该研究成果被刊登在临床医学界最具权威性的期刊之一《新英格兰医学杂志》上。

这项研究犯了同样的错误：巧克力不是生存必需品，而是所谓的奢侈品，所以富裕国家的摄入量自然更大。而同时，富裕国家有能力在教育上投入更多资金，产生诺贝尔奖获奖者的可能性也会增加。也就是说，巧克力消耗量和诺贝尔奖获奖人数的关系不是因果关系，而是相关关系。

韩国有档综艺节目叫《英才发掘团》，这个节目主要是发掘韩国各地的少年英才，这些不同年龄段的孩子智商和情商都非常高。在很多期节目后，人们发现了其中的规律：这些优秀孩子的父母和同龄孩子的父母相比往往年纪偏大。于是人们得出这样一个结论：高龄父母生的孩子会更优秀。其实，高龄父母和孩子优秀同样并非因果关系，而是相关关系。父母年纪偏大，相对来说家庭经济状况更好，中年得子的他们会把更多的精力投放到对孩子的教育上，丰富的社会阅历使得他们在教育上更睿智和有耐心。正是这些原因，使得他们能够培育出更优秀的孩子。

因此，当我们听到某个奇怪的结论时，应该认真想一想其中的神秘关系到底是什么。

一说便俗

□徐　可

倪瓒是元末著名画家、诗人，其画淡远简古、不同流俗，其人也高洁无尘。吴王张士诚的弟弟张士信让人带着重金，拿着画绢向他求画，他勃然大怒："倪瓒不能为王门画师！"并扔掉钱物，撕裂画绢。张士信对他怀恨在心，找了个借口要杀他，幸亏众人极力营救才免于一死，然而仍被施以鞭刑。倪瓒始终一声不吭。后来有人问他："先生，您遭受如此凌辱竟一语不发，这是为什么呢？"倪瓒说："一说便俗。"此事在明人冯梦龙《古今谭概》及其他笔记中多有记载。

"一说便俗"，是不少文人喜欢的一句话，我也喜欢，并一再引用、引申。寥寥四个字，真是越品越有味道。说话是人的本能，是人与人之间交流、交际的一种方式。但不是话越多越好，也不是所有的话都能讲。世间好多事，原本是不好说、说不得的，有的时候，有的场合，面对有的人，还是少说或不说为佳。面对窘辱，倪瓒绝口不言，此正是他的不俗之处。如果开口求饶，那就不是倪瓒了。

《水浒传》第八回，林冲中了高太尉的圈套，被刺配沧州。两个公人董超、薛霸被高太尉的心腹陆虞候买通，将林冲诓进野猪林，绑在树上，就要对他下毒手。这时林冲泪如雨下，哀求饶命。董超喝道："说什么闲话？救你不得！""闲话"二字真是用绝了。金圣叹在闲话句下批曰："临死求救，谓之闲话，为之绝倒。"这一段可与倪瓒的故事对照着看。大祸临头，一个绝口不言，一个哀求饶命，人格高下，判若云泥。林冲一介武夫，毕竟不如倪瓒看得通透，以致留下千古笑柄。

周公与太公谁更厉害

□ 王兆贵

看《东周列国志》，有两个人是绕不开的，一个是周公姬旦，一个是太公姜尚。在历史的画卷中，周公与太公同框。那么，这两个人究竟谁更厉害呢？

其实，这个话题不是今天才有人关心的，早在先秦时期，就备受关注。起初是《吕氏春秋》中记叙的一桩公案。到了西汉，刘向在《说苑》中旧话重提，大意与《吕氏春秋》相差无几。

辛宽（另名辛栎）参见鲁穆公时说，先君周公不如太公聪明。穆公问，何以见得？辛宽回答，从前，太公被封到营丘滨海一带，那里海阻山高、险要坚固，所以地盘日益广大，子孙也愈益昌盛。周公被封到鲁国，这里没有山林溪谷之险，诸侯从四面均可入侵，所以地盘日益缩减，子孙也愈益衰弱。因为辛宽非议自己的祖先，穆公不免有些难堪，一时语塞。

辛宽出去后，南宫适入见。鲁穆公把辛宽刚才说的话告诉了南宫适。南宫适回答说，辛宽不够成熟，见识浅薄。您难道没听过周成王建成周时说的话吗？他说，我之所以营建并居住在成周，是因为做得好的地方容易被发现，做得不好的地方容易受责备。所以说，做好事的人得天下，干坏事的人失天下，这是自古以来的规律。贤者难道想让自己的子孙凭借山林之险来长久地干无道之事吗？辛宽孤陋寡闻，却对先贤说三道四，岂不荒谬？

成周即今洛阳，古称洛邑，是东周的都城，相对于西周镐京（今西安，旧称宗周），成周居于华夏中心，后来也叫中原。周室迁都计划，早在武王后期就在筹备。成王迁都成周，希望能够得到天下人的监督，出发点值得赞许。

南宫适驳斥辛宽的话，具有强烈的政治正当性，因此就成了历史公论。那么，辛宽关于周公不如太公的观点错在哪里呢？

众所周知，实践是检验真理的路径，结局是证实判断的标准。太公与周公治理下的齐国和鲁国，经营多年后国运差距很明显，齐国愈来愈强，鲁国愈来愈弱。辛宽用山林之险说事，意在阐明自然环境的优势对巩固国防、发展经济有利，南宫适怎见得太公及其子孙就一定会用来长久干坏事呢？这样看来，辛宽的见解没有错，只是出言不逊，有点犯忌；南宫适虽然义正词严，却与后来的结局相左。

周朝历时近800年，传国君30多代。周公与太公都是开国元勋，一个是文治的太宰，一个是武功的太师，共同为周王朝的繁荣昌盛做出过杰出贡献。

周公出身皇室，身份显赫，忠孝仁德，是践履温良恭俭让的典范，也是周礼的奠基人，周代的典章制度和礼乐都是周公主持制定的，并被广泛施行。"郁郁乎文哉！吾从周"，孔子遵从的其实就是周礼。作为周室的元老和理政高手，他被分封在鲁国，因辅政要务分不开身，就让儿子前往鲁地履职。

太公出身贵族，家道中落，却不甘沉寂，是大器晚成、发奋有为的典范，也是兵学的奠基人。作为周室的首席智囊和军事统帅，他以高超的军事谋略，辅佐姬姓父子兴周灭商，厥功至伟，被封为齐国君主，并亲往赴任。

由于这两位重量级历史人物的治国理念和策略不同，加之齐鲁两地风习不同，历史发展的结局也就不同。据《淮南子》记载：昔太公望、周公旦受封而相见。太公问周公曰："何以治鲁？"周公曰："尊尊亲亲。"太公曰："鲁从此弱矣。"周公问太公曰："何以治齐？"太公曰："举贤而上功。"周公曰："后世必有劫杀之君。"其后，齐日以大，至于霸，二十四世而田氏代之；鲁日以削，至三十二世而亡。

这段对话大意是：太公与周公接受分封后见面，太公问周公如何治理鲁国，周公回答，尊重应当尊重的人，亲近应当亲近的人。太公说，鲁国从此要衰弱了。周公又问太公如何治理齐国，太公回答，选拔贤能，重视功绩。周公说，后世必有篡位之人。后来，齐国日益强大，终于称霸，传到二十四世时被田氏取代了；鲁国日益衰弱，传到三十二世时灭亡了。

历史发展的结局，果然不出他们二人所料，也证明他们都不愧为识时务之俊杰。事实上，正是由于他们的执政理念不同，导致数百年后齐国和鲁国截然不同的命运，而两国的发展路径也深深地烙上了他们思想的烙印。

其实做人也一样，有的人希望自己的子女能循规蹈矩、平平安安过一生，就像周公希望子女的那样；也有的父母希望自己的子女不走寻常路、敢冒风险求得事业有成，就像太公希望子女的那样。至于哪条路更值得去走，每个人、每个家庭的情况都不一样，人们心中会有不同的答案。

摆脱事件之链

□ 骆玉明

人总是活得很匆忙，无数的生活事件迭为因果、相互拥挤，造成人们心理的紧张和焦虑；在这种紧张与焦虑之中，时间的频率显得格外急促。而假如我们把人生比拟为一场旅行，那么渡口、车站这一类地方就更集中地显示了人生的慌乱。

舟车往而复返，行色匆匆的人们各有来程与去程。可是要问人到底从哪里来，往何处去，大都茫然。因为人们只是被事件所驱迫着，他们成了因果的一部分。

但有时人也可以安静下来，把事件和焦虑放在身心之外。于是，那些在生活的事件中全然无意义的东西，诸如草叶的摇动、小鸟的鸣唱，忽然都别有韵味；你在一个渡口，却并不急着赶路，于是悠然漂泊的渡船忽然有了一种你从未发现的情趣。

当人摆脱了事件之链，这一刻也就从时间之链上解脱出来。它是完全孤立的，它不是某个过程的一部分，而是世界的永恒性的呈现。

"野渡无人舟自横"有很强的画面感，也经常成为画家的选题。那是一条不说话的船，却在暗示某种深刻的人生哲理。

总有一些温暖，
暖了你整个青春

恶不去善

□叶春雷

生活中，人们对他人的评价，往往非常情绪化，正如《礼记·檀弓下》言："今之君子，进人若将加诸膝，退人若将坠诸渊。"喜欢一个人，就想把他抱上膝头抚爱；厌恶一个人，就想把他推入深渊害死。但是，《左传·哀公五年》中，范氏（范昭子，名吉射）的家臣王生却义正词严地说："好不废过，恶不去善。"王生的观点，显然是理性的。

据《左传》记载，范氏的家臣王生想推荐张柳朔为柏人（今河北省唐山市西）的地方长官。范氏很吃惊，就问他："你不是特别厌恶张柳朔吗，干吗还推荐他？"王生说："我不能因为私仇而损害公义。喜欢一个人，不能忽略他的过错；厌恶一个人，也不能抹杀他的优点，这是道义的传统，我怎么敢违背这个传统呢？"范氏接受了王生的建议。后来，范氏的死敌赵鞅包围了柏人，范氏出逃齐国，但是张柳朔没有逃走。他对儿子说："孩子，你跟着主人范氏逃命去吧，我要留下，与柏人共存亡。假如我逃走了，主人一定会怪罪王生，说他是个不诚信的人，推荐了像我这样一个胆小怯懦的人做柏人的长官。"

故事的结果，没有悬念，城破，张柳朔战死。

张柳朔是一个光明磊落的人，他用自己的死，维护了王生的声誉。王生，更是一个高风亮节的人，他站在大局的高度，放弃个人恩怨，推荐自己不喜欢的人，这是一种博大的胸怀。两个宿敌，竟然成就了一段历史佳话，这故事让人动容。

宋朝的一对政敌，在时过境迁之后握手言欢，成就了另一段历史佳话。

1084年，刚离开黄州贬所的苏轼途经南京，到半山园拜访大病初愈的王安石。送走苏轼后，王安石对人说："不知更几百年，方有如此人物！"世人都说，王安石性格褊狭，对政敌毫不手软，这也许是部分事实，但是，苏轼落难，极力营救他的，就有王安石。当时王安石已经退休金陵，但仍向宋神宗上书说："安有圣世而杀才士乎？"苏轼因之得以被从轻发落，王安石的话，应该是起到重要作用的。由此可见，王安石与苏轼，不过是政见不同罢了，其"恶不去善"的胸怀，怎么能简单说成是"褊狭"呢？

人之相处，有时很容易受情绪左右，这才有"进人若将加诸膝，退人若将坠诸渊"的极端想法产生。儒家文化非常强调人的理性精神，强调人不能为自己的情感所左右，这是非常有价值的。张柳朔虽然没能力挽狂澜，保住柏人，但他忠于职守、视死如归的精神，还是让人感动的。而这一切，都源于王生不计前嫌推荐了他，这才让他青史留名。王生有识人之明，首先是有识人之胸怀，这才是关键。不然，即使张柳朔是人才，但王生不推荐他，他也终将老死于户牖之下，后人如何知道，中国历史上还有这样一位忠臣？

因此，"恶不去善"，是一个人有胸怀的表现。而一个有胸怀的人，绝不会嫉贤妒能，更不会落井下石。即使是怨敌，他也会客观冷静地看待他，不掩饰他的优点。王生对张柳朔，王安石对苏东坡，均为"恶不去善"的典型，吾辈后生，敢不起而效之？

5

别怕走更远的路，重要的是去处和归途

总有一些温暖，
暖了你整个青春

瓦匠生活

□戚 舟

火车站熙熙攘攘，每个角落都弥漫着回家过年的热闹气氛。没想到有一天，我也会成为背着大包小包的民工中的一员。

我的工种是装修房子，也被称为"瓦匠"。这个词还是从我前领导那里听来的，他在听我说完"父亲是给人做装修的"后，面带轻视地"哧"了一声，说："那就是个瓦匠嘛。"一刹那，我心里五味杂陈。

让我下决心加入民工队伍的，是大把掉落的头发，整夜难以安闭的双眼，还有怎么也回不完的工作信息，以及表面光鲜实则窘迫带给我的折磨。

"博士还有送外卖的，我一个本科生铺地砖怎么了？"小时候，母亲不停地在我耳边叨"看看别人家的孩子学习多好"。如今，我用"看看别人家的孩子赚多少钱"来说服母亲同意我投身"大把赚钱"的洪流中。

有铺砖需求的大多是购置新房的人群，但我的家乡这两年人口流动大，房屋几近饱和，找不到多少装修的活儿。于是，我随父亲辗转于附近稍大的县城，开启了民工之旅。

我们父女二人开上皮卡车，拉着吃饭的家什，奔赴不同的人家里。父亲主要干铺砖、安装家电等重力气活儿，我主要负责刷墙和贴壁纸。后者也不好干，尤其我还是个新手。干活儿不到半个钟头，我就累得眼睛酸、胳膊疼，时间再长一点儿，甚至感受不到胳膊的存在，无须用药便实现了"全麻"。

但我必须咬牙坚持，为了真正体面的生活。

我们干的活儿，平均每家的工期是5～8天，我们父女俩便吃住在客户的毛坯房里。吃是自己做——我们带了锅，在小区便利店买一些面条、青菜、鸡蛋，就能凑合好几顿，我因此戒掉了外卖和奶茶。住是席地而睡，夏天在地上铺条床单，冬天铺床被子。干体力活儿累了一天，怎么都能快速入眠，我再也不会成宿地无故失眠。

没有活儿的时候，我和父亲还要去建材市场"自我推销"，虽说十次有六次碰壁，但好歹也能拉上几宗活儿。现在人工报酬算高的，我们一个月干上两三宗活儿，收入就非常可观了。

可观的收入带来巨大的喜悦之余，是不同于3000块钱月收入时的累。好在这种累比较纯粹，只是身体上的，睡一觉或者歇两天就能缓解。

较之我前领导传统的"识人观"，越来越多的年轻人不再认为"下苦力很丢脸"。在我关注的博主里，有一个"00后"的女钢筋工。她拍的视频中，不少年轻人每天起早贪黑，夏天是满脸泥和汗，冬天是冻得红彤彤的面庞和双手。他们都有一个目标，那就是赚更多的钱，在自己出力盖起高楼大厦的城市里拥有一席之地。拧钢筋、盖楼的生活比我的瓦匠活儿更苦更累，可他们的生活充满生机和活力，无论是浸着旭日和星月的一餐一饭，还是偶尔外出逛街、享受闲暇的小欢喜，他们的生活看似平凡，却熠熠生辉。

还有一位年轻的工地女孩儿，算不上漂亮，脸蛋儿被晒得黑红，看着让人心酸。但下了工地，进了棚房，她就变成了爱美的小甜妹。她对着镜子化妆打扮，那双手非常灵巧，编出的小辫儿总让人惊叹，再换上华丽柔美的汉服，走在热闹的街市里，十分惹眼。无论是在工地上吃盒饭，还是在街头喝奶茶，她都怡然自得，像一个了然人生的智者，沉静地面对生活中的一切。于她而言，并非表面光鲜才算成功，百味都是人生。

勃朗宁说："雄心壮志是茫茫黑夜中的北斗星。"雄心壮志不仅是高远的梦想和体面的人生，也是不为人知的艰辛和对"物俗"的追求。在茫茫人生路上，唯有低头拼命赶路，赶着迎接更加美好的明天，赶着追求更有底气的生活，才是"体面"的真正意义。假如外在的光鲜既不能满足生活的基本需要，也无法丰富内在的自我，不妨去追寻一下外在泥泞、内在光鲜的"瓦匠生活"！

三招化解人际冲突

□陈天洋

生活中难免遇到与朋友发生矛盾、意见不合的情况，如何用沟通化解冲突？以下三招可以学起来。

第一招，了解冲突背后的真实需求。

冲突背后是彼此的需求没有被看见、被接纳，所以，解决任何矛盾，最重要的是了解彼此的真实需求。

争论时，对方通常会说"算了，懒得和你说"之类的话，这只不过是以评判的方式来表达自己某个需要。我们的功课是去学习在别人不明说的情况下，识别话语中隐含的需要，通常这要靠猜测，然后再向他们求证，支持他们说出自己的需要。比如，有朋友说你："和你说话从来都不听！"那你可以问："你不高兴，是因为你需要被听见吗？"而不是问："你是在生我的气吗？"要把关注点放在对方的内心需求上，而不是因为谁的问题。

第二招，不带有偏见地描述客观事实。

语言表达非常重要，冲突的起因常常是一言不合，比如用负面词汇"笨""懒"等，或用含有评论意味的形容词、副词，如"你总是这样""每次""永远"等。化解冲突，需要描述客观事实，不要带有情绪和观点地评价对方，而是只讲客观发生了什么。比如和朋友一起打球，朋友打得不好，如果说"你怎么打的？太糟糕了"，这就是在宣泄情绪，而客观描述应该只讲"你上场20分钟没有进球"。比如，小组成员没有及时上交合作成果，如果说"你怎么这么磨蹭"，这是你的评价，客观描述是"我看你昨天才开始做"。

第三招，真诚地表达你的感受，使用"我"语言。

使用"我"语言而不是"你"语言来表达你的感受。例如"我感到难过，因为我的东西被藏起来了"，而不是"你总是藏我的东西"。这种表达方式可以减少对方的防御心理，使沟通更顺畅。

但是注意，一定要让对方知道到底是什么行为让你有了这样的感受。因此要将"我感到""我觉得"和对方的行为进行联系，让对方更好地理解你。

111

总有一些温暖，
暖了你整个青春

如果摘下了月亮

□赖春蕾

我坐在老家的房间里，对着电脑敲敲打打，构思那名为未来的东西。比起喧嚣的白天，我更喜欢寂静的夜晚。夜晚的神秘和未来相近，像只陶罐，只是打开盖子嗅一嗅，就能闻到来自深厚地底孕育的生命气息。

前段时间和父亲通电话，他担心我的身体状态。我告诉他，我没什么大问题，只是需要回老家休息一阵。他叮嘱我，别着急，慢慢来。

我知道，在我们那样的小地方，回家了会被当成"稀罕物"。好在一直留在老家的阿婆看到我回去，也没说什么。她大概猜到了我工作不顺利，夹了好多菜到我碗里。

我家门前有几条长长的板凳，夏天的夜里往上一躺，十分惬意。板凳正好对着巷子口，时不时有风吹来。阿婆喜欢在夜里乘凉，不是和别人聊天，而是躺在板凳上，数星星看月亮。人老了之后，需要的东西会越来越少，我渐渐明白这一点。

风也好，声音也好，那是地球的脉动。躺下看到的世界跟平常是不一样的，我们仿佛在与自然开启一场沉默的对话。偶尔，我也会学着阿婆的样子，躺下望着天空。月亮常常缺席，星星也不定期到访，一切都让我浮想联翩。我是多么爱那清冷的月，爱到想把它摘下，挂在树上，每日细细观赏。

但我明白，它不会为我停留。

一大早，我就被吵醒了。家门口有人吆喝了一句，阿婆大声回应："来了。"之后我问阿公，她干什么去。得知，阿婆又给自己找了份活。一个老板包下了村里的地，种了一大片芋头。那段时间芋头成熟，正值收割，需要很多人手。对有经验的农家妇女来说，这工作简直是小菜一碟。中午，阿婆回来，身上全是泥点子。她不在意，说起笑话来。有个同队的阿姨，像个泥鳅一样，滑溜溜的，在泥地里一直摔。又说自己染了发，特意戴了可以挡住脸的帽子，装得很年轻，老板估计也被骗了。我不明白这是什么意思。

她告诉我，之前有个想打工的人，很年轻，但缺了好多颗牙，老板看到后就不让她继续工作了。我看着阿婆满是皱纹的笑脸，竟开始好奇她为何总是如此干劲十足，不知疲累。

下午，我拉住阿婆，想和她一起出门，去她工作的地方看看。芋头田很大，大家各负责一块区域。我看到阿婆弯腰又起来，麻利的身手和娇小的身形并不匹配，却透着无尽的活力。

那时候，天气开始转凉，我一伸手就能摸到自然。强劲的风吹着树叶，它明知道这些轻飘飘的东西没有任何抵抗能力，却还是那样做了。又或许是树叶甘愿被短暂却连续的暴力撕裂，从干枯的树那里脱身。跻身于蝴蝶与鸟的世界，学着从身体内部发出微微震颤，让周遭空气有了形状。

总说老家的秋冬太冷，天天念着夏天，没承想夏天竟真的到了。那是我准备离去的前夜，屋外是瓢泼大雨，云掩盖了月的痕迹。我正准备关窗的时候，路灯亮了起来。那就像个假月亮，我心里充满厌恶，只觉得那路灯会招来无数的蚊虫。阿婆的房间没有亮灯，估计已经睡下了。

我左右睡不着，推开窗，却看到雨停了，便决定出去走走，散散心。走到靠近我家花圃的时候，发现地上有一摊积水，倒映出了刚出来不久的月亮。花枝上有水珠滴下来，落进积水里，月亮也颤了颤。

有人开门走了出来，我偏头一看，是阿婆。她笑意盈盈地告诉我，月亮出来了，明天天气应该不错。我拖着行李箱，终于踏上了离家的路。一路辗转，一路向阳。

不必共进退

□ 祁文斌

《宋史·欧阳修传》载："范仲淹以言事贬，在廷多论救，司谏高若讷独以为当黜。修贻书责之，谓其不复知人间有羞耻事。若讷上其书，坐贬夷陵令，稍徙乾德令、武成节度判官。"

景祐三年（公元1036年），时任开封知府的范仲淹向宋仁宗递呈了自己所画的《百官升迁次序图》，揭发宰相吕夷简以权谋私。吕夷简则反驳范仲淹"越职言事、勾结朋党、离间君臣"。于是，范仲淹接连递呈了四道奏折，论述、指斥吕夷简为人奸诈，由于言辞过激，其意见没有被仁宗采纳，自己反遭罢免，外放饶州。当时朝中的许多人，如秘书丞余靖、太子中允尹洙等人纷纷站出来为范仲淹说话，施以援手，唯独右司谏高若讷认为范仲淹应当被贬谪。而初涉官场的欧阳修血气方刚，给高若讷修书一封（《与高司谏书》），抨击高若讷身为谏官，却对范仲淹被贬之事无动于衷，落井下石，"不复知人间有羞耻事"。蔡襄（"宋四家"之一）也作诗《四贤一不肖》唾骂高若讷，并将欧阳修列为"四贤"之一。高若讷将欧阳修的这封书信交给了仁宗皇帝，同时上疏为自己辩解，并请宋仁宗令有司"戒谕"欧阳修。结果，因为受到此事的牵连，欧阳修被贬为夷陵县令，后来又改任乾德县令、武成节度判官。

康定元年（公元1040年）初，范仲淹出任陕西经略安抚副使，征辟欧阳修为掌书记。欧阳修闻命，笑着推辞道："昔者之举，岂以为己利哉？同其退不同其进可也。"

显然，正是因为当年欧阳修初入仕途"拔刀相助"，为范仲淹打抱不平，范仲淹"东山再起"后，便念兹在兹，定向"征辟"，眷顾之意不言而喻。但在欧阳修的潜意识中，并非为"一己之利"的举动，又何必"一荣俱荣，一损俱损"，荣辱与共？

"同其退不同其进"，职场新人欧阳修如初生牛犊，朝气蓬勃，抛却人情世故，摒弃官场陋习，自行其道，不拉帮结派，不投桃报李，超然独立。

总有一些温暖，
暖了你整个青春

鱼羹饭与饱菜羹

□霖同学

1

宋代，有个小故事特别流行。南宋理学家吕祖谦把这个故事记录了下来。话说北宋的王安石在担任宰相时，平时只吃简单的鱼羹饭。后来，他向朝廷推荐了两个人才，皇帝没采纳。于是，王安石便毅然请求辞职，还说："何处无鱼羹饭吃？"这世间，哪儿没有鱼羹饭吃呢？我何必为了这些凡俗事务受累，倒不如去留自在，多享受快意生活。

这个故事是真是假不得而知，但后来不少古书都摘录过这个故事。至于"鱼羹饭"如何烹制，也没古书记述可供参考。不过，从其名字来看，鱼羹饭有可能是用鱼肉熬羹泡饭，亦可能是用鱼肉和粮食熬成一锅羹。当然，也可以是其他各种形式的花样。但这些都不重要了，因为"鱼羹饭"后来成了一种符号，人们将其用来比喻粗茶淡饭。因为跟其他肉类比起来，鱼肉相对易得，即便是山林野老，也可以通过捕鱼来改善伙食。可关键是，人家王安石贵为宰相，不吃山珍海味，却还吃鱼羹饭，这得多朴素啊。

后世文人也用"鱼羹饭"来比喻简单的生活。比如，南宋诗人刘克庄就特别喜欢鱼羹饭，他不止一次地在诗中提到这道食物："江湖不欠鱼羹饭，直为君恩未拂衣。"

江湖上并不缺鱼羹饭啊，我之所以还没辞官归隐，是因为君主的恩情还未报答，所以我不能轻易离去。像这样喜欢鱼羹饭的文人还有很多。

南宋末年的诗人何文季在《寄石溪·其二》中写道："山中饱食鱼羹饭，不博人间万户侯。"明代诗人何乔新也在《秋夜不寐卧诵郁秋官诗用韵述怀·其一》中写道："茆檐饱吃鱼羹饭，似胜侯家玳瑁筵。""茆檐"是茅草屋檐，"玳瑁筵"是豪华宴席。无论是刘克庄，还是何文季、何乔新，都曾经在朝为官，但他们依然对于吃鱼羹饭充满向往。吃上了乡野鱼羹饭，哪还看得上官家的珍肴异馔。

2

元代文学家周德清感慨："羊续高高挂起，冯谖苦苦伤悲。大海边，长江内，多少渔矶？记得荆公旧日题：何处无鱼羹饭吃？"

东汉的羊续为官清廉，把别人送来的鱼悬在庭前，以示自己拒受贿赂。战国时期的冯谖，投奔到孟尝君门下寄居为食客，一开始他被视作下客。当时，上客、中客吃饭都有鱼肉，唯独下客饭菜粗劣，连肉星也见不到。他只好倚着柱子弹着剑唱道："长铗归来乎！食无鱼。"连鱼都吃不上，咱还是走人吧。

可他们难道看不到，在大海边、在长江内，有多少可供垂钓的水岸吗？何必为了区区一条鱼而被烦务缠身。这不由得让人想起了王安石当年的名言——"何处无鱼羹饭吃？"

由于鱼羹饭常被用来形容清茶淡饭，所以时常被人们用来和"东坡羹"做比较。东坡羹和鱼羹饭大为不同。鱼羹饭里好歹有荤腥，但东坡羹可是纯粹的菜羹。曾经有朋友向苏东坡打听过东坡羹的做法。他便为大家介绍道："不用鱼肉五味，有自然之甘。其法以蕨若蔓菁、若芦菔、若荠,皆揉洗数过,去辛苦汁……"

这菜羹不添加鱼肉等食材,但有一种天然的鲜美味道。制作的方法是将白菜、蔓菁、萝卜、荠菜等蔬菜反复揉洗,去掉其中的苦涩汁液。之后放入锅内与生米熬制成羹。

苏东坡晚年被贬到海南,他依然很喜欢吃羹:"煮蔓菁、芦菔、苦荠而食之。其法不用醯酱,而有自然之味。"

用蔓菁、荠菜熬煮菜羹,煮的时候不用醋和盐酱,煮成的羹有一股自然之味。这种羹类似于野菜羹,但制作的食材和方式与东坡羹相似。而且制作菜羹的食材随地可见,所以能经常享用。苏东坡为何如此热衷于吃菜羹,他为大家解释过:"水陆之味,贫不能致。"

最重要和深刻的因素,是"贫"。当然了,这也彰显了苏东坡的豁达开朗,虽然穷,但总能想法子把食材做出不同滋味。

3

南宋文学家姚勉简居时说:"纵无介甫鱼羹饭,也学东坡饱菜羹。"

过着单纯的生活多惬意,即便吃不上王安石的鱼羹饭,也可以学着苏东坡做上一顿美滋滋的菜羹啊。看来,虽然同样是简单的餐食,可鱼羹饭多少比苏东坡的菜羹要难得一些。

而且,从诗人们的描绘来看,鱼羹饭虽然在一定意义上可以体现一种简单朴素的生活作风,但更多的是象征着江湖生活的无拘无束,这是那些身受束缚、身不由己的人可望而不可即的。苏东坡的菜羹则更多的是体现一种安贫乐道、乐观知足的精神。

北宋学者谢良佐对王安石的做法特别赞赏:"是其养得气完也。奇特!"

王安石不恋官位,不贪钱财,他的浩然之气真深厚,所以为人处世有着非凡气质。不过,到了明末清初,学者黄宗羲对王安石当年的做法却提出了一些小小的看法:"一言不合,即乞去,伊川(即伊川先生程颐)以山林士召入,则可;荆公大臣也,如此乃执拗无礼耳!"

因为意见不合就请求离职,如果是程颐那样以山林隐士的身份被召入朝廷的人,这样做倒无可厚非;但王安石是丞相啊,这样做就显得"执拗无礼"了,是有小情绪在里头。至于吃鱼羹饭,儒生们本来就该发扬简朴的生活作风。所以"且血气何足尚而奇之",说王安石"养得气完",是从哪儿看出来的?

可想来想去,王安石说的"世间何处无鱼羹饭",也许并非在闹小情绪,可能只是真厌倦了烦琐的俗务。那些诗人爱吃鱼羹饭,或许也并非因为鱼羹饭有多么可口美味。他们大概只是羡慕"鱼羹饭"所代表的那种逍遥而自在的生活吧!

你就是那个陌生人

□ [英]柏瑞尔·马卡姆 译/陶立夏

可能等你过完自己的一生,到最后却发现了解别人胜过了解你自己。你学会观察他人,但你从不观察自己,因为你在与孤独苦苦抗争。假如你阅读,或玩纸牌,或照料一条狗,你就是在逃避自己。对孤独的厌恶就如同想要生存的本能一样理所当然,如果不是这样,人类就不会费神创造什么字母表,或是从动物的叫喊中总结出语言,也不会穿梭在各大洲之间——每个人都想知道别人是什么样子。

即便在飞机中独处一天一夜这么短的时间,不可避免地孤身一人,除了微弱光线中的仪器和双手,没有别的能看;除了自己的勇气,没有别的好盘算;除了扎根在你脑海中的那些信仰、面孔和希望,没有别的好思索——这种体验就像你在夜晚发现有陌生人与你并肩而行那般叫人惊讶。你就是那个陌生人。

父亲的菜园

□ 毛西牧

因为工作太忙、生活不规律，几年前，父亲被确诊胃癌中晚期。经过手术、化疗等治疗后，家人终于熬过了那段难挨的时光。之后，父亲忽然宣布要在房山租一块地，自己种菜。母亲让他别那么辛苦，先养身体，父亲却说，种菜就是养身体。

顺着导航，父亲开车找到了自己租的地。两侧是黄土堆形成的分割菜地的墙，中间平坦的土地上长满了杂草，左边是露天的，右边的铁架子上稀稀拉拉地搭着几块破烂的塑料皮，那是"大棚"。这座大棚只有半边，另一边靠着高高的黄土堆。土堆上长着一棵高大的榆树，很有辨识度。

父亲在一片荒芜里，一锄头一锄头地翻地。烈日照着他布满汗珠的脸庞，他甩着脸上的汗滴，咕咚咕咚喝着水，却不敢脱下长衣长裤——虽是春天，但地里已满是嗡嗡作响的凶猛蚊子，驱蚊水对它们完全没有作用。它们袭击着他，钻进他的裤脚、脖领，占领每一块已露出或可能露出的"领地"。

干了整整一个周末，父亲才翻出小小的两三分地来。接着，他又干了几个周末，眼见荒芜有了规整的样子，有了田垄，有了支架，有了真正的大棚……

父亲灿烂地笑出白牙，带我来一起播种。他指点着——这里打算种黄瓜，那里打算种西红柿，茄子、玉米也统统要尝试一下，还有母亲最爱吃的丝瓜，也要种上。"你妈妈肯定会特别高兴。"那得意的样子，就像他是这片地里的王。

种子一粒粒种下，一周又一周，转眼到了夏天。我再次走进父亲的菜园，映入眼帘的是已经及肩高的玉米，郁郁葱葱，长势喜人。它们喧宾夺主，几乎挡住了种在后面的所有蔬菜。走过玉米地，就会发现菜园里另有乾坤。只见黄瓜、丝瓜、南瓜和茄子安心地长着，它们的藤蔓已经攀附着小竹竿爬上生锈的铁架，在棚上开出一朵朵黄色或紫色的花。花瓣凋谢时，你千万不要为此感到难过，花的凋谢代表果的诞生，那朵蜷缩的花蒂下说不定就藏着一根小黄瓜呢！

暑假里我没少往菜园跑。我如果去菜园，一定会带上我家的猫，于是父亲就在玉米地前的田埂上种了一排猫薄荷。八月时黄瓜已经有二十厘米长，这时的黄瓜最嫩，带着它特有的清甜，在超市是买不到的。我们在榆树的树荫下吃着脆嫩的黄瓜，看着一大一小两只猫在猫薄荷旁打着滚。有时大猫玩累了，躺在土堆旁休息，小猫却怎么也闲不住，非要爬到土堆上。看着它因脚滑而摔进松软的草丛，我们会哈哈大笑；有时，我们又因它爬上土堆展露雄姿而惊叹不已。

秋风吹起，菜园的架子上已结满了绿色的南瓜、长长的丝瓜、紫色的架豆。它们一个个在棚子上面吊着，很是可爱。沉甸甸的南瓜慵懒地半躺在泥土里，沾着泥香，让人忍不住想上前捏一把它们圆滚滚的肚子。丝瓜和架豆则躲在瓜叶下边，漾着笑脸，跟我们玩捉迷藏。大大的瓜叶像一个个碧绿的手掌，掌心向上，向阳而生。

我本以为最难打理的是白菜和韭菜，没想到真正不好种的却是萝卜。萝卜不像其他蔬菜，它深埋在地下，不拔出来永远不知道长得怎么样。萝卜的根系不太发达，所以萝卜秧的旁边总是长着很多杂草。有时候，我甚至分不清萝卜和杂草，不小心砍掉了它的叶，要心疼好久。精心照料，却不一定有好结果。有的萝卜长了很大的叶子，拔出来的根却只有拇指大。父亲告诉我："不能惯着它，如果拔掉这些与它争夺营养的杂草，那它就会安于现状，不去争夺更深处的营养，永远也长不大。"

父亲在菜园里结交了一群朋友。有的是像他一样热爱自然的人，有的是当地热情的村民。蔬菜收获后，一半留着我们自己吃，另一半父亲统统送给他的朋友们。朋友们也用自己种的菜作为回礼。他跟我说："所谓交情便是建立在一次次的相互帮助以及相互给予上的，这就是礼尚往来。"

父亲是个随性的人，他从来不给蔬菜施肥，也不会刻意驱虫打药，平常也就是浇浇水，除除草，一两周去一次菜园。因此菜园里的菜几乎是"靠天吃饭"，往往虫吃雀啄，叶片上都是小洞。我有时笑他懒，他却一本正经地说起了大道理——像他这样租地只用来给家人种菜吃的"农民"，不需要非常精心地照顾这些蔬菜。照顾得固然不精细，但整个菜园都是自家的，随时都可以再种，这才叫真实的盈满。父亲说的这些，我懂。他曾讲，他生长于乡间，求学、工作奔波在城里，现在离开故乡几十年了，原以为不会再有机会干这些农活，没想到，一场病让他下决心为家人、为自己重寻那一份真实自在。

父亲的菜园，没有一处空着，奇怪的是，就在这狭小的一亩地上，密密麻麻，挨挨挤挤，架豆、玉米、韭菜、茄子却各自安好，生长旺盛。

父亲的菜园，种满了各种各样的蔬菜，也充满我们的欢声笑语。这些蔬菜点缀着我们的园子，丰富了我们家的餐桌，为我们传递了父亲深沉的爱，也带父亲跳出喧嚣，沉淀出淡然，让他心有所寄。

遇到困境，大力开门

□［美］盖伊·温奇 译／佚 名

要是你胳膊上有个伤口，你不会说："啊！我知道！我要拿刀看我到底能捅多深。"但是，我们经常如此对待心理伤害。最常见又最不健康的习惯之一，就是事后反复咀嚼回味一件事。比如，你的老板冲你发脾气了，或是教授在课堂上让你感到自己很愚蠢，或是你和好朋友吵架了，然后你不断地在脑海中回放当时的情景，好几天，甚至好几周都不停。

反复回味不愉快的事，很容易变成习惯，而这个习惯的代价很大。你会不知不觉地浪费大把时间，还可能会导致饮食失调，诱发抑郁症，甚至心血管疾病等。最要命的是，那种反复回味的需要会变得非常强烈、非常紧迫，以至于你习惯了这种感觉，哪怕知道这样不好，也无法阻止自己去反复回想。

分享一个小技巧：倒数两分钟，花这两分钟时间去思考任何一件别的事情。研究表明，哪怕只是分心短短两分钟，都足以打破那一刻你反复回想的需求。所以，每当我担心、烦恼，或出现负面情绪时，我就强迫自己专注于其他事情，直到那种感觉过去。

总有一些温暖，暖了你整个青春

渔人的脚步

□ 刘益鸿

故乡靠海，伴水而生，家中祖辈皆靠海而生。爷爷总说：渔人永远离不开海。

爷爷为人质朴平实，身形壮硕，有一副被海浪锻造出的臂膊。小时候家里穷苦，家中辛劳全靠爷爷壮硕的肩膀支撑着；他七岁下海捕猎，在惊涛骇浪的洗礼下打磨了一身的钢筋铁骨。爷爷性格坚毅，数十年的风浪早已让他比海边的礁石更加坚毅。我想岁月与他做了一笔交易，用宠辱不惊的云淡风轻交换他的兀兀年少，伴之以深邃的睿智眉目。

小院绿意葱茏，简单干净又和睦。爷爷每年都会亲自酿造地瓜酒，一到夏天，小院前的木桶中便飘逸出浓烈酒香，摇曳出光晕，徘徊着我的整个童年时光。爷爷会在归岸后的每一个淡红色黄昏，用自制的葫芦瓢舀起木桶中的佳酿，大口豪饮。他总是笑眯眯地表露他的欢畅，抒发他一日辛劳之后的闲适悠情。我会蹒跚地跟随着他的脚步，哑巴着嘴紧盯着他手中的珍宝，他总是开怀大笑，将酒递交给我，看着我大口大口吞咽。我狼吞虎咽，结局自然总是脚步蹒跚，倒地不醒。迷糊间只听到爷爷的笑声，稳重中带些苍凉，仿佛夕阳下的惊涛拍岸。

爷爷为人处世分外和善，在同村乡邻间积攒下不俗的口碑。作为一个渔人，他信仰大海的浑厚与庄严。他一生奉海洋为神明，有着海洋一样宽阔的心胸，这样高尚的信仰支撑着他这一生漫长的岁月。正如他所说的那样：渔人与海是共存的。

我至今仍记得童年时的一个又一个午后：潮涨潮落，云卷云舒，和风吹扬起细沙，在海风中随意飘舞。我们爷俩一起前往海边，一支螺钩，一个木桶，就足以诠释天伦之乐。掰开浅滩边的细碎石头，里边有小螃蟹在匆促逃逸，海螺挪动着胖胖的躯体，螺钩轻轻拨动，用力将海螺挑飞，木桶在底下承接的，自然便是我们的丰厚收获了。时间慢慢流走，怀抱一整个下午的欢愉与喜悦，整个海滩飞扬着一老一少欢乐的笑声。

爷爷偏爱辛辣口味，喜爱海螺叠加两片生姜，烧大柴大锅水煮。配上自制的地瓜酒，再来一碟花生米，豪饮一大口螺汤，嘴角哑巴间，回味唇齿留香的甘甜，身心畅快舒适。他深刻懂得如何生活：忙碌时辛勤劳作，闲适时舒适享乐。海风依旧在轻抚浅滩上的风沙，风车在晚风中飘摇呼啸，转动时间的年轮。渔船在海浪中摇摆不定，摆动着岁月的忽快忽慢，我的童年也在潮起潮落中奔赴而过，匆促流走。

时间经历了一场巨变，聚散悲欢都被颠倒打乱，重新组装。爷爷嗜酒如命，无酒不欢，他终日与酒相伴，以酒为友。只是人的身体耐力终究是有限的，一旦崩盘就再难挽回。爷爷休海停渔之后的大半时间，整日休闲无事便靠喝酒度日，岁月磨砺了他的坚韧意志，锻造了他的铮铮傲骨，给予了他稳重沉着的灵魂，却夺走了他曾经引以为傲的强健体魄。

那年夏天，爷爷突发半身不遂之症，诊断为喝酒中风，导致左半身血管梗塞。当我匆匆赶到医院的时候，似乎已不认识那个他了：他变得憔悴枯槁，苦痛不堪，面色狰狞，眼睛疲惫到难以睁开，眼窝内陷，似乎连呼吸都变得困难。左半边嘴角间或抽搐，不断流下涎水。头发趋向发白，瘦弱不堪，左半边身体由于没有血液流通而变得僵硬，感受不到任何知觉。

他就那样躺着，声音沙哑低迷，双目无神，大小便失禁，苦痛不堪，身体感受不到知觉，无法活动。几十年在岁月浮沉大风大浪中沉淀下来的厚重与威严，在那样的病痛羞辱下，显得多么渺小啊！

一个渔人浑厚的果断刚毅和执着的坚韧不拔，在命运的捉弄下如风中浮萍，不堪一击。

这一回，他的信仰似乎离他远去了。

奶奶全程陪伴在他的身边，无微不至地照料他，辗转各地为他治病疗伤。其实最伤心的就是奶奶了，她极力克制自己的忧伤，暗地里抹不尽一把又一把的辛酸泪。家中老小也都是这般，心系爷爷的安危，往往分外揪心难熬，心绪难平。

幸而天无绝人之路，爷爷的病情总归稳定下来，有了一个循序渐进的康复过程；从刚刚开始尝试坐正，到努力尝试站立，努力做手脚的康复动作，其间虽然辛苦曲折，但也总算是熬了过来。

一场突如其来的悲惨命运恍然间降临到他的身上，打磨他的肉体与灵魂，历尽了艰难和困苦，低迷与挣扎，时间还是按部就班地流淌而过。我始终记得他第一次尝试拿起拐杖走路的那天，他单手握拐，单脚跳跃，拖着另一只脚蹒跚前行。目光坚定，紧盯着前方，哪怕手臂与脚踝一直在颤抖，他却怡然不惧。阳光照射在他的背上，在地上拖曳出一串长长的剪影，光芒细碎，伴随着他的汗珠纷飞飘摇。他还是那样高大，那样勇敢无畏，岁月改变了他的命运轨迹，却带不走他的傲骨铮铮。

爷爷终究还是拾回了他的信仰，只是历尽飘零，无畏风雨。正如他所说的那样：渔人永远离不开海。

如今生活淡泊满足，爷爷已经恢复大半，看上去矍铄如常，只是他从此滴酒不沾，闲暇之余的爱好改成了坐在院子里晒太阳。从此家中少了一个慈祥的长辈，多了一个蹒跚学步的老小孩，我们一家也逐渐恢复了欢声笑语。

渔人一生都在追赶，追赶海浪也追赶时间。我的爷爷是一位平凡的渔人，他的一生用脚步丈量沧海，也书写着属于自己的温情故事。晚风又起，远在异乡的我放下手中的笔，深吸一口气，耳畔似乎又听见了爷爷如海浪一般苍凉的笑声。

有这样一些孩子和大人

□童 子

一些孩子像大人那样说话
一些大人说着孩子气的话
一些孩子想
"我已经对这世界知道太多"
一些大人却好像
第一次发现世界的存在
一些孩子
早早尝到了生活的苦涩
但他知道，生活就是这样
生活就是这样——
所以他仍然心怀希望
一些大人像孩子般哇哇大哭
因为发现生活和他想的并不一样
一些过早的感受
一些迟来的成长
是这样，一定是这样：
一些思考应该交给大人
而一些天真，应该还给孩子

总有一些温暖，
暖了你整个青春

一双靴子

□查 辛

在我的记忆深处，珍藏着一双靴子，一双得之于半个世纪以前而今依然完好如初的靴子。它不仅铭刻着一个流浪汉的颠簸之苦，也深藏了一位陌路人的关怀之心。

那是一个冬天，当时20岁的我已经独自在外乡闯荡了一年多，一无所获的磨难使我心灰意懒，蜷缩在闷罐车里做着回家的梦。当火车路经一个不知名的小镇时，我下了车，希望能碰上好运气，找到一个打工的机会。一阵刺骨的寒风向我表示了冷冷的敌意，我使劲裹了裹自己的旧外套，但还是被冻得直打战，尤其糟糕的是脚上的那双半筒靴不堪折磨，像它主人的梦想一样破败不堪了——冰水毫不客气地渗入了袜子。我暗暗地向自己许了个愿，要是能攒下买一双靴子的钱，我就回家！

好不容易找到了山边的一间小木屋，不料里面早有几个像我一样的流浪汉了。或许因为同病相怜，他们挤了挤，为我挪出了一个位置。屋里毕竟比野外暖和多了，只是刚才被冻僵的双脚此时变得疼痛难挨，我怎么也无法入睡。

"你怎么了？"坐在我身旁的一个陌生人转过头来问我。

"我的脚趾冻坏了，"我没好气地说，"靴子漏了。"

这位陌生人并不在意我的态度，仍然热情地向我伸出了手："我叫厄尔，是从堪萨斯的威奇托来的。"之后，他跟我聊起了自己的家乡、家人，以及自己的流浪经历……厄尔先生的健谈似乎缓解了我身体的不适，我不知不觉睡着了。

这个小镇并没有给我们一份工作。盘桓数日以后，我又登上了去堪萨斯方向的货车——厄尔先生也在这趟车上。火车渐渐地驶出了落基山区，进入了茫无边际的牧场。天气也越来越冷了，我只有不停地跺脚取暖。不知什么时候，厄尔先生已经坐在我身边了。他关切地问我："你家里还有什么人？"我告诉他，家里还有父亲和一个妹妹——是个穷得叮当响的农家。

厄尔先生安慰我说："不管怎样的家也总是个家呀！我看你还是和我一样回家去吧。"

望着寒星闪烁的夜空，我感到了一种从来没有过的孤独。"要是……要是我能攒点钱买双靴子，也许就能够回家了。"

我正想着家庭的温暖的时候，发觉脚被什么东西碰了一下。低头一看，原来是一只靴子——厄尔先生的。

"你试试吧，"厄尔说，"你刚才说，只要能有一双像样的靴子你就能回家了。喏，我的靴子尽管已经不新，但总还能穿。"他不顾我的谢绝，一定要我穿上。"你就是暂时穿穿也好，待会儿再换过来吧。"

当我把自己冰凉的脚伸进厄尔先生那双体温尚存的靴子时，立刻感到了一阵暖意，我很快在隆隆的火车声中睡着了。

等我醒来时，已经是次日凌晨了。我左顾右盼，怎么也找不到厄尔先生的身影。一位乘客见状说："你要寻找那个高个子？他早下车了。"

"可是他的靴子还在我这儿呢。"

"他下车前要我转告你：他希望这靴子能陪伴你回家去。"

我怎么也不能相信，世上确实还有这样的好人：不是将自己的多余之物作施舍，而是把自己的必需之物奉献他人，为了让他能有脸回家去！我想象着他一瘸一拐地穿着我的破靴在冰水里跋涉的情形，不禁热泪盈眶……

这半个多世纪中，我和厄尔先生再也无缘相见，但在我的心中他永远是我最重要的朋友，而这双靴子则是我这一辈子得到的最贵重的礼物。

一生何求

□毕啸南

年幼时，我随父母搬迁到乡下生活，那座院子里有一棵野桃树。起初它只有半尺高，长在墙角，歪歪扭扭的。父亲说可能是哪只鸟衔来的桃核生了根，便要把它除去。母亲却说，一条命哪怕是意外，也有活下去的权利。父母仁慈，这棵树便兀自生长起来。

第三年春，桃树已蹿到父亲肩膀那般高，它稀稀拉拉地开了几朵花，粉而不娇，缀在疏影横斜的枝丫上，别有一番意趣。我与母亲都爱它。可过了几个月，它的两根树枝竟越墙长到了邻居的院子里。它结的果子又酸又涩，并不招人喜欢，母亲只得笨手笨脚地拿起锯子把那两根斜枝锯掉。她一边锯着，一边念念叨叨："你有你的命呀，你再努力也长不成参天的树呀！"我在一旁听得糊涂，只是懵懂间好像明白，那堵院墙便是一道命运的天界。

桃树显然不领母亲的情。它长得野蛮，又一年，它的根茎扎裂了墙角，父亲便再也不顾母亲的劝阻，拿锄头刨了它。

我长大后，时常想起这棵野桃树。

它本是一颗弃果，被一只鸟衔到一处泥土肥沃的院子里得以生长，又凭着生命的本能与不懈努力，长成了一棵开花结果的树。母亲的一念之仁是它的运气，它运起了，却不知止，不知它的命格早已注定。它如果不去无节制地生长，或许也不至于一朝命殒、悲情落幕。但有时我又想，那棵野桃树或许并不后悔它的选择，它虽是一颗野果，却并不甘心一辈子困于一隅。那么它若是一棵结满了肥大鲜美的果子的树，命运是否会有所不同？

它启蒙我思考生命，我却并没有替它寻到答案。人如此树。一个人是谁，追求什么，如何选择，这些总和便构成了人的一生。

总有一些温暖，
暖了你整个青春

巴尔扎克的咖啡壶

□张 生

去法国，我住在15区的夏合乐·米歇尔广场附近，有天在查看地图的时候，无意中发现巴尔扎克的故居就在与我一河之隔的16区，也就是帕西区。

据说，当年巴尔扎克为了躲避债主追债，1840年至1847年间，隐居在当时还是乡郊的帕西村。巴尔扎克住的这间屋子，除了正门，还有一个侧门通往室外——债主前来讨债时，他可以随时消失。他在这里修订了《人间喜剧》，还写了《搅水女人》《贝姨》等作品。步行去故居只需二十多分钟，这让我十分惊喜。因为我是巴尔扎克的忠实书迷，他的那些伟大的小说已经伴随了我的半生岁月。

年轻时，我曾非常痴迷他的《绝对之探求》，对主人公不顾一切地投入到自己心爱的化学研究的事业感慨不已。后来有了孩子，越来越喜欢《高老头》所表达的高老头对两个女儿的那种无条件的呕心沥血的爱。现在的我，又非常喜欢《驴皮记》里所探讨的生命和欲望的关系等问题。

所以，午饭后，我就顺着利努瓦路走过横跨塞纳河的格乐纳乐桥，到雷诺路后右拐，又走了几分钟就到了莱努合大街47号的"巴尔扎克之家"。

巴尔扎克故居外有扇铁门，进去后就是接待室。因为房子是建在下面山坡的平地上的，所以我就直接沿着室内的楼梯下到了楼下，走出楼梯后，一眼就看到了前面的巴尔扎克故居。这是间不小的平房，有着灰黑色的屋顶，绿色的窗户和门，还有个长满植物和树的小花园，有很多游客坐在花园的椅子上晒太阳，聊天，有的还坐在躺椅上看书。更远的地方，可以看见埃菲尔铁塔耸立在巴黎的蓝天之下。只是巴尔扎克生前并没有看到这座后来成为巴黎标志的铁塔——生于1799年的他，早在1850年就已经以51岁的年龄离世，而埃菲尔铁塔要到1889年才建成。不然，热爱时尚且有着与时俱进的精神的巴尔扎克每天看着埃菲尔铁塔，肯定会灵感四溢，在《人间喜剧》里增加一部名为"埃菲尔铁塔"的洋溢着金钱气息的商战小说亦未可知。

这层平房有五个房间，楼下还有两层。除了摆放着巴尔扎克的一些雕塑、照片、手稿，出版的书和插图，还有一些巴尔扎克生前使用过的物品。比如爱时髦的他花700法郎巨款购买的那把著名的绿松石拐杖，有人说上面刻有巴尔扎克勉励自己的格言"我将摧毁一切障碍"，卡夫卡还据此发挥说，"一切障碍都可以把我摧毁"。但手杖上面似乎并未刻有这句话的字样，而下面的文字说明也并未提到这句话，只能让人对这则逸事姑妄听之吧。这把手杖镶嵌着绿松石和黄金的杖头可以打开，博物馆解释说因为绿松石与女性有关，里面可能放着巴尔扎克情人的照片，或者情人的一缕秀发，但我觉得就是放着债主的账单也未尝不可。至于他在家里夜以继日用来工作的写字台——这张写字台并不大，就像个大点的茶几，而巴尔扎克当初就是在这张小小的桌子上写下了不朽的巨著。此外，还有巴尔扎克去世后做的青铜的手模。我伸出手，好像也看不出巴尔扎克的这只手和我的手有什么不同。或许一位伟大的作家与我这样的普通人相比，更多的在于心灵的伟大，而不在于手有什么区别吧。

当然，我最感兴趣的，还是展品中一个有着高高底座的咖啡壶。壶上有他的姓名的首字母"HB"的花体纹样，白色的陶瓷壶身，边沿和壶座上有着深红色的饰带，很像我们泡茶用的茶壶，不知道工作原理是什么，也许是把放有咖啡粉的壶放在下面的壶座的火上煮吧。但不管怎样，巴尔扎克写作的灵感和力量有很多就是来自这个看似一般的咖啡壶。

因为，作为作家，巴尔扎克异常勤奋，他在这个远离喧嚣和债主们的敲门声的地方，疯狂写作。莫洛亚的《巴尔扎克传》里说，巴尔扎克每天半夜起床开始工作，写到早上八点简单吃点东西，接着马不停蹄地工作到下午五点，吃过晚饭后，到八点他才休息，睡上四个小时，半夜十二点又起来工作。在这种可怕的效率下，他四十天写了五卷书。而这其中除了他内心的创造的激情，以及债主的追讨，出版商的诱惑，咖啡也起了不可替代的作用。巴尔扎克曾说自己每天喝三杯浓咖啡，咖啡除了给他灵感，也让他感到胃痉挛，血在燃烧，脸色焦黄。还有就是他因为勤奋工作而发胖，成了一位胖大叔。展览馆里有一尊巴尔扎克的胖胖的雕像和一张漫画，他挺着圆滚滚的肚子，手握他那根夸张的大绿松石手杖，像个弥勒佛一般笑嘻嘻地站着。我觉得这不仅是夸张的传神之作，很有可能就是写真。或许，后来巴尔扎克不得不永远放下手中那支勤奋的笔，也与心脏肥大症有关。

从展览室出来，可能是受到了巴尔扎克的咖啡壶的刺激，我很想在接待处楼下的"玫瑰面包咖啡馆"喝杯咖啡。而有意思的是，咖啡馆的玻璃门上就写着巴尔扎克的《论现代兴奋剂》中的一句话："咖啡是一台内心的烘焙机。"但是当我推门进去，发现里面坐满了人，有很多学生样的人在用电脑写作，也许他们也想在这里汲取一点巴尔扎克的灵感吧。我只好带着遗憾离开了。

我想起前几天去拉雪兹公墓时与巴尔扎克的相遇。当我站在他的墓地前，想到我看过他的那些小说里栩栩如生的人物和场景，总觉得他似乎并未死去，而埋在这里的，只是他曾经使用过的身体，他的灵魂却早已飞升。

当年，雨果也曾站在这里，深情地悼念他这位胖胖的朋友："从今以后，他将和祖国的星星一起，熠熠闪耀于我们上空的云层之上。"而雨果这么说巴尔扎克是有理由的，因为："生前凡是天才的人，死后就不可能不化作灵魂！"我觉得，雨果说得没错。

在一朵雪花上轮回

□许俊文

在季节周而复始的轮回中，雪，早春它是檐前滴滴答答的雨水；暮春，它是烟色迷蒙的谷雨；初秋，它是草尖晶莹剔透的白露；深秋，它是叶上的寒露与白霜。一朵来到世间的雪花，循规蹈矩地走着一条上帝设定的路线，它不走偏锋，也不绕道而行，在周而复始的生命轮回中，遵循着自然的律法，它自己也成为别人的律法。

总有一些温暖，
暖了你整个青春

大多数的焦虑，来自"更好"二字

□ 若 杉

我很喜欢电影《海上钢琴师》，每一次看的时候，都会在内心激起不小的波澜。影片的主人公"1900"是一个被遗弃在邮轮上的孩子，负责在邮轮上添加煤炭的工人丹尼·博德曼将他救起并独自抚养。从此，"1900"在海上度过了一生。在陆地上，"1900"是个从未存在过的人，没有亲人，没有户籍，也没有国籍，大海便是他的摇篮。好在有天赋为伴，他无师自通地学会了弹钢琴，技艺之精湛让很多人叹服。尽管好友马克斯无数次鼓励他走下船，向全世界展现自己的天赋，"1900"却不为所动。仅有的一次，他下决心走下船，却在即将走下舷梯的时刻驻足，他观察着整个城市，来往的人、数不清的街道、热闹的叫卖声……随即他返回邮轮，从此再未离开。

很久以后，他向马克斯解释自己返回的原因时说："那天在舷梯上的感觉很好，我决心下船，意志坚定，这些都不是问题。我并不是因为看到了什么才停下，而是因为我所看不到的。漫无边际的城市，可以说什么都不缺，就是没有尽头。我看不到东西的尽头，世界的尽头。比如说钢琴，琴键有始也有终，你知道琴上有88个键，一个不多，也一个不少，琴键是有限的，在这些琴键上所能创造出来的音乐是无限的。我喜欢这个，也是我愿意做的，但是我站在舷梯上，摆在我面前的琴键有成千上万，永远也数不完的琴键，根本就没有尽头，这个键盘太大。而在这个无限大的键盘上，你根本就无法去演奏。你看那成千上万的街道，你怎么知道要去选择走哪一条，你要怎么去选择一个人、一栋房子、一片属于自己的天地、一片窗外的风景和一种离去的方式？我出生在船上，世界从我身边经过，但一次只有几千人，这里有梦想，而又永远不会超出船头，你可以在有限的钢琴上表达出无限的快乐，这才是我的生活。陆地对我来说是一艘太大的船，就像旅途太长、香水太浓，这些曲子我不知道从何弹起，我永远都离不开这艘船。"

这段话，我反复看过很多遍，既觉得震撼，也觉得羞愧。我们生在陆地，一出生便看着无数的街道，无数的人怀揣着无数的梦想，以为世界无限大，我们可以任意翱翔，于是想都不想地加入了各种竞争，一路狂奔。可是，我们真的知道应该如何选择吗？

要走哪一条路？要和哪一个人共度人生？要去实现怎样的人生意义？更重要的是，我们的极限在哪里？我们自以为知道，或者从来都以为世界是没有极限的，所以追求一个又一个的"更好"。可是，无限挑战极限除了让自己更焦虑，有时候也很容易让自己失去一个坐标，以为生命和幸福的方向永远在缥缈的远方。这段话甚至有些讽刺。"1900"看似漂泊，从出生起就随邮轮无数次在海上往返，但是他的内心始终知道自己的坐标在哪里，要演奏怎样的乐曲。而我们的坐标呢？当然，我并不认为大家应该放弃对更好的追求，而是在这个过程中，我们应该明确自己的坐标在哪里，并且清楚自己的极限所在。除此之外，我们还要找到自我，花时间来认识自己，这样就不会轻易动摇，也不会轻易迷失。

生命有无数的"更好"，但并不是所有的"更好"都适合自己。那些"过长的旅程"和"过浓的香水"只会消耗我们的精力，不会让我们更幸福。

愿每个人都能找到自己生活的坐标。

天空是被打捞起的海

□楚青燃

清晨，穿过稻田，我总能与湛蓝的天相遇。云尚未醒来，晴空澄净，吹着柔和的风，矢车菊的蓝一直蔓延到青色的山尖。偶尔也会有早起的云，拖着笨重的躯体，竭力从山的那边攀爬过来。每当这时，一些裹满灰尘的往事就悄然探出头来。

外婆以前最爱陪我坐在天台上，仰望一片蓝天，诉说着心事。外婆一把年纪，她可能无法理解我的烦恼，也不对我讲老生常谈的大道理，只是搬着小凳子，坐在屋前挑菜，等我归来。

我背着包，穿过一畦畦菜地，遇见田野，也在橙黄的天空下，见到笑容满面的外婆。她伸手接过我的包，嘴里念叨着："去洗手吃饭，我做了你爱吃的南瓜苗。"然后，她又去院子的石桌上拿来邻居送来的水果。我看着晚霞染黄了她的头发。饭后，我们颇为默契地坐在楼顶，她忙着针线活，我则观察天空这个可怕的庞然大物。有时，周末起得早，我还幸运地遇上日出。更多时候，就是在晚饭后，我们倚着斑驳的墙，看无尽的晚霞一点点燃遍天际。我也悄悄与天空分享我的沉默，我知道，它会懂的。

可那样的日子并不多。人生总有一场雨肆虐成洪水，淹没了五脏六腑，浸泡了双眼。下着下着，雨水浇灭了外婆的灯。临别时，她竭尽全力握住我的手，像一截枯木紧紧地抓住一个春天，什么也没说。她走后，我成了流浪者，在漫天的灰烬里忍着泪，背着行囊慢慢走远。

钢筋森林的天空总是灰扑扑的，即使是晴天，也少了点澄净。我的座位时常被安排在窗边，我总爱抬头，看窗框将天空分割成几块，每一块都藏着我不可言说的心事。

那时，有个男孩与我同桌。他有着风一般的温柔，笑起来，嘴角的梨涡让人眩晕。我沉醉在他给我讲题的认真里，却始终不敢直面这场怦然心动。某次看晚霞时，我发现窗户上正映着他线条分明的侧脸。晚霞肆无忌惮地渲染着天空，我看天空，看窗，看他伏在书桌上，弓起的背如同天边的山峰，又似一朵孤独的浪。

我鬼迷心窍地伸笔，戳了戳男孩的背。他转过脸，我指了指窗外的风景，"晚霞很好看。"他笑了笑，抬头望向属于我的那框天空。小小的窗框里，装着身穿白衬衫的我们。

我眨了眨眼，下一秒，我们就被不可抗拒的洪流冲散，什么都没留下，只剩下晚霞。来不及伤感，风一吹，红色的倒计时牌就翻到了最后一页。在六楼二十一班的第四排靠窗的位置上，我目视着天际的白云坠落在桌子上，化作哗哗作响的数学答题卡。蓝天，蓝得刺眼。我捂着眼，泪却从指缝里渗了出来。

踩着年少的路，我又回到那栋房子。不长不短的一段路，足够我将来路回忆了个遍，酸酸甜甜的滋味布满了心头。我躲在楼顶看万里晴空，想起从前我和外婆相伴的沉默时光，忽然就有了面对落榜的勇气。

如今，骑车路过稻田，风轻拂过脸庞，我忍不住叹息，忽然就觉得，空荡荡的蓝天像被打捞起的海，广阔辽远。在它的凝视下，人显得越来越渺小，一生像一朵云，在晴空漂泊，这朵云走了，下一朵云又蓄势待发，踩着前人的足迹继续前进。每个人都是这样子，孤独地流浪着。有时，我们只顾着向前走，也会忘了自己的路。没关系，记得抬头看看天空，看看这片被捞起的海，它会告诉你答案。

蕉鹿之梦的故事

□黎 荔

有一个生僻成语——"蕉鹿之梦"。出自古代的一个典故,讲的是郑国有个樵夫在野外砍柴,碰到一只受惊吓的鹿,迎上去打死了它,又怕人瞧见。匆忙中把鹿藏到干枯的池塘中,用柴火盖好,高兴极了。可不久,他就忘记了藏鹿的地方,自以为这是一场梦,一边走嘴里还一边唠叨这事。路上有人听到了,这路人顺着他的言语线索真的找到了这只鹿。

这个成语最早出现在《列子·周穆王》这本书里。这本书是战国时期的列御寇写的,里面记录了很多关于周穆王时期的故事和传说。其中就有这个"蕉鹿之梦"的故事。原文是这样的:"郑人有薪于野者,偶骇鹿,御而击之,毙之。恐人见之也,遽而藏诸隍中,覆之以蕉。不胜其喜。俄而遗其所藏之处,遂以为梦焉。顺涂而咏其事。傍人有闻者,用其言而取之。"后来这个故事被人们提炼成了"蕉鹿之梦"这个成语。

"蕉"应同"樵",其实鹿是藏在柴火下,但私心觉得蕉叶更美——一只鹿藏在芭蕉叶下面,若隐若现,到底存不存在这只鹿呢?人生如梦,"蕉鹿之梦"其实是一个关于人生的话题。这个故事的深意,类似于《枕中记》里的黄粱一梦,《河东记》里的樱桃青衣,《庄子》里的庄周梦蝶,以及我们所熟知的陶渊明的桃花源。"一场春梦"是中国文学史上的重要主题与布局,而曹雪芹《红楼梦》也许是将这种人生如梦、人生如戏的思想发挥到极致的文本。一部《红楼梦》,从梦游开始,以梦醒结束。全书以神话为起点、支点和终点的结构主框是梦化的、超俗的,整体的大梦中又贯串着一系列大大小小的梦,真是梦中说梦梦几重,以至最后醒觉,仍让人惝恍迷离,终篇混茫。

"蕉鹿之梦"这个故事还有如梦一般的后续。听别人说梦中之鹿的路人,跑到那个地方,真的找到了死鹿,带回家中告诉妻子说:"刚才有个砍柴的说梦见打死了一只鹿,却忘记了藏在什么地方,我去找找看竟真的找到了鹿,看来他真的在做梦。"他妻子说:"怕是你梦到砍柴的打到鹿了吧,这附近哪里有砍柴的,现在我们得了鹿,是你的梦想成真了吧?"他说:"反正我们真的得了只鹿,管它是他做梦还是我做梦。"

樵夫回到家后,不甘心丢掉鹿,晚上梦到了藏鹿的地方,又梦到拿他鹿的人。第二天一大早,就依着所做的梦去找,找到了那人和鹿。两人争执不下,为这只鹿属于谁而打起了官司。法官也左右为难,判他们二人各分半只鹿。这事儿也传到了郑国国君耳中,国君说:"嘿嘿!这法官也是梦中做的判决吧?"

国君去问法官,法官的回答是:"梦与不梦,是我所不能分辨的。如果要分辨觉与梦,只有圣人如黄帝、孔子。如今已经没有黄帝、孔子了,谁又能够清晰地分辨呢?"于是,故事的最后,还是按照法官的裁决方法,将这只鹿一分为二了,一半给樵夫,一半给路人，一半给梦境，一半给现实。"蕉鹿之梦"这个故事，以"梦"覆盖全篇，构成整个故事的叙述总框架，在真幻交错之间，形成一种张力，幻象越浓，则里外的张力越强，越是在梦与醒之间寄托了深沉感触。

在这个故事中，砍柴的人、得鹿的人及至郑国国君等，不是把真实的事当梦，便是把梦当真实的事。后世因以"蕉鹿梦"喻指迷离梦幻的人间；也指人生的得失、荣辱无常以及虚幻的人世富贵。"蕉鹿之梦"所比喻的那种虚幻、迷离的感觉，在现实生活中，我们有时候也会感觉到。比如明明记得很清楚的事情，结果却发现是自己记错了；或者明明觉得不可能发生的事情，却偏偏发生了。这时我们就可以用"蕉鹿之梦"来形容那种感觉。

梦与醒，幻与真的问题，早在春秋战国时期，已是庄子、列子们的大问题；他们对"蝴蝶梦""蕉鹿梦"的反省，对后代有极大的启发。尘土梦，蕉中鹿，是辨不清，还是不愿辨清？蕉叶绿，麝香褐，绿色的蕉叶覆盖着褐底白点的鹿，鹿已经死了，却仍跳跃奔跑于樵夫的梦境与现实中。在梦的边境线上，蕉与鹿的图像，鲜明而又缥缈，短促而又漫长，在真幻交织之间，浮升起一层爱怨皆空、荣辱无常、人生如梦的烟雾。

叹塞翁失马，祸也福也；蕉间得鹿，真欤梦欤？我相信，人生定比我们现实所见的，更为自由，更为丰富，也更为神秘，但蕉间梦醒，桃源路杳，我也只有以梦写梦，以幻证幻而已。

荒　野

□ [英] 罗伯特·麦克法伦　译／王如菲

1960年，历史学家和小说家华莱士·斯特格纳写了一篇文章，后来被称为《荒野信》。他在其中这样说："我们需要荒野，是因为荒野会提醒我们，人类世界之外还存在一个世界。森林、平原、草原沙漠、山脉，这些景观能给人一种超越自身的宏大感，这种感觉在当今社会几乎丧失。

但这样的景观已经越来越少，斯特格纳写道，"残存的自然世界"仍在"逐渐被侵蚀"，侵蚀的代价则不可估量。如果所有的荒野都消失了，我们就再也没有机会"感受到自己在这个世界上是单一的、独立的、直立的、个体的存在，不能再感受到我们是由树木、石头和土壤所构成的环境的一部分，是飞禽走兽的兄弟，是自然世界的参与者并且完全融入其中"我们将全心全意、一往无前地投入那种技术化的、白蚁般的生活，投入完全由人工所控制的"美丽新世界"。

斯特格纳总结道："我们仅仅需要乡野留存在那里，即便我们只是开车到荒野的边缘，冲里面看一看，也足够了。因为荒野能给予我们安慰，让我们知道自己仍保有作为人的心智，这属于希望的地理学。"

总有一些温暖，
暖了你整个青春

两个"问题少年"的命运

□孙卫卫

名著《西游记》中的妖怪都是从哪里来的？主要有两类：一类是天上的神仙或者神仙的坐骑、童子下界，一类是当地山林河湖里的野妖。不过，其中也有两个妖怪很特别，他们之所以成了妖，和家庭环境有密切的关系。

这两个妖怪，一个是红孩儿，一个是小鼍龙。

红孩儿只有七岁，却独自住在号山枯松涧火云洞。他为什么没跟父母在一起？原来，他的父亲是大力牛魔王，而母亲则是翠云山芭蕉洞的铁扇公主罗刹女。照理说，一家三口本该相亲相爱、其乐融融。但是牛魔王又看上了积雷山摩云洞的玉面公主，所以干脆就常住摩云洞，很少回罗刹女那里了。因此，罗刹女的"火"很大。而且，她就靠这把火维持生计，八百里火焰山，其实就是她的"炉火"！

红孩儿呢？小小年纪便经历这样的家庭变故，父母失和，肯定也让他既失望又无奈。这个家真是没法待了。于是，红孩儿离家出走。从此，一家三口，每人各守一洞。

红孩儿也有自己的秘密武器，这个武器也是"火"——三昧真火。红孩儿为什么会有火？因为他正值少年，他得不到亲人的爱，他看不懂这个世界，他叛逆了。所以，红孩儿的三昧真火是"叛逆之火"。

正因为红孩儿的三昧真火是叛逆之火，所以一般的水对它根本不起作用，孙悟空也拿他毫无办法。最后，只得请观音菩萨出面，用玉净瓶装了一海的水，才将它浇灭。

而要收服这位叛逆少年，菩萨采取了什么办法呢？

观音菩萨让木叉把李天王的天罡刀借来，暗藏在莲花台下，让红孩儿坐上去。

那妖精，穿通两腿刀尖出，血深成汪皮肉开。好怪物，你看他咬着牙，忍着痛，且丢了长枪，用手将刀乱拔。行者却道："菩萨呵，那怪物不怕疼，还拔刀哩。"菩萨见了，唤上木叉："且莫伤他生命。"却又把杨柳枝垂下，念声"唵"字咒语，那天罡刀都变做倒须钩儿，狼牙一般，莫能褪得。那妖精却才慌了，扳着刀尖，痛声苦告道："菩萨，我弟子有眼无珠，不识你广大法力。千乞垂慈，饶我性命！再不敢恃恶，愿入法门戒行也。"

红孩儿虽然表示愿意归顺，但是叛逆少年就是叛逆少年，刀一退去便又反悔。菩萨只得拿出最后一个金箍儿，一个变五个，分别套在他的头上、两手和两脚上，靠"金箍儿咒"制服了他。接着，菩萨又使法术，使红孩儿的双手当胸合掌，再也不能打开！更叫他一步一拜，直拜到落伽山为止！

《西游记》第四十二回的回目叫《大圣殷勤拜南海 观音慈善缚红孩》，观音菩萨对这样的"问题少年"如此用强，是否真的能让他洗心革面、"重新做人"？

至少，红孩儿的家人不这么认为。

孙悟空去找铁扇公主借扇子，铁扇公主得知他是孙悟空后，便破口大骂："你这泼猴！既有兄弟之亲，如何坑陷我子？"（《西游记》第五十九回）还口口声声说红孩儿被孙悟空害了，正找他报仇呢。也正因如此，铁扇公主才不愿意借扇子给孙悟空。

还有一次发生在摩云洞，孙悟空在这里见到了牛魔王。牛魔王本是孙悟空在花果山时期的结义兄弟，照理说应该有些情面。但是牛魔王同样对孙悟空非常恼火，责问他："怎么在号山枯松涧火云洞把我小儿牛圣婴害了？"（《西游记》第六十回）几句话未合，两人便打将起来。

小鼍龙比红孩儿还惨。小鼍龙是泾河龙王最小的儿子。泾河龙王因与袁守诚打赌，违背玉帝圣旨而被斩首。父亲死了，母亲无处安身，他只得跟着母亲来到二舅舅西海龙王家里。后来小鼍龙的母亲也病死了，小鼍龙更是被舅舅"外派"到了黑水河。要知道，这个黑水河本来是有主的，因此，把小鼍龙派到黑水河，意思显然就是：你有本事你就抢，没有本事就自生自灭吧。

于是，小鼍龙只能落草为寇，由原来的龙子变成了妖怪。小鼍龙在抓到唐僧后，还写了一份请柬，隆重地邀请二舅爷来吃唐僧肉，显得非常孝顺。小鼍龙为什么要这么做？因为他缺爱。所有的"问题少年"，内心深处其实都是渴望被爱的。

可惜，这位二舅爷毫不领情。在得知外甥抓了唐僧后大惊失色，还派太子摩昂亲率兵马来讨伐小鼍龙。见到了摩昂，小鼍龙仍然和颜悦色，表哥长表哥短地叫着，还问舅舅怎么没来。他的心里，是多么渴望重新获得家庭的温暖啊！但是，摩昂太子怵于孙悟空的威名，对表弟破口大骂，要他立即交出唐僧："若有半个'不'字，休想得全生居于此也！"（《西游记》第四十三回）可想而知，此时的小鼍龙，内心是多么失望，又是多么绝望！

小鼍龙说："从今以后，我也没什么亲人，也不去请什么客了，自家关着门，想怎么吃怎么吃！"

他希望有亲人，可是，热脸贴了冷屁股，讨了个没趣。他的心，已经死了。

表哥摩昂带领众海兵拿住了小鼍龙，把他交到孙悟空面前。小鼍龙给孙悟空跪下，求孙悟空解开绳索，他好去河里放唐僧出来。可还没等孙悟空发话，摩昂却说："大圣，这厮是个逆怪，他极奸诈，若放了他，恐生恶念。"（《西游记》第四十三回）于是，小鼍龙被摩昂押着，回转西洋大海。

一个表哥，一个表弟，儿时也曾是亲密的玩伴。如今，一个是太子，一个是妖怪；一个是座上客，一个是阶下囚。

小鼍龙被抓到了，红孩儿的双手也被定住，两个"问题少年"似乎都不再是问题。然而，他们只是暂时被压制，谁知道他们的内心是什么样的呢？他们可有真正的未来？

如果有机会，他们会不会偷偷下界，重新为妖？

"问题少年"形成的原因是多方面的，他们最缺的是关心、尊重和爱，一味地"堵"是没有用的。

大道无术

□ 王 蒙

大道无术，是说合乎大道、接近于掌握大道的人，不必整天动心眼儿。大道是什么？就是不以你的意志为转移的规律。万物的兴衰、消长、盈亏、沉浮、胜负、通变，是被你的主观意愿之外的许多因素决定的，个人的心术对这样的客观规律的作用几乎等于零。

在人生的竞争、征战、比赛中，你靠什么取得应有的成绩乃至胜利？是靠提高自己还是靠降低自己？提高自己，就是说各方面有一个基本的界限、基本的原则、基本的态度，于是，决决乎，浩浩乎，坦坦荡荡，言必有中，行必有定，无往而不胜；降低自己，就是搞一些小花招、小手段、小阴谋诡计，成就于一时，丢人现眼于长久。

总有一些温暖，
暖了你整个青春

新的独立

□张 丰

前几天我和父亲视频通话，他没说几句就想挂断，"等你回来再说吧"，让人感觉颇有隐情。

两天后谜底揭晓，妹妹告诉我："老家的院子和厨房都拆了，很快要动工重建。"原来父亲隐瞒的是这个"重大新闻"。

老家的房子一直落后于村里的平均水平，看来父亲这次是下定了决心——改建后会有卫生间和洗澡间。他之所以隐瞒，最重要的原因是怕我们出钱。

这么多年来，父母刻意维持一种"财务独立"的人设，任何事都坚决拒绝子女出钱。即便全家去镇上的饭店吃一次饭，父亲也要坚持买单。

去年我回老家过年，到亲戚家给小孩发的压岁钱，也是父亲给的现金——他拒绝我的偿还请求。

这造成一种奇怪的局面：我们成年后，坚决不要父母一分钱，而父母也不要我们的钱，双方几乎没有"经济往来"。这种刻意的姿态，有时甚至会发展为轻微的争执。

后来，我明白了父母的心思，反而率先放弃了独立。比如，离家的时候，接受他们几十块钱的现金，"路上买饮料"。这样，他们会更加开心。

小时候，父母对我们的教育目标就是"独立"。我们成长于20世纪80年代，21世纪初参加工作时，正处于一个社会剧烈变动的时期。

父母的生存经验囿于乡村，无法给我们提供更多的人生指导。我读高中时，父亲很认真地对我说："以后的路，只能靠你自己走了，因为我的能力也就到这儿了。"

他说到做到，此后不管是填报高考志愿，还是找工作、读研、辞职，我们都独立决策，最多做到"事后通报"。其实，父母对"独立"的定义非常简单，就是在经济上"养活自己"。

我们虽然过着平凡的生活，却都实现了父母的愿望。也正因如此，父亲从小学教师的职位上退休后，日子可以说过得轻松自在。

父母迎来了"新的开始"。他们最大的追求，就是不给子女添麻烦。如果子女不"恳切请求"，他们就不会离开老家到外地探望。母亲的想法让人悲伤："如果去世，最好就在老家吧。"

从子女的角度来看，关爱父母，或者在经济上予以支持，都是应该的。但是，对老年人或者身为父母者而言，"追求独立"也至关重要。

不依赖子女，更不试图"统治"子女，这会获得一种自在和自由。想起父亲偷偷做出的重大决定——改建、升级院子和厨房，我就为他高兴。

父亲75岁了，还在追求"更好的生活"，有什么比这更让人愉快的呢？

笔墨童年

□ 余秋雨

在山水萧瑟、岁月荒寒的家乡，我度过了非常美丽的童年。千般美丽中，有一半，竟与笔墨有关。

这里冬天太冷了，河结了冰，湖结了冰，连家里的水缸也结了冰。就在这样的日子，小学要进行期末考试了。破旧的教室里，每个孩子都在用心磨墨。磨得快的，已经把毛笔在砚台上蘸来蘸去，准备答卷。那年月，铅笔、钢笔都还没有传到这个僻远的山村。

磨墨要用水，教室门口有一个小水桶，孩子们平日上课时天天取用。但今天，那水桶也结了冰，刚刚还是用半块碎砖砸开冰面，才哆哆嗦嗦将水舀到砚台上的。孩子们都在担心，考到一半，砚台结冰了怎么办。

这时，一位乐呵呵的男老师走进教室。他从棉衣襟里取出一瓶白酒，给每个孩子的砚台上都倒几滴，说："这就不会结冰了，放心写吧！"于是，教室里酒香阵阵，答卷上也酒香阵阵。我们的毛笔字，从一开始就有了李白余韵。

其实岂止是李白，长大后才知道，就在我们小学的西面，比李白早四百年，一群人已经在蘸酒写字了，领头的那个人叫王羲之，写出的答卷叫《兰亭集序》。

后来，学校里有了一家图书馆。由于书很少，老师规定，用一页小楷，借一本书。不久又加码，提高为两页小楷借一本书。就在那时，我初次听到老师把毛笔字说成"书法"，因此立即产生误会，以为"书法"就是"借书的方法"。这个误会，倒是不错。

当时，学校外面识字的人很少。但毕竟是王阳明、黄宗羲的家乡，民间有一个规矩，路上见到一片写过字的纸，哪怕只是小小一角，哪怕已经污损，也万不可踩踏。

过路的农夫见了，都会弯下腰去，恭恭敬敬地捡起来，用手掌捧着，向吴山庙走去。庙门边上，有一个石炉，上刻四个字：敬惜字纸。石炉里还有余烬，把字纸放进去，有时有一簇小火，有时没有火，只见字纸慢慢变得焦黄，最终化为灰烬。

家乡近海，有不少渔民。哪一个季节，如果发愿要到远海打鱼，船主一定会步行几里地，找一个读书人，用一篮鸡蛋、一捆鱼干，换得一沓字纸。他们相信，天下最重的，是这些黑森森的毛笔字。只有把一沓字纸压在舱底，才敢破浪远航。

那些在路上捡字纸的农夫，以及把字纸压在舱底的渔民，都不识字。不识字的人尊重文字，就像我们崇拜从未谋面的神明，是为世间之礼、天地之敬。这是我的起点。

总有一些温暖，暖了你整个青春

爷爷的麦子

□ 爱 晴

尽管爷爷已年逾古稀，浑身上下还是透着年轻人的精气神，其原因有两个：一是他那片黄澄澄的麦田，二是他的宝贝孙女——我。

不错，爷爷是一位地道的农民。春华秋实，皆在他的双手上年复一年地延续着。

"麦子。"爷爷爱这么叫我，仿佛我就是他亲手播种的麦子。

爷爷还爱牵着我的手，去田间散步。

偌大的田野里，庄稼地一块挨着一块。当时六岁的我问爷爷："爷爷，你怎么分得清哪块地是我们家的呢？"爷爷捏了捏我的脸颊，说："傻麦子，我在自己的土地上干了一辈子，怎么会分不清呢？"我恍然大悟：爷爷每天天没亮便去地里干活了，想忘也忘不了。

我想，这是我首次接触"勤劳"这个词。

最棒的事莫过于金秋时节欣赏麦浪。那时，我和爷爷坐在田垄上，等待大风。我看见火红的夕阳在爷爷的脊背上勾勒出一条镰刀一样的弧度。

像钱塘江大潮般，密密麻麻的麦子如浪花般连天涌来。俗话说，"成熟的麦子总是低着头"，何况是爷爷种的麦子？它们扛着沉甸甸的麦穗，似乎在委婉地抒发着丰收的喜悦。不信你闻，麦子的甜蜜简直飘到了我的心坎里！

爷爷何尝不是如此？在这片生他养他的热土上，他点燃自己的青春，挥洒汗水，最后拥有实实在在的财富。

后来，我随父母来到城里上学。父母从超市买来的全麦面包和麦香味牛奶，全都经过精加工，失去了麦子原始的味道。而我心中的味道是正宗的麦香味，是爷爷的旱烟味，是故乡的泥腥味。

在我读小学二年级期间，有一天语文老师问大家："谁见过真正的麦浪？"

只有我一个人骄傲地举手。我站起来，口若悬河地描述麦浪如何在风中舞蹈，又情不自禁地畅谈我和爷爷在农村的点点滴滴……

我想爷爷了。

下课后，我按捺不住思念之情，给爷爷打电话。我说我和父母万事如意，可我总怀念和他一起坐在田垄上，一边聊天，一边欣赏麦浪的似水流年。可惜暑假已过，正值金秋，我不能回去……

电话那头沉默不语。孰料没过几天，爷爷竟风尘仆仆地从乡下赶来。当满面风尘的爷爷蓦然出现在我面前时，我猛地扑进他的怀里，开始号啕大哭。爷爷抱紧我，说："爷爷这就带你回家看麦子！"

爷爷的话对我来说无疑是个"惊雷"，令我心花怒放，可父母板起脸："爸，您都这么大年纪了，东奔西跑吃不消。再说，麦子想回去就回去，会把她宠坏的。"

爷爷急了，眉头拧成一个"川"字："我身体好得很。麦子的事怎么就不是我的事了？她在你们身边这么乖，这么简单的一个心愿，你们为什么不能满足……"

现在的我能够理解父母当时的立场。而爷爷从骨子里透出来的执着与爱，令当时的我感动不已。

终于，我如愿以偿地再次见到麦浪。像儿时一样，我和爷爷手牵手坐在田垄上，怀念那些沉甸甸的旧事。不变的田垄对我来说已有些显矮，而爷爷的背却比镰刀都弯了。

昨日重现，金色的麦浪在我眼前翻滚，随着丝丝缕缕的回忆，我开始追溯童年的梦乡。低头不语的麦子，一如既往地孕育着来年的希望。而我的希望是什么呢？是爷爷，是故乡，是未来，是麦子的馨香……

蚊子如何变大象

□[德]恩斯特弗里德·哈尼希　爱娃·温德勒　译/杨丽　李鸥

　　为什么看似无足轻重的小事会导致情绪爆发？答案很简单，因为我们并不知道引爆情绪的真正原因。它隐藏在过去的某处，被各种经验掩盖，我们的大脑会自动处理这些情绪，久而久之形成一种类似于"语感"的习惯，这种习惯影响了我们生活的方方面面，包括我们在什么场景做出什么样的行为，以及对某件事会有什么样的反应。

　　这种习惯也可以称为"认知框架"。认知框架是我们过往生活经历的总和。它和原生家庭以及个人成长经历息息相关，伴随我们的一生，而且很难被突破或改变。

　　在孩提时代，我们常被灌输这样的观念："满足他人的期望比表达自己的感受和需求更重要。"在这种观念中长大的人不会明白自己真正想要的是什么，可能会一直处于一种不快乐的状态。我们关闭了对自我感受的认知，只剩下对他人期望的敏感。这种情况在职场上尤为突出。白天我们受到角色和规则的约束，到了晚上就只想"安静"一会儿。

　　在这样的环境下，最微小的刺激都可能使我们暴跳如雷。我们将种种不满表达出来，通过解释和澄清来应对可能出现的指责。别人可能觉得我们小题大做，把蚊子说成大象，但如果没有这种审视内心活动的视角，我们就没有机会理解情绪背后的深层动因。

　　我们需要做的是多关注自己的情绪。尤其当我们经历了不愉快的事情，这种不愉快的情绪可能在暗示我们忽视了某种内在需求。就像呼吸空气一样，当我们爬山时，空气变得越稀薄，我们爬得就越费力，缺氧会迫使我们停下脚步。因此，当情绪突然变化时，我们应该停下来想一想，我们正处于什么样的状态，缺少什么，这对我们来说很重要。

总有一些温暖，
暖了你整个青春

研究宇宙的他，爱上孔子

□ 焦维新

1988年年初，75位诺贝尔奖得主在法国巴黎聚会。其间，曾获得诺贝尔物理学奖的汉尼斯·阿尔文在发言中表示："人类要生存下去，就必须回到25个世纪之前，去汲取孔子的智慧。"

这位喜欢孔子的科学家来自瑞典，在学术生涯中一直"反潮流"：别人研究光谱学的时候，他研究核物理；别人开始研究核物理的时候，他已经转向研究天文学和电子学了。正因如此，他的很多理论都遥遥领先于时代。

阿尔文可以算是天之骄子。1908年，他出生在瑞典北雪平市，父母都是医生。从升学到工作，他一路顺风顺水，26岁获得博士学位，32岁就成为斯德哥尔摩皇家理工学院的教授。

从很早开始，阿尔文就对天文学和宇宙物理学产生了兴趣。读研究生时，他提出宇宙辐射起源理论，相关论文于1933年发表在《自然》杂志上。人们如今对许多问题的解释，比如磁暴期间地球磁场如何变化、天空中为何出现极光、彗星尾巴是怎么来的等，都受到阿尔文的影响。

阿尔文开创了磁流体动力学，即研究电场和磁场存在下导电流体的动力学。他在等离子体物理学方面也取得了卓越成就，光是以他名字命名的专业概念就有一大堆：阿尔文波、阿尔文速度、阿尔文数、阿尔文层、阿尔文临界面、阿尔文半径……他的贡献还惠及受控热核聚变、粒子加速器、高超音速飞行和火箭推进等技术领域。

不过，就算是这样的天之骄子，在攀登科学高峰的路上也受过很多委屈。著名天体物理学家德斯勒说，早年间，尽管阿尔文对科学做出了巨大贡献，但他的想法总是被驳回或被人用傲慢的态度来对待。当时，很多物理学家对他的理论表示怀疑，多年来故意忽视阿尔文。不少期刊，特别是美国的期刊，甚至拒绝他的投稿。阿尔文无奈，只好经常在一些不那么知名的期刊上发表论文。

阿尔文最著名的发现——阿尔文波，从提出到被科学界接受更是一波三折。1942年，阿尔文提出，等离子体中的磁场线就像拉伸的橡皮筋一样，可以传输波。这个想法遭到嘲笑，一些批评者冷嘲热讽地说，如果存在这样的波，著名物理学家麦克斯韦早就发现了。但阿尔文并未因此自我怀疑，6年后到芝加哥大学演讲时，再次讲述了这个概念。他花好几个小时，试图说服台下的听众，尤其是诺贝尔物理学奖得主恩利克·费米。起初，他并没有成功。但峰回路转，3周后，当他准备离开美国回瑞典时，他收到了费米寄来的明信片，上面只有简短的一句话："你说得对！"有人认为，正是这件事启发了费米提出宇宙射线起源理论。

然而，不是所有人都像费米一样愿意接受新鲜想法。阿尔文遇到的最有名的"拦路虎"是查普曼，后者坚决否定他的想法。查普曼是英国数学家，当时也是地球物理学公认的领袖，在科学界影响很大。当阿尔文提出磁暴和极光理论时，因为他的结果与基于查普曼数学模型的结果不一致，他的论文便被期刊拒绝发表。多年后，阿尔文仍不免耿耿于怀："同行评审制度在科学发展的平稳时期还算令人满意，但在天体物理学等学科发生革命时就不尽如人意了，因为当权者总是试图维持现状。"

阿尔文的一些想法至今仍不受欢迎。他反对宇宙大爆炸理论，提出"等离子体宇宙学"，这一概念认为宇宙没有开始（也没有可预见的结束），等离子体（具有电力和磁力）在将宇宙中的物质组织成恒星系统和其他大型观测结构方面，比引力发挥的作用更大。无论如何，阿尔文依然坚持勇敢地提出自己的想法。朋友和同事说，阿尔文是"一个温和而狂野的人"，生活中他彬彬有礼、谦逊有加，但在质疑既定理论、为自己的想法而战时很狂野。

阿尔文对科学的贡献最终得到了认可：1970年，他获得了诺贝尔物理学奖。

同年5月，阿尔文开始担任"帕格沃什运动"的主席。该组织是由世界著名科学家爱因斯坦、罗素等发起成立的，第一次会议于1957年在加拿大帕格沃什村举行，由此得名。其创办的宗旨是消除核武器及其他大规模杀伤性武器。阿尔文曾在瑞典提议发展核能，但后来对其长期安全性产生怀疑，再加上担心核战争，便加入了"帕格沃什运动"。

值得一提的是阿尔文和中国的缘分。阿尔文与夫人切斯汀十分喜爱中华文化，乐于与瑞典的汉学家们交往，还学习了一些中文。他曾透露，自己在瑞典有喝中国茶的习惯。他曾携夫人于1963年和1972年两次来华交流。晚年的阿尔文推崇孔子思想，在著作与演讲中多次援引中国儒家的观点。

1995年，阿尔文在瑞典家中因病去世，享年86岁。人们为了纪念他，将第1778号小行星命名为"阿尔文"。

正如他去世后《自然》杂志发表的一篇悼文中所说："阿尔文波几乎渗透到等离子体物理学的所有分支，几乎每个等离子体物理学家每天都会提到几次。无论你是否钦佩阿尔文，他都是不朽的。"

有漫长的冬天是一件好事

□ [日] 星野道夫　译 / 蔡昭仪

有漫长而酷寒的冬天是一件好事。如果没有冬天，人们就不会这么感谢春天的到访、夏天的极昼，还有秋日的美景了吧。如果一整年都鲜花盛开，人们就不会这么强烈地思念花朵。花朵会在积雪融化的同时一起盛开，那是因为在漫长的冬季，植物早已在雪地之下做好准备，蓄势待发。我想，人们的心灵也在黑暗的冬天里，累积了对花朵的满怀思念。在季节毫不停留地更迭交替时，我们可以停下脚步。这些季节的色彩提醒我们，人只能活一次。

树纹、裂痕与生命

□许艺菲

过去的我,很少刻意去关注一棵树的纹路。我与大多数人一样,爱从远处欣赏树木扎堆儿染就的片片浓绿,或从树底抬头看见叶片空隙间洒下的白亮光晕,也颇爱风过留痕,落叶摇曳飞舞。然而今日,我每看一棵树,最先留意的定是它的树干。乍一看,厚实、低调、缄默,撑起大片绿色的巨伞,颜色也是不引人注目的棕黑。细看之下,却能发现每一棵树的纹路都极其奢华,凹凸之间颇具艺术感,尽显大自然的鬼斧神工。单说棕榈树,有的树干树皮片片翘起,形成口袋一样的形状,环绕在树的周围;有的是一圈圈突起的白色细线;有的生满细缝,像老人家脸上的皱纹。

我对树纹怀有复杂而深沉的情感。高三那年,每到傍晚小测结束,同学们从教学楼赶到食堂吃晚饭的时间,我总是悠然地漫步在校道上,两手空空,旁若无人地凝视一棵年迈老树的树干,与周围行色匆匆的高三学子们格格不入。那棵老树的纹路是一条条波浪向上的线,不规则地盘曲旋转,时不时从中间断裂,又往上接续。它的树干茁壮而充满生机。我儿时爱看玄幻小说和绘本,因而总觉树木有灵,这位"老人家"能够感知我的情感,听见我的心声。所以我总会闭上双眼,用手轻轻抚着那流畅而温柔的纹路。没有特别的温度,枯而涩,带着一道道粗糙的裂痕,但每到此刻,我便感觉到好像有力量注入我的四肢百骸,使我又有精力面对枯燥乏味的生活。

不仅如此,我还会在心里与它对话。例如,"爷爷,我这次数学小测又有好多不会的,我真的还能进步吗?"又例如,"爷爷,你会保佑我顺利度过高三吗?"随即我仔细留意周围细小的声音,周围宁静得仿佛空气都停滞,有微风吹来,带动树叶簌簌轻响,被我当作老树爷爷的回应。巧合的是,每次对话总有风摇动树枝,给予我安慰。

幸而高三的同学各忙各事,尚无余力注意周边的事物,避免了我与大树对话被关注的尴尬。只有我知道,我与这位慈祥的老爷爷有着神秘的约定。

高三最痛苦的时期,我钻进牛角尖里,固执地想要弄明白人生在世的意义到底是什么,最后挫败地发现黑暗吞没了我。我发现自己的渺小,即便拔腿狂追也难以抹去和优秀的人的差距,总是兴致缺缺,觉得做什么都毫无意义。冷清、失落、疲惫,让我丧失了继续挣扎的勇气。最后心理老师告诉我,"感到焦躁的时候就去看看草木吧,它们不会自卑,无论什么时候都在向上生长,争夺阳光"。

运动会那一天,大多数高三生都在自己班的大本营里埋头赶作业。天气的炎热与操场上的吵闹让我心烦意乱,于是我独自走到操场的栏杆后面坐下,面前是一棵平凡到让人很难注意的树。它很高大,但是不比很多树高大,还生长在这样一个角落里,更不易被人发觉。很快,我发现它独一无二的树纹,螺旋向上盘绕的凸起上还有整齐的凹痕,树皮上有一些不规则的倒刺。我静静地观赏了一会儿，感受到温暖的阳光从叶片间洒落，照得眼前恍惚，心情突然平静下来。我闭上双眼，忽略焦虑不安和失意落寞，不去评判自己是否足够努力，不去思考理想还要走多少步。我沉浸于此刻，终于明白这种只关注当下的平静与稳定才是我的良药。不管还剩下多少步，总归是要一步步踏踏实实走出去的。

那天，我静静地靠在栏杆边许久。栏杆后是人声鼎沸，我的面前是一棵树的脉络与裂痕。

树纹给予我的不只有陪伴。

学校的树长得很高，木棉树的树干越过6楼。距离高考几十天的时候正是雨季，有时上着课便下起瓢泼大雨，狂风吹得枝叶左右摇摆。下了课，大家就趴在走廊的石栏上看雨。我一般是看正对教学楼的那棵木棉树，树枝伸得很长，伸手就能触碰。雨掀起一阵大雾，空气中弥漫着水汽和草木的清香。我总是专注地看着雨水划过树干的倒刺，顺着凹下去的纹路流下来。即便再大的雨，我都能看见抗争与生机，就在树纹里，在树的脉络里，好似在说：既然向往太阳的高度，就栉风沐雨，义无反顾。

低调却奢华的树纹，就刻在质朴厚实的树干上，里头血液流淌，经络交织，仿佛永不宣告衰竭。在这日复一日的陪伴与激励里，我的梦想不再是异想天开，而是可以披星戴月，一步一步走出来的；也是可以以眼为尺，目之所及丈量出来的。这份温暖的力量亘古而经久，伴我日日夜夜披荆斩棘。

批 评

□ 傅 聪

我的朋友里，有一个我觉得从来没有丧失过赤子之心，从来没有丧失对音乐的忠诚。他是非常成功的艺术家，名叫鲁普。

有一次鲁普在音乐会上演奏协奏曲，那天是他五十岁的生日。第二天，他打电话给我："聪，你一定要告诉我，你为什么不喜欢我昨天晚上的演奏？"

我说："我没说什么呀。"

他说："我太了解你了，因为我演出后你来后台，却不像平常那么热情。"我就说："音乐嘛，见仁见智，有些地方我有些不同的看法而已。"

他跟我说了一句肺腑之言："聪，你知道吗？Nobody tells me anything!"意思是"大家什么都不对我说"。

他说这话时是很伤心的，因为他已经是大师，现在没有人敢跟他说真话了。

我从他的话想到鲁宾斯坦弹的一首乐曲，最后一个音符总是错的，唱片上也是错的，因为那个音符他弹奏时看错了，可是一辈子都没有人敢告诉他。

这是很可悲的。

鲁普知道我是一个真诚的人，如果我表现得不够热情，一定是有意见；如果我有意见，他一定要听，尽管这个意见可能我们争论到死他都不会接受。

不过，这样的艺术家是难得的。大部分成功的艺术家听到批评的第一反应是反感。

总有一些温暖，
暖了你整个青春

麦田里

□余 华

  我在南方长大成人，一年四季、一日三餐的食物都是大米，由于很少吃包子和饺子，这类食物就经常和节日有点关系了。小时候，当我看到外科医生的父亲手里提着一块猪肉，捧着一袋面粉走回家来时，我就知道这一天是什么日子了。我小时候有很多节日，比如五月一日是劳动节，六月一日是儿童节……因为我父亲是北方人，这些日子我就能吃到包子或者饺子。

  那时候我家在一个名叫武原的小镇上，我在窗前可以看到一片片的稻田，同时能够看到一小片的麦田，它在稻田的包围中。这是我小时候见到的绝无仅有的一片麦田，也是我最热爱的地方。我曾经在这片麦田的中央做过一张床，是将正在生长中的麦子踩倒后做成的，夏天的时候我时常独自躺在那里。我没有在稻田的中央做一张床是因为稻田里有水，就是没有水也是泥泞不堪，而麦田的地上总是干的。

  那地方同时也成了我躲避父亲追打的乐园，不知为何我经常在午饭前让父亲生气，当我看到他举起拳头时，立刻夺门而逃，跑到了我的麦田，躺在麦子之上，忍受着饥饿去想象那些美味无比的包子和饺子，那些咬一口就会流出肉汁的包子和饺子，它们就是我身旁的麦子做成的。这些我平时很少能够吃到的，在我饥饿时的想象里成了信手拈来的食物。而对不远处的稻田里的稻子，我知道它们会成为热气腾腾的米饭，可是虽然我饥肠辘辘，对它们仍然不屑一顾。

  我一直那么躺着，并且会进入梦乡，等我睡一觉醒来时，经常是傍晚了，我就会听到父亲的喊叫，父亲到处在寻找我，他喊叫的声音随着天色逐渐暗淡下来变得越来越焦急。这时候我才偷偷爬出麦田，站在田埂上放声大哭，让父亲听到我和看到我，然后等父亲走到我身旁，我确定他不再生气后，我就会伤心欲绝地提出要求，我说我不想吃米饭，我想吃包子。

  我父亲每一次都满足了我的要求，他会让我爬到他的背上，让我把眼泪流在他的脖子上，让饥饿使我胃里有一种空洞的疼痛时，父亲将我背到了镇上的点心店，使我饱尝了包子或者饺子的美味。

  后来我父亲发现了我的藏身之处。那一次还没有到傍晚，他在田间的小路上走来走去，怒气冲冲地喊叫着我的名字，威胁着我，说如果我再不出去的话，他就会永远不让我回家。当时我就躺在麦田里，我一点都不害怕，我知道父亲不会发现我。虽然他那时候怒气十足，可是等到天色黑下来以后，他就会怒气全消，就会焦急不安，然后就会让我去吃上一顿包子。

  让我倒霉的是，一个农民从我父亲身旁走过去了，他在田埂上看到麦田里有一块麦子倒下了，他就在嘴里抱怨着麦田里的麦子被一个王八蛋给踩倒了，他骂骂咧咧地走过去，他的话提醒了我的父亲，这位外科医生立刻知道他的儿子身藏何处了。于是我被父亲从麦田里揪了出来，那时候还是下午，天还没有黑，我父亲也还怒火未消，所以那一次我没有像往常那样因祸得福地饱尝了一顿包子，而是饱尝了皮肉之苦。

6

这个世界上,
其实一直有人在
默默念着你

总有一些温暖，
暖了你整个青春

背起旷野的男人

□ 闫 佳

1

我曾经分享过很多家庭温暖小故事，那些故事里刻意忽略了爸爸的存在。并不是因为他不值得说，只是他那自私又自我的女儿曾经很嫌弃他。

上小学时，我嫌弃他赚不来钱，别人家都是楼房，而我们家是土坯房，同学从门口经过的时候，我都要假装看不见；别人接送都是摩托车，而他是自行车，好面子的我怎么也不愿意坐上他的后座——即便那个后座承载着我上学前的各种欢乐。

上初中时，我嫌弃他没文化，大字都不识几个，而且喜欢吹牛，穿着邋遢。

上高中时，我嫌弃他是个残疾人，坐在轮椅上的他仿佛让我也"矮"了半截。那个小县城里，随处可见的就是同学，我害怕别人问我："他是你爸吗？"

长大后，我懂得越多，对他的鄙视也越发猛烈——觉得他肤浅、大男子主义以及自私自利。

和他说话，我越发带着一种优越感——我很少和他讲话，因为讲话便意味着争吵，我奉行"有理说理"，而爸爸吵架全凭吼，仿佛声音越大，就越有理。

我知道自己这样惹人讨厌，但请原谅青春敏感要面子的少女。

2

爸爸经常念叨：年轻人不要信命，要信自己！别人说这话，我肯定觉得是心灵鸡汤，唯有我爸说这话，我深信不疑——他是个韧性极强的人，无数次死里逃生。他的主治医生都说，我爸是他见过的求生欲最强的病人！

我想也许是他的责任感使然，爸爸从12岁就担起了养活弟弟妹妹的责任。记忆中第一次看到硬汉一般的父亲有泪，是因为四姑。他告诉我，那年四姑才13岁，不幸得了疟疾，他背着她跑了八九公里赶到大夫家的时候，四姑已经没了气息。彼时，他不过才20岁出头。妈妈说："你爸一直是一个很有责任感的人，想给你们最好的教育，砸锅卖铁送你们上大学，你不能不敬他。"

爸爸曾经做过无数种工作，因为没有文化，几乎都是苦力。他说年轻的时候，不要钱，只要人家管顿饭，他就给人家干活，辗转在各大矿场、石场卖力气。我记忆中有两年的时光，他在家附近的石场装石头，一车20元,他一天要装五六车,一直是石场装车最多的人。他总是拼了命地卖力流汗,别人都问他:"你为什么这么拼?"他回答说:"我家3个小孩呢,不拼怎么行?"

再后来,他考了爆破证。他曾骄傲地告诉我,爆破员不是谁都能做,得胆大心细,但他从没告诉我爆破员的工作那么危险,一不小心就会被炸破的石头压到身上。

第二年,他便出事了。那时我才上初二,只知道爸爸受伤了,妈妈去照看,甚至抱怨说,妈妈走了就没人给我做饭了。

在我受不了挫折要死要活的时候,爸爸只是平静地告诉我:"你这么不惜命,是因为你没有死过,你在死亡边缘徘徊过一次,你就只想好好活着。"

后来,他一年总是要住几次院,因为医院的床太小,他害怕妈妈休息不好,从来不让妈妈陪护。有次,我去医院看他,同病房的奶奶说:"你爸是我见过的最乐观、最乐于助人的残疾人。"原来,康复科的病人大多腿脚不便,爸爸竟一个人帮五六个病房里腿脚不便的人买饭!

3

爸爸前几年忽然迷上了种花。我们兄妹三人给他买了很多花籽,本来以为他只是在家里的小院子种一下,没想到回家的时候,发现从村口到我家的那条200多米的小路上姹紫嫣红。

我问我妈:"咱们这儿怎么忽然重视绿化了?"

我妈撇撇嘴:"你爸每天准点起来,从轮椅上溜下去,坐到路边,把路边的杂草一棵一棵地拔去。人家每天还有任务呢,今天10米,明天10米。"

我哭笑不得——爸爸总是带着一丝执拗的可爱。

老妈抱怨:"他拔完之后,还逼着我拉了几车的土倒在路边,方便他种花。"

我笑得很大声,觉得爸爸真是可爱。

去年,爸爸突发奇想,想买辆残疾人专用的电动车。在他的百般哀求下,妈妈给他买了车。他可开心了,计划每周带妈妈去一个旅游景点。

我每次受到打击时,总会看一看爸爸的抖音账号。他的抖音质朴无华,却能让人感觉到他在很认真地记录生活。

虽然是个残疾人,但是他生活可以自理,能劈柴做饭,养狗养猫,侍弄花草,锻炼和唱歌。

除了疼得受不了的时候,他几乎都是乐呵呵的,一直在努力把平淡乏味的生活经营得多姿多彩。他像一株生机勃勃的向日葵,总是给予他人热爱生活的动力。他向我们奉献着他的所有,而我只不过是站在他的肩膀上看到了这个世界的一小部分,我没有资格揣着优越感对他不尊敬。

昨天,我忽然发现爸爸有了白发,在感叹时光残忍的同时,我更揪心于自己多年来对他的疏远和不敬。

我想,每个人大概都会因为时代观念及经历不同对自己的父亲有过些许的不满。但是,请记住,你的父亲曾经也是潇洒的少年,他们之所以成为父亲,是因为他们用大部分的自我,担起了我们的人生。

小世界

□伢 伢

我的世界是一个小世界
只有我的家人、街坊和朋友
我居住的街道和两旁的杧果树
每一片树叶,以及
每一片树叶的闪光
我身边时光的消逝是缓慢的
我对世界的爱也是缓慢的——
不追求永恒,不放弃瞬间
我相信时间的每一个褶皱里
都藏着一个辽阔的世界
我从身边的事物中汲取微弱的光
并让微弱的光
消除内心的黑暗
顺便照亮我身边
那些需要被照亮的人

总有一些温暖，
暖了你整个青春

母亲的谚语

□张眉平

母亲从小没进过学堂，只认识自己和我父亲的名字。虽然如此，我却觉得母亲很有文化，因为她能随口说出许多富有生活经验和人生哲理的谚语来。从孩童到少年，从少年到成年，我可以说是听着母亲的谚语长大成人的。

母亲常说的谚语很多，有百十多条。当然，这些谚语并非母亲创造，母亲只是从祖辈口中得知、认可后再说给子女们的。对我而言，母亲是第一传授者，所以称为"母亲的谚语"。

母亲的谚语从内容来看，可以大致归为勤俭、修身、哲理三个类型。

克勤克俭、箪食瓢饮早已是渗透在父辈一代人血液里的美德。母亲常说："一顿省一口，一年省一斗""要在瓮口节省，不在瓮底折腾""惜衣有衣穿，惜饭有饭吃""吃不穷喝不穷，打算不到常受穷""要想日子甜，家无一人闲"……换成文一点的词句，意思就是：省吃俭用、细水长流、精打细算、勤劳致富、"光盘"行动。然而，用谚语说出来却生动具体，易记好懂，便于接受。

从苦日子里熬过来的人，总是惜物如金。不管贫富，节约已成为他们骨子里的品性。在母亲的影响下，子女们也养成了节俭的好习惯，从不会铺张浪费，大手大脚，更不会一掷千金，挥霍无度。

母亲不识字，却很有修养，为人处世堪称楷模。她与亲戚、邻里和睦相处，友善宽容。母亲常和我们唠叨："若要好，大让小""让着吃不了，争着不够吃""·争两丑，一让两有""柴草还得个腰腰束""成人不自在，自在不成人"……回想这些通俗易懂的话，品味其中大道至简的理，我不由得思绪纷飞，感慨良多。这些不都是我们修身养性、立身处世的关键所在吗？

一次，村里人抓住一个偷东西的贼，那贼自然免不了一顿皮肉之苦。回家告诉母亲这件事后，母亲面露忧郁之色，长长地叹了口气："福是积的，祸是作的。不怕人不敬，就怕己不正。"稍作停顿又严肃地说："一定要记住，犯病的不吃，犯法的不做"。说完还盯着我问："记住了吗？"我一连"嗯嗯"几声，不住地点头。

几十年前，在村里老院一共居住着七八户人家，都是我们本家的叔叔、大爷，还有爷爷辈的，共计30多口人。长辈们和睦相处，互谅互让，从未红过脸。各家的孩子们嬉笑打闹，游戏玩耍，偶有争吵，各家大人总是先管教自己家的孩子，小事化了。当时因房子少，我妈、我婶和我爷爷三家共享一间放米面和杂物的细窄小房子。各家的物品也不是集中在一处放，而是交叉摆放。

有一次，我和母亲到小房子里取米面，瓦缸里面的面七高八低不平整，我随口说："妈，把面平一下，按个手印。"未承想我妈瞪了我一眼说："看把你寡的，净说些没用的。"事后明白，一家人靠的是信任，活的是敞亮，面里按上手印，别人看到会怎么想？那还是一家人吗？母亲说得对，信任是不需要"记号"的。

母亲不懂哲学，可她用来教诲子女的谚语，却朴实无华，蕴含哲理。在我父亲因病早逝的头几年，一家人生活的重担全落在了母亲单薄的肩上。记忆中，在地里干农活最愁苦的莫过于给辣椒薅草了。一眼望不到头的辣椒地，头顶上赤日炎炎，热浪滚滚，茂密的杂草遮住了幼小的辣椒苗，坐下怕压到辣椒苗，只有圪蹴着一根一根拔除杂草。一席地五垄苗，母亲把三垄，我把两垄，半天挪动不了几米距离。我抬头望望刺眼的太阳，发愁地噘着嘴道："妈呀！这可多会才能薅到头啊！"母亲总是不厌其烦地说："不怕慢，单怕站，眼愁手不愁，功到自然成。"母亲年龄大，却薅得比我多，还要时不时帮我拔上几把草。就这样坚持着，坚持着，终于熬到了地头。虽然腰酸背痛，大汗淋漓，但是母子相视一笑，苦中有甜。直到今天，"眼愁手不愁""功到自然成"的理念，依然深深地镌刻在我的心中。

母亲说过的谚语还有很多，比如"喝酒吃肉两手光，拾粪闹柴两手疮""人误地一时，地误人一年""一人不如二人计，三人拿个好主意"。如此等等，不胜枚举。这些谚语，不仅是母亲一个人的谚语，还是千千万万母亲共同的谚语，是祖祖辈辈智慧和经验的结晶，是子子孙孙为人处世、修身养性的基石，是中华民族优秀传统文化的瑰宝。

老猫炕上睡，一辈传一辈。父母一言一行，儿女受用终身。孔子有言："礼失求诸野。"求诸野，求诸谚，谚语就是散落在野的珍珠，而母亲正是摘拾珍珠完成传统文化拼图的人，如此我们也就能更深层次地理解天下"母亲"的厚重与伟大。

念　想

□周春梅

我在路边的长椅上坐一会儿，不远处站着三位结伴散步的老太太，都七十多岁，在谈论衣服。其中一位把外套的领子解开一些，给另两位看一件白色粗线的针织毛衣，说这是她妈妈留下的。当年已九十多岁的老母亲非要给她织这件毛衣，她说："妈妈，你年纪这么大了，眼睛不好，手指也不灵活，为什么非要费神费力地亲手织毛衣呢？我买件现成的，方便得很，也不贵。"母亲说："一来我活动活动手指，二来等我走了，也给你留个念想。"如今妈妈已经走了，那件毛衣还在，她穿着就觉得心里暖和。

另一位老太太穿着一件旧羽绒背心，紫色的底子上散落着小小的红色碎花，是那种老款式和老花色。她说这件背心穿了不少年，一直舍不得扔，是她年少时一位很要好的朋友送的。这位朋友前几年也走了，她穿这件背心，也是穿个念想。

我继续往前走，不一会儿，遇到一位独自散步的老先生。他可能走得有点儿热，簇新笔挺的中式外套敞开着，露出两件叠穿的旧毛衣，一件低领套在一件高领的外面，一看就知道是手工织的，因为不像机织毛衣那么细密平整。他穿的又是谁留下的念想呢？

黑夜的火车

□李朝德

挂了电话,我立刻就后悔了。

车窗外,落日失去了最后一抹余晖,远山只剩下黛色的模糊轮廓。

火车还有一个多小时才经过村里,那时天应该早黑透了吧,那么晚打电话告诉母亲站在路口做什么呢?

列车在黑夜中呼啸着,载着心事重重的乘客飞驰向前。

那天,我从昆明乘火车去一座叫宣威的小城参加会议,这趟城际列车要穿过村里。我家离铁路并不远,直线距离也就五六百米。

火车于黑夜穿过家乡,最熟悉的景致与最亲近的人就在窗外忽闪而过,兴奋与激动转眼间成为远离的失落,那种感觉难以描述。

10多分钟前,我打电话告诉母亲,我要去宣威。母亲知道我要路过村里,很是高兴:"去宣威做什么?大概几点钟到?"我一一回答,有些遗憾:"可惜村里没有站,不然可以回家看看。"母亲说:"你忙你的,我身体好好的,不用管。"说完这句,电话里一阵沉默。

我理解这时的沉默。

车过村里,母子相距不过几百米,却不能相见。

母亲沉默,我也沉默。

我打破沉默:"妈,要不火车快到村里时我打电话给你,你去村里铁路口等我,我在7号车厢的门口向你摇手,你就可以看见我,我也可以看见你。"

对这个突然的提议,我也觉得有些意外和为难,黑夜中叫母亲在路口等着见我,算怎么回事?但母亲很高兴。

我们当然知道那个路口,那个叫小米田的路口是连接村庄与田地的一个主要路口。近些年火车多次提速,由单线变成复线后,铁路沿线早在10多年前就全线封闭。小米田路口虽然还在,但早被栅栏完全隔断,要过铁路只能翻越天桥,现在只剩下三四米宽的道口。我坐的这趟火车时速大概120公里。这样的速度通过那个道口要多长时间呢?可能半秒都不到吧!相互能看见?

窗外一片模糊,无边的黑暗包裹着车厢,我计算着时间与路程,却总也看不见熟悉的风景。

焦躁中,看见远远的公路上有车流的灯光,流光溢彩。我正纳闷儿这是哪条路呢,放着白色光芒的"施家屯收费站"六个字就出现了。我一阵悲凉,"施家屯"是隔壁村庄,火车应该在1分钟前就已驶过松林村,我竟然没有看见我熟悉的村庄和站在路口的母亲。

我颓然打电话告诉母亲:"妈,天太黑了,我没有看见你,火车已经到了施家屯。"

母亲也说:"刚才有趟火车经过,太快了,我没有看见你。我想应该就是这趟火车,知道你坐在上面就行。"

我为自己的粗心愧疚不已,说不出话来。年迈的母亲在黑夜的冷风中站着,我在明亮温暖的车厢里坐着。本想让她看见我,我也能看见她,却害得她在路边白白等待,空欢喜一场。

松林村的一草一木,我再熟悉不过,怎么会看不出来呢？

我不甘心地说："妈，要不明晚我返回时在最近的曲靖站下？站上有到村里的汽车，半小时就能到村里，住一晚再回昆明，方便得很。"母亲连忙阻止，固执而又坚定，仿佛我这样做是她的错。我没有办法，自己赌气也是跟母亲赌气："那就明晚还在这路口，到时候我会站在最后一节车厢的车门旁招手，一定可以看见。"

我又一次要求母亲去铁路口，固执得有些残忍。

我坚定地认为，是我的疏忽，才会没看见站在车窗外的母亲，那么近的距离怎么能看不见？

那晚返程时，我早早走到最后一节车厢的车门旁。黑夜的火车如一条光带在铁轨上飘移，伏在玻璃上，我尽量睁大眼睛，可还是很难看清车窗外的景物。我想起顾城的诗句："黑夜给了我黑色的眼睛，我却用它寻找光明。"

我的光明在哪里呢？

返程时，我又看见了"施家屯收费站"，心头鹿撞。内外温差大，车窗内起了一层薄薄的雾，我慌忙用手掌擦亮玻璃，双手罩住眼眶遮挡车内的亮光，让自己也陷入与外面一样的黑夜，在微弱的光线下仔细搜索一景一物。我终于看见被车灯照出几米远模糊的路面轮廓，看见了村庄里萤火般的昏黄灯光。

就在一个路口，我突然看见有束手电筒光在黑暗中照着火车！我刚要寻找并摇手呼喊，火车却过了！

我忙掏出电话，颤抖着告诉母亲："妈，我看见你站在路口啦！"

母亲也说："我也看见你了。"

两句话说完，车外再没了村庄，母亲越来越远了。我在黑夜中的火车里不过是一晃而过的黑点，那个叫小米田的道口，不过三四米宽，而站在道口的母亲，她还没有一米六高啊……

种树的意义

口林　深

不知是否是吾乡的习俗，也不知是否各家皆是如此，我出生时，院里种下了一棵樱桃树；弟弟出生后，门前多了一棵小小的香樟树，与他有相似的蹒跚学步模样。

那会儿，好像只有我对樱桃树有指望，先盼花，再盼果。别人都不怎么在意它，只是知道有这么一棵树。樱桃树，不会高到哪里去，可我长，它也长，总是一抬眼的距离，可望而不可即。

香樟，简直似有似无，它的名字从未出现在任何人的口中。只在夏天，我们会待在它的树荫下乘凉，或在秋日，它落了满地的树叶，若无其事地丢给我们一摊事，我们才算与它打打交道。

一棵树，不出意外总会比一个人活得久，跟故土的黏性也总会比人更强。在一个孩子降生的时候，种下一棵树，谁说不是取这两层意思呢？如树一般长寿常青，也如树一般眷恋故土，男儿不远游，绕膝承欢，女儿不远嫁，在自己喊一声就能听见的地方。

一把年纪，当我想起故乡，突然意识到，还有一棵树留在我的人生来处。我们曾经同生同长，交换彼此的时间，参与对方的日常。它，像是我的一个分身，替我守土守家，替我在那里老老实实生活着。在有人想念我的时候，它会成为另一个我。

种树的意义很多，其中有一种，是为未来堵一个情感的缺口。

总有一些温暖，
暖了你整个青春

鱼骨非骨

□ 胡 烟

8岁那年，我坐在一条大鲸鱼的脊背上，在太平洋流浪。它带着我一跃而起的时候，可比一匹马威风。它前进时不追求速度，而是沉浸于游戏的激情。跃起，俯冲，激起巨大的海浪，我们享受征服海洋的快感。尤其夜晚，我们腾空的时候，高度直逼那轮耀眼的月亮。它光滑的背，在夜色中发出幽蓝的光。我牢牢抓住它的鳍，一点儿恐惧也没有，我们一次次撞击天堂的大门。有那么几个瞬间，我干脆闭上眼，享受这一切。令我遗憾的是，这么刺激的场景，却无人驻足欣赏。

路过我们身边的，大多是些刚卖了鱼揣着钞票赶回家歇息的渔民。他们每个人肩上都搭着一个人形的皮叉子，像背着自己的躯壳，靴子在屁股的位置晃荡。他们身体疲乏，精气神却很足，大约脑袋里还回忆着鱼贩子点钞票时的情景。渔妇们则是一手拎着鱼篓子，里面盛着卖剩下的小杂鱼；一手拎着秤盘子，叽叽喳喳，嘴巴闲不住，东家长西家短，议论着其他渔民的收成。

没有一个人注意到我，一个骑着鲸鱼只身在太平洋探险的小姑娘，尽管有时候他们和我的距离不到3米。还有，这条体形庞大的鲸鱼，竟一点儿也吸引不了他们的注意。他们的眼里只有钱。我的世界和他们的世界，那么近，又那么远。

声明一下，这不是魔幻现实主义作品，而是我童年经历的真实场景。

彼时，爷爷赶海的时候捡来一块鲸鱼骨，足有七八米长。爷爷费了好大气力才把它扛回来。进门有照壁挡着拐不过去，他只好将鲸鱼骨横在家门口的羊圈边。爷爷说，要等考古队或者博物馆的人来收这块骨头。这条可怜的鲸鱼，爷爷竟也说不清是蓝鲸还是虎鲸，它死去已经有至少100年的时间，骨头被海浪漂得雪白，周身布满了不均匀的蜂窝孔。这可是一条鲸鱼，叱咤万里、搏击风浪的鲸鱼！放了学，百无聊赖，我就骑在这块月牙形状的骨头上，上下晃荡，像坐了跷跷板，一会儿在渤海，一会儿在黄海，去往太平洋，通向无尽的深蓝宇宙。

爷爷是个老渔民。这是渔村男丁的普遍命运。爷爷疼我。我出生的时候妈妈没有奶，爷爷便为我养了一只奶羊，每天挤羊奶给我喝。村里人屡次向我描述，爷爷一手抱着我，一手牵着羊，那场面真温馨，叫我以后一定要孝顺爷爷。

我最近一次想念爷爷，是因为读了苏东坡的诗。"莹净鱼枕冠，细观初何物。形气偶相值，忽然而为鱼。不幸遭网罟，剖鱼而得枕。方其得枕时，是枕非复鱼。汤火就模范，岿然冠五岳。方其为冠时，是冠非复枕……我观此幻身，已作露电观。而况身外物，露电亦无有。佛子慈闵故，愿受我此冠。若见冠非冠，即知我非我。五浊烦恼中，清净常欢喜。"

时空转换至1081年的黄州。在一次聚会中，老友陈季常对着天才作家苏东坡调侃说，苏东坡你什么文章都会作，唯独不会作佛经。苏东坡不服气，谁说我不能呢？陈季常说，"佛经是三昧流出"，与你平时靠思虑谋篇布局不同。苏东坡摩拳擦掌，那就试试，你随便出题！陈季常随手指指头上的鱼枕冠说，就以它为题。由此，苏东坡写下这首《鱼枕冠颂》。

鱼枕冠，是以鱼枕骨作为装饰的帽子。那是一种特别的鱼骨，是从淡水大青鱼的头部取下的骨头。这种鱼骨打磨之后，呈半透明状，像玛瑙，又像蜜蜡。古代王公贵族戴的帽子，常以这种鱼骨作为装饰。

当时，苏东坡沉吟片刻，作了这首《鱼枕冠颂》，意思并不难懂。鱼骨，离开鱼身，成为帽子上的饰品。鱼骨的身份，不断地转换，没有定则，像我们的身体，如露如电。苏东坡所作，当然称不上佛经，因为这非佛亲口所说。但诗文很切题，也很通透，有点《金刚经》的意味。

或许正是靠着这种理念，在幻灭中暗含乐观，苏东坡在跌宕的人生旅途中收获了许多快慰，不然他不可能将这首诗脱口而出。我怀念爷爷的时候，这首《鱼枕冠颂》也多少宽慰了我的心。

当年我骑的那块鲸鱼骨，终究没有被博物馆的人收走，而是在渔村搬迁的时候被推土机压断，跟普通的石块、泥土一起填进了大海。威武的鲸，最终以这样的方式回归海洋。

爷爷还跟鱼骨发生过一次密切的联系。爷爷视力极好，在岸上能看见50米以内海域中的鱼。我们当地有一种土鱼，沙黄色，身形扁平，游动的时候贴着水底的沙滩，靠着保护色很难被发现。年轻时，爷爷拿着钢叉，站在齐腰深的海水里，专叉这种鱼。土鱼的尾巴上有毒针。偶然一次，挨了一叉子的大土鱼痛极了，一挣扎，将毒针扎进了爷爷右手的大拇指。爷爷了解那种毒性，立马斩断拇指。到了县医院，医生在爷爷肚子上开了一个洞，将拇指插在洞里，长好了，再将拇指取出来。最终，拇指保住了，却丢了指甲。

爷爷跟我讲述这一切的时候，事情已经过去了几十年。打我记事起，爷爷右手的拇指便没有指甲。当时，爷爷一边抿着黄酒，一边道出上述情景。我怀疑爷爷是喝多了，抑或是评书听多了，开始乱编故事——如何能将拇指插进肚子里生长呢？爷爷见我不信，便撩开衣服给我看那道伤口缝合之后留下的疤痕。关键是，爷爷还保留着那根有毒的土鱼针。它像绣花针那么长，不太起眼。那根针，是另类的鱼骨。冰山一角，诉说着海洋的凶险。

爷爷晚年得了胃癌。我放暑假回家，得知这一消息，痛哭起来。再去看爷爷，他瘦了一大圈，依旧闲不住手脚，乐呵呵地摆弄他的渔具。爷爷掀起衣服，给我看手术的刀口。爷爷说，他这辈子吃的鱼太多了，鱼骨便长在了肚子外面。只见那刀口是竖着的长长的一道，加上针线缝合的印记，歪歪扭扭，很像一条鱼的骨头。

如今，爷爷故去已经10年。我经常在梦里见到他，有时见他在认真地叮叮当当修理一条渔船，有时见他沿着长长的海岸线行走、赶海。爷爷是个倔强不服输的人。但是，任凭他再坚硬，也抵挡不住岁月柔软的磨砺。如同苏东坡的《鱼枕冠颂》所写，坚硬的鱼骨，被打磨成帽子上的装饰，又在时空里不断地转换身份。我们的人生何尝不是如此，这具如梦幻般脆弱的身躯，不可能长久保有。肝肠寸断的别离，只是万物演化中最微不足道的环节罢了。

诞 生

□朱胜国

此起彼伏的鸟鸣将我唤醒。
天没有亮，空气中有轻微的风，
还有看不见的甜。我惊奇于
东方在凝望中变白；我有幸窥见
鸟鸣擦亮天空，紧接着又擦亮
蜂箱，那么多的蜜蜂纷飞出巢。
侧身看了看枕边的你，
那么安详，我不忍唤醒你，
但知道你的梦境也即将被擦亮。
我沉醉于这神秘的时刻，
心中涌起圣洁的激情。
多么美好，整个世界像一枚
即将孵化的蛋，正被外面的鸟鸣
轻轻啄开……

灵魂画手列宾和他的模特托尔斯泰

□蒯乐昊

当列宾遇见托尔斯泰

在许多人心目中，列夫·托尔斯泰是身材伟岸的长者模样。当列宾于1880年第一次在莫斯科的大喇叭胡同见到托尔斯泰时，他吃了一惊，意识到自己被过往见到的图片和肖像画欺骗了——眼前的人像一个怪人和布道者，个子矮壮，却长了一个尺寸硕大的头！蓄一部灰色美髯，穿长长的黑色常礼服。

精于绘画的列宾很快就意识到，正是这个巨大的颅脑，让托尔斯泰在肖像中显得高大魁梧——人们会从惯常的头身比，来判定他的身高。列宾也把同样的视错觉玩了下去，他笔下的托尔斯泰，依然给人以高大、巍峨的印象，加上他脸上深邃的、苦修士般的表情，烘托出一种道德上的崇高感。

热衷犁田的伯爵大人

在列宾和托尔斯泰刚刚认识的时候，托尔斯泰已经52岁，而列宾才36岁。列宾看待托尔斯泰是仰视的，他曾经说过："所有托尔斯泰说过的话，都应该用金子刻下来。"

在与托尔斯泰相识数年之后，列宾才得到了为他作画的机会。1887年，列宾来到托尔斯泰的波良纳庄园，他看到的托尔斯泰已完全平民化，这位伯爵不穿礼服，穿着家制的黑色短衫和长裤，布料粗糙破旧，头上戴一顶磨损得相当厉害的白色便帽，光脚趿着拖鞋。但列宾觉得他的容貌比之前更令人肃然起敬。

列宾贡献出一个世人从未见过的文豪之外的托尔斯泰形象：一个熟练地使用铧刀和套索、驱赶驽马帮寡妇犁田的农民。干农活是托尔斯泰最好的娱乐和放松——据说每次他干完农活回到餐桌边时，满腿的烂泥和身上的马粪味让全家人暗暗叫苦。

一同洗澡，一同祈祷

贴身的陪伴让列宾得以画出田野劳作中的托尔斯泰，在书房里写作的托尔斯泰，参与人口普查的托尔斯泰，跟穷人在一起的托尔斯泰……尤为珍贵的是，托尔斯泰通常不让任何人看到他在林中独自祈祷，但列宾捕捉到了这一刻。

托尔斯泰允许列宾陪他步行两俄里去洗澡，浴池在十分冷冽的小河里。一走出庭院，托尔斯泰就会脱下自制的旧拖鞋，光着脚走得飞快，小径上的树枝和碎石根本奈何不了他那双布满老茧的脚，列宾得紧赶慢赶才能追上他的脚步。两俄里的急行军下来，等他们到了河边，已经满头大汗。列宾建议先坐一刻钟落落汗，而托尔斯泰已经迅速脱光衣服跳入小河。

列宾还没落完汗，托尔斯泰已经洗好澡穿上衣服，拎起篮子采蘑菇去了。他消失在林中的身形给列宾留下了极不平凡的印象："既像树林里拎着篮子的流浪汉，又有军人的气概。"

每次在树林中，托尔斯泰都要求一个人走开一会儿，他会在密林深处独自站着祈祷。列宾鼓起勇气，提出是否可以躲在灌木丛后为他写生，托尔斯泰道："啊！这没有什么不道德的地方。画吧，只要你觉得有必要。"

他画出了死后的托尔斯泰

在向世人推广托尔斯泰的形象上，列宾功不可没，正是因为他，托尔斯泰的容貌出现在俄罗斯的众多日用品上，成为举世皆知的偶像：日历、封面、版画，乃至巧克力糖纸……

有意思的是，列宾在回忆录中多次写到托尔斯泰的笑容多么有感染力，当他策马狂奔的时候又是多么意气风发。但在他笔下，托尔斯泰没有一幅画像是带有笑容的，永远是一张严肃的、凝视的、深邃的脸庞，似乎这才是托尔斯泰精神的面相。

托尔斯泰死后，列宾画了《生命彼岸的托尔斯泰》：托尔斯泰站在粉红色的辉光里，垂手而立，似乎已向神和世人坦承所有，天堂之光映照着他的脸庞，一张非人间的脸，垂暮的，然而又是新生的。没有证据表明托尔斯泰生前为这幅画摆过造型，斯人已逝，写实主义巨匠列宾失去了他的模特，但最终他画出了托尔斯泰灵魂的模样。

你怎么不来接我

□刘国瑞

"小脚抬起来，我就踏起来。一二，踏踏。一二三，踏踏踏。"放学了，老师喊一句，小朋友们跟着喊一句。妍妍跟不上节奏，她总是把身子探出队伍，往前瞅。

大门前挤了不少家长，脖子伸得像大鹅似的，妍妍没看到妈妈熟悉的身影。早晨妈妈送妍妍来幼儿园的时候，说今天是姥姥来接她，但妍妍仍希望能看到妈妈。

"妈妈，你为什么不来接我？"早晨的时候，妍妍问妈妈。

"妈妈今天要加班，走不开，姥姥来接你，好不好？"

妍妍噘着小嘴，低着头，不吭声。她最喜欢妈妈来接她了，因为每次妈妈都会给她买她喜欢吃的零食，还有玩具。

"妍妍，怎么不高兴？喜欢什么，姥姥带你去买。"姥姥笑眯眯地说。

妍妍噘着嘴，不吱声。早晨妈妈专门嘱咐她，不能跟姥姥要东西。

"妍妍，姥姥给你买个气球好不好？"

"不，我家有。"

"给你买个洋娃娃好不好？"

"不，我家有。"

……

妍妍工作了，结婚了，有了自己的女儿。

姥姥已经不在了，妍妍的爸爸也走了。妍妍的妈妈得了阿尔茨海默病，一眼没看住，她就往外跑。

妍妍问妈妈："你总往外跑，是要去哪儿呢？"

"赶着去接我闺女呢！"妈妈有时候也会说"去上班"。

妍妍被妈妈折腾得精疲力竭，班都上不成了。万般无奈，她把妈妈送进了养老院。她买了一部老年机，输入自己的电话号码，设置成一键拨号，让妈妈装着。

这年中秋节，她陪丈夫回了老家。刚进门，手机就响了，是妈妈打来的。

"妈，有事吗？"她问。

妈妈压低了嗓门，嗫嚅道："他们都走了……你怎么不来接我？"

妍妍再也抑制不住，泪如泉涌。

总有一些温暖，
暖了你整个青春

珍惜"家"的理由

□马家辉

我女儿发表了一篇小说，我读了第一段便放弃了。因为第一段写的便是父亲出走，我生怕在她的文字里读到她心中的我，读出她心中的我的阴暗、愚昧、无能，甚至邪恶。我同样担心在她的文字里读到她对父亲的怨怼和恼恨。不知道多少回，我打开计算机，点开她的小说，想咬牙读下去，但读了几个字便停下来；又一回，再点开，再读，再停下来。我实在无法承受这种在文字中"重逢"的风险。

或许，再过一些岁月吧。待我真的老了，老到什么都不在乎，也不在意了。总有一天晚上，我会把她的小说打印出来，坐在沙发上，泡一杯热茶，就只把她的小说当作纯粹的文学，云淡风轻地，认认真真地读；我将以读者之眼，看她笔下出走的父亲到底去了哪里，是否在迷途历劫之后，满身伤痕地安然归家。

如果问我生平有没有后悔之事，我的答案是："没有多生一个孩子。"

我并非遗憾于只有女儿没有儿子。我说的是，孩子，无论男女。可能是上了年纪，每回看着女儿孤独的背影，我便会联想到他日自己和妻子终将走向衰败、死亡，天地茫茫，唯剩女儿一人面对，那是何等凄凉的情景。她性格内向，同她母亲一样，几乎没有朋友，做起事情来亦手忙脚乱，令我这个多愁善感的父亲忍不住提早替她感到无助和伤心。她将独自面对父亲的离去、母亲的离去，再然后，早已抱定独身主义的她，很可能要独自走向人皆不免的颓败、衰亡。

生命的各式重担将如梁柱般从她前后左右倾斜崩塌，一根连一根地朝她头顶压下。她奋力闪躲逃避，终于，累了、倦了，无论被迫还是自愿，她跟她的父亲、母亲，以及所有人一样，必被压垮，只不过，我和她母亲的身边有她，而她身边没有其他人。

唯有安慰自己，无所谓了，有人也好，无人也罢，生命的终章密码毕竟只能由个人独自面对和解读，谁都一样，不分你我他。曾经成为家人，共处过、喜乐过、争执过、笑过、哭过，便是谁都夺不走的独特体验。这使我想起小说《百年孤独》的末段预言，如斯哀伤却又如斯真实。何止马尔克斯，何止布恩迪亚家族，何止百载千年，那是不管何时何地，任何人皆须面对的宿命：

"奥雷里亚诺为避免在熟知的事情上浪费时间又跳过十一页，开始破译他正度过的这一刻，译出的内容恰是他当下的经历，预言他正在破解羊皮卷的最后一页，宛如他正在会言语的镜中照影。他再次跳读去寻索自己死亡的日期和情形，但没等看到最后一行便已明白自己不会再走出这房间，因为可以预料这座镜子之城——或蜃景之城——将在奥雷里亚诺·巴比伦全部译出羊皮卷之时被飓风抹去，从世人的记忆中根除，羊皮卷上所载一切自永远至永远不会再重复，因为注定经受百年孤独的家族不会有第二次机会在大地上出现。"

这些之于我，便是基本的珍惜"家"的理由。

送 别
□陆庆屹

在我家，送别是件很郑重的事。我和哥哥姐姐离家的前一天，父母便起大早忙碌起来，把要给我们带的东西列出单子，一样一样地置办。

父母总有太多东西想给我们，大到腊肉、香肠、辣糟、腌酸菜、土布，小到几克一瓶的花椒末、花椒油、辣椒面、辣椒油……这些东西做起来都很费神，所以通常全家人都得笑嘻嘻地忙上一整天。

忙到夜深，大家围坐在厨房炉边闲聊，谁都不忍心开口说出那句"去睡吧"，通常我爸是第一个："好啦，先这样，都去睡吧，明天还要一大早起来。"说着便站起来，抹一抹脑门的头发，转身出门去了。然后和往日一样，他挨个到屋子里给我们开好电热毯，铺平被子，才回卧室。若看厨房灯火未灭，就又下楼来，推开门说："电热毯还没热啊，那就再坐一会儿。"

半小时后，又是他催促大家去睡。我妈会继续呆坐十来分钟，上下眼皮都打架了，才红着眼起来。

每年春节都是欢愉与阵痛的交织。有一年节后离家，刚到火车站我就收到了妈妈的短信："早知道心里这么难受，你们明年干脆别回家过年了。我和你爸平时清清静静惯了，回来几天又走，家里刚一热闹又冷清下来，我们受不了。刚才想叫你下来吃面，才想起你已经走了。"

莴 苣
□一 行

种莴苣的时候，你不会因为它没有生长好而责怪它。你会认真思考为什么它没有生长好。也许它需要肥料，或者更多的水，或者更少的阳光。你永远不会责备莴苣。然而，我们与朋友或家人之间出现问题，我们却责备他们。但如果我们知道如何"照料"他们，他们就会像莴苣一样"生长"得很好。"责备"丝毫不会产生积极效应，说理式的劝说或争论亦是如此。如果你理解，并表现出你理解，那么你就能去爱，任何困难也就会迎刃而解。

一天，我进行了一场关于"不要责备'莴苣'"的讲座。结束后，我听到一个小姑娘对妈妈说："妈妈，记得给我浇水，我可是你的莴苣。"我很高兴，她完全理解了我的话。随后，我听到那位母亲回答："好的，宝贝，我也是你的莴苣。所以，请你也不要忘记给我浇水。"

母亲和女儿共同领悟，真好。

当浪漫停驻于日常

□ 程 壁

1

我的父亲，生于1948年。在他12岁那年，爷爷去世。父亲作为长子，带着年幼的弟弟妹妹，和奶奶一起撑起了这个家。小时候，他常偷偷上街去卖地瓜。奶奶蒸好了一大锅地瓜，软软香香的。他背着地瓜出门，刚到街上就被大队里的巡查员发现了。他记得那个大人一把抢过他的包裹，一脚接一脚地把地瓜全部踩烂。说这件事的时候，他的眼眶总会泛红。一个人会把在孩童时期受的委屈记一辈子。即使这样，他也始终是一个不服输且充满诗情的人。

小时候，他没有上学的资格。后来他自学过医学，还自学了法律，考取了律师从业资格证，在56岁时正式执业。

他性格里是有傲气的。也许是小时候的那些不公平待遇，让他更加不甘落于人后。生活拿走了本该属于他的一部分，也补偿了另一些给他。一副抗压的好身体，一点儿基因里的聪明劲儿，还有一点儿对艺术的审美力，让他可以在现实中喘息。

他特别容易感动，一激动就热泪盈眶。他时常说自己是一个情感脆弱的人。对艺术、审美有所感知的人，哪一个不是这样呢？敏感是天赋，却也是最折磨人的东西。

2

我的母亲比父亲大4岁，是个朴素的家庭妇女。她从小生活在农村，家里有三个姐妹和一个弟弟。姥爷是乡里的老师，一家人过着简朴却体面的生活。

她是经历过饥荒的人，所以一直克制而节俭。即使我们都长大了，家里的生活条件变好了，她还是觉得粗茶淡饭最香，从不奢侈铺张。

她没有读过书，认识的字不多，可干起活来一点儿也不输男人。她极其勤劳，操持着所有家务。每当父亲吟诗"卖弄"，她就皱眉翻个白眼，笑着在一旁默默做手里的活儿。

她和父亲是完全不一样的人。只是在谈婚论嫁的年纪遇到了，两个人互相看着还算顺眼，就这么走到一起，磕磕绊绊大半生，照顾着彼此和我们。

父亲这辈子几乎没进过厨房，最多就是自己煮一碗清水面。我跟母亲说："这还不是你惯的。"她就点点头，表示认栽。母亲的一生，就是大部分传统女性的一生——度过了短暂的孩童时期，嫁人后起早贪黑地干活，忙里忙外地照顾着一家人的饮食起居。

作为现代女性，我理解不了，也过不了她的生活。当时，她没有更多的受教育的机会和做选择的权利，只能服从命运的安排，并甘之如饴。她从不抱怨，只埋头做事——让我们吃饱穿暖，每天把家里清扫得一尘不染，守住她日常生活中的体面。

我偶尔会想，人的一生，尤其是女人的一生，怎样度过才是正确的？这个问题，没有标准答案。母亲的生活不是我想过的，但又有一部分是我认可的，包括对琐碎日常的恒久耐心，对生活的不厌其烦，还有对孩子们无微不至的照顾。如今我也有了自己的小孩，懂得了这种照顾意味着怎样的付出。

人无论过哪一种生活，只要自己心甘情愿，并过得踏实安心、有所期待，就是好的生活。

3

在这个世界上，父亲对女儿的爱常常是无须多言的。我有两个哥哥，都比我大十几岁。父亲一直对外人打趣地说"养了两个傻儿子"。而在我还是襁褓里的小婴儿时，他就抱着我串门，逢人便说："快看我闺女，将来可是要进清华、北大的。"

小时候，一到冬天，家家户户都会买一麻袋苹果，储存着过冬吃。那时候在山东，冬天唯一能吃到的水果就是苹果。在我家，冬天的这一麻袋苹果哥哥们是没资格吃的。父亲说了，"这是专门给女儿吃的"。如今想起这些，我觉得确实很不好，对哥哥们实在不公平。可是小时候我并不这么觉得，我一个人吃得理所当然、理直气壮。我性格中"恃宠而骄"的那一部分，估计就来源于此吧。

不过话又说回来，我性格里自信的那一部分，毋庸置疑，也离不开父亲的贡献。在我伤心、受挫的时候，跟他打个电话，一切都会烟消云散。

我做音乐之后，写了一首歌给他，歌名叫《父亲种下的花园》，歌词是这样的：

春天他告诉我/在院子里种下了花
把冬天沉睡的荒草/全都清除了
还新布置了/一块绿色的菜园
每天都会观察/植物的生长和变化
已经七十岁了/也不怕长途旅行
有喜欢做的事情/经历了岁月沉浮
偶尔却也困惑/还像个孩子一样
和我一起聊聊/那些人生谜题
在我还是襁褓里/一无所知小婴儿的时候
他就认定/女儿会是他一生的骄傲
电话里有时他会说/有时他不说
我也知道那句话是"什么时候回家"

父亲给我的爱，如同在我的心里种下的一座花园。这座花园永远充满阳光，温暖而美好。每当遇到"刮风下雨"的时候，我就把自己想成花园里的小花小草，然后就能接受"雨水"的灌溉和滋润。

童年时，我们一家住在农村，生活条件十分简陋——没有马桶，没有热水器，没有自来水。而这些一点儿也不影响我幼小的心灵里充盈着对文艺的向往，以及追逐美好可能的冲动。这份美好，来自父亲的浪漫，来自母亲的踏实，来自他们面对生活的种种考验时，做出的"向着明亮那方"的选择。

这就是我的童年，我的家人。

缓慢之物
□秦立彦

秋天的树上挂着一颗果实，
如同红色的珊瑚珠。
它的前身是春天耀眼的花朵，
迅速开放，又迅速结束。
然后它缓慢地生长，
用了一年的时间。
每天它吸收一点阳光，
每个夜晚让阳光沉淀。
看起来它一天天几乎没有不同，
因为它的世界以年为单位。
它会在秋天恰好变甜，
那之前是漫长的准备。
没有什么能使它加快速度，
时间是它最重要的养分。
每粒米，每棵树，人，也是这样的。
虽然人们常常缺少耐心。

孤独者的自由

□冯骥才

当你和一位作家过从甚密，便会产生一种担心——这家伙会不会哪一天把你写进小说？

你的担心极有道理。最典型的例子是，契诃夫在《跳来跳去的女人》中惹恼了他的好友列维坦；佐拉在《杰作》中深深伤害了他一生的挚友塞尚。

这两个例子有个特别的相同之处，就是无辜遭到"侵犯"的皆为画家；不同的是，契诃夫与列维坦重归于好，佐拉与塞尚却终生绝交，至死不再见面。

从作家的角度说，这真是没办法的事。因为在他朋友身上发生的事实在太吸引人了。可是谁去体验一下画家们内心深处那种难言的痛苦呢？比如塞尚。

与佐拉的关系，贯穿塞尚的一生。这两位巨人的友谊，始于1852年。那一年，他们一同进入法国南部普罗旺斯地区艾克斯的包蓬中学。佐拉12岁，塞尚13岁。他们志趣相投，很快结为伙伴。

学习之余，他们一起游泳、钓鱼、爬山。人高马大的塞尚还成了弱小的佐拉的保护者。而共同的理想、抱负、见解和野心，在他们心中描绘着相同的未来。后来他们都千里迢迢北上到了巴黎，佐拉从文，塞尚事画。二人从成长到成功几乎全在一座城市里。

塞尚天性内向，为人拘谨，但又有情绪忽然紧张起来神经质的一面。他最重要的问题，不是别人接近他困难，而是他难以接近别人。

19世纪60年代至70年代是印象派的形成期，巴黎的画家们十分活跃。虽然塞尚也是这场运动的一员，他也声称"我决定不在户外就不画"，但他无法融入这个画家群体。

他不喜欢高谈阔论，不喜欢乱哄哄人多嘴杂的场合，忍受不了与自己截然相反的见解，甚至会嫌恶个别的人，比如马奈。

在其他人眼里，塞尚也叫人反感。大家受不了他粗俗的穿戴，任性的举止，很难与他沟通和融洽。在展览会上，他独特的画风还受到公众的嘲笑。

在印象主义形成之初，似乎他与大家风马牛不相及。可以说，在当时的法国，印象派是一种另类；在印象派群体之中，塞尚又是一个另类。他是另类中的另类，一个和谁也不沾边的个体。

正像古典主义不能接受印象主义一样，前期的印象主义运动也不能接受塞尚。塞尚便成了"全世界的敌人"。我们翻阅当时的报刊就会看到，巴黎的报刊对他的挖苦和嘲弄简直到了疯狂的地步。

他被巴黎抛弃了。于是他给人们的印象，是一个彻头彻尾的失败者。他和凡·高不同，凡·高一直在圈外，至死无名；他却在圈内，在舆论中心。他被认定为一个有才能却误入歧途的失败者。

他孤单无助，天天被各种攻击打得满身弹洞。唯一能够给予支持的是他"人生的伙伴"佐拉。

在这"生死关头"，佐拉却把他拉进那部系列小说《卢贡-马卡尔家族》之一《杰作》中，把他写成一个名叫克劳德·兰蒂尔的人物。这是一个固执己见、终生失意且无可救药的画家，最后因走投无路而自杀。

佐拉在塞尚的身后，非但没有托着塞尚的后背，给他以力量，反而挖了一个洞，把他拉了下去。

佐拉毫不避讳克劳德·兰蒂尔的一部分原型是塞

尚。这表明塞尚在他心中仅仅是一位昔时的友人罢了，并没有太重的分量。

然而，具有悲剧意味的是，佐拉完全不了解生活在另一个世界里失意潦倒的童年挚友塞尚，对他却一如往昔地情真意切！故而在人生的意义上，佐拉对塞尚的打击是带有毁灭性的。

《杰作》发表于1886年，这一年塞尚流年不利。事业的失败到达谷底，还经历了一次夭折的恋情，再加上最亲密的朋友背恩忘义——不，应该说，是佐拉在他人生的坠落中，又给他加上一块巨石！

尚未成功的艺术家对自己总是疑虑重重。尤其是画家，一个人在屋子里默默作画，没有任何观众，他怎么知道自己的画能否被人认可，是否会获得成功？

对于死后才成名的凡·高，折磨其一生的幽灵就是这种在孤独中时时会出现的自我怀疑。塞尚有神经质的一面，所以他常常会情绪低落，心情败坏，对自己发火，把自己的画摔在地上，愤怒地踩烂。

这一切佐拉都知道。佐拉说过："当他踏破自己作品的时候，我便知道他的努力、幻灭和败北是怎样的了。"显然，佐拉完全清楚《杰作》对于塞尚意味着什么。

开始时，塞尚表示佐拉这样做是出于小说的需要。他努力维护着他们的友谊。可是当佐拉声称克劳德·兰蒂尔就是塞尚时，他与佐拉的友谊断绝了。尽管如此，塞尚表现得很平静，没有任何激动的言论，他的神经质也没有发作。为什么？他实在太在乎与佐拉的情谊了！

他与佐拉中断了一切往来。这一切，佐拉当然明白。但佐拉并没有任何良心的触动，也没有任何主动和好的表示。相反，在塞尚住在艾克斯的一段时间里，佐拉曾从巴黎到艾克斯来看望另一位友人，居然没有与塞尚通信。塞尚得知后，缄默无语，甚至连任何表情都没有。他把自己的内心遮盖得严严实实。

1902年9月，当塞尚听到佐拉因煤气中毒身亡的消息时，他当时被震惊得几乎跌倒。一连几日，他坐在画室里，不住地流泪。

他为什么流泪？为不幸的佐拉，还是为了永远不可能再修复的破裂的友谊？对于一个真正的男人，失去友谊与失去爱情一样都是深切的痛苦。这痛苦一直伴随着他艺术上的孤独。

塞尚说过："如果世上只有一个画家存在，那个画家就是我。"这句话足以说明，这棵在狂风中一直没有被摧折和倾倒的树，它的树干竟是钢铁铸成的！

当然，塞尚最终获得了成功。从1895年开始，塞尚逐渐被认可，进入了他的"胜利时期"。

人们终于明白，塞尚是一个先觉者。但先觉者在他坎坷又漫长的历程中，总是喝尽了孤独的苦酒。

1906年，艾克斯的图书馆为佐拉制作了一尊胸像。塞尚被邀请参加揭幕仪式。当塞尚与佐拉共同的老友纽玛·柯斯特讲话时，回忆起他们的童年往事。这一下，塞尚忽然失声痛哭，而且旁人劝慰不住。

这哭声让人们感受到强烈的震动，并由此忽然懂得这位艺术家内心深厚的情感和深切的孤独。

但是，不要以为孤独就是人生的不幸。塞尚说："孤独对我是最合适的东西。孤独的时候，至少谁也无法来统治我。"

他说出了孤独的价值，孤独通向精神的两极，一是绝望，一是无边的自由。

幸福的能力

□ 吴伯凡

顾城有一首诗——《给我逝去的老祖母》，说他的老祖母每次搬家时，都会紧紧抱着一个包裹，不让别人碰。别人都不知道里面是什么东西，后来知道是一种已绝迹的玻璃纽扣——他祖母的初恋情人送的。然后顾城就写了一句："你用一生相信，它们和钻石一样美丽。"

这一生的持续感、一贯性和沉浸感，让我觉得她是幸福的。

反观自身，我们现在不是没有幸福的条件，而是没有那种幸福的能力了。

总有一些温暖，
暖了你整个青春

在晓色里远行

□ 章铜胜

　　晓色，适宜远行。

　　很多年前，一个初秋的凌晨，母亲做好一顿简单的早餐后，便早早地将我叫醒，让我和父亲快快地吃早餐，而她自己就站在桌旁，把这几天说了一遍又一遍的话，重新拾起，在我的耳边左叮咛右嘱咐。我和父亲沉默地吃着早饭，任由母亲的话语在昏黄的灯光下不安地闪烁。吃完饭，我们提着行李，走出家门，坐上了一辆去市里送菜的三轮车。回头时，母亲仍站在门前，背后一片昏黄的灯光拉长了她的身影，像她的话语般重叠复重叠。屋顶上灰暗的天空，星影寥落。忽然间，我就感觉到了母亲的失落。三轮车在出村的小路上突突突地蹦跳着，我的心也突突突地跳了起来，跳动着初次离家远行的惊喜。回望村庄，从几户人家开着的大门里，流淌出橘黄昏蒙的灯光，在昏暗深邃的背景里，渐渐模糊，又温暖如斯。

　　每一次晓色里的远行，都会给远行者以不同的感受。温庭筠路过商山，黎明时起来，车马的铃铛声已经响起，他深知，此番远行，故乡终将渐行渐远，又怎能不让人心生愁绪呢？茅草结顶的客店映着残月的余晖，在鸡鸣声声的催促里，板桥上的寒霜已印上了早行人的足迹。

　　远行，也是伤感的。人的一生要经历许多次的远行，有时是自愿，有时是迫于无奈，不管怎样，我都希望自己的每一次远行都在一片晓色里，在晓色的宁静里走向远方的宏阔。

　　在晓色里远行，应该是一场欢喜。一片晓色，宁静而又阔远。宁静时，心才有远思，世界才会阔远，远行成了渴望的抵达，心灵的放逐。一片晓色，也是喧闹而又亲切的。晓色的宁静之下总是掩藏着内心的喧闹和不安，而一次适宜的远行，不只是对过去的一种告别，也是带着对过去的某种依恋，远行会让你更加理解和亲近曾经的日子。

　　在晓色里远行，是一种孤独的修行。而读书写字，又何尝不是一种孤独的修行呢。这些年，我零零散散地读着书，也坚持写了多年的文字，不知道自己从中收获了什么，只是觉得自己越来越离不开读书写字了，好像已经成了习惯。读书和写字，是不是也是我的另一种远行呢？

　　而我，已经习惯了在一片晓色的昏蒙中早起，拧亮台灯，打开书页，翻上几页，仿佛唯有如此，一天的心才会安宁下来。我也习惯了在晓色里，修改昨夜写下的文稿，希望那些经过晓色浸润的文字，会带着晓色的一缕清新和温暖，带着我的某种期望，一路远行。

父亲只认识我的名字

□冯海鹏

父亲是个老实的农民，也是个标准的文盲。

上过大学后，我和父亲如同进入了两个世界，无法交流。偶尔回家一次，我知道工作上的事情说了他也不懂，干脆就不说，以沉默代替。沉默了好久，父亲总会偷偷地抬头慌乱地从他吐出的浓烟中看我一眼，但眼神中充满怯意。我受不了这种气氛，便走出去，留他一个人在那里。

一出家门，父亲立刻像换了一个人，嘴里的话滔滔不绝。我想父亲可能本身就不愿意同我说话，因为他知道我不爱听。

有一次，我听村里人说，父亲曾多次跟村里人提起，希望和我坐在一起，摆几个小菜，倒上两杯酒，两个人说说话。我一听就笑了，那他为啥一见我就没话了呢？

我利用业余时间写的稿子经常发表在报纸上，不过这些父亲肯定不知道，因为他不识字。

有一天晚上，父亲突然给我打电话，我接起电话，父亲却是一阵沉默，我焦急地问怎么了，连问了几遍，他都不说话。最后，他才吞吞吐吐地说了一句："小鹏，你……你回来一趟吧！"说完便撂了电话。

第二天中午我赶回了家，母亲已经摆上一桌子菜，她和父亲端坐在桌子前。见我回来，母亲拉住我说："小鹏，今天是你爹的生日，他说从今年开始要你给他过生日！你爹还特意给你准备了一样东西，他说你肯定喜欢！"我看看父亲，他正像小孩子似的红着脸笑呢！紧接着开始吃饭，父亲依旧不说话，不过酒倒喝了不少。

吃完饭，父亲到里屋捧出来一本毛边的"书"，说这就是给我的东西。我接过来，那是用旧牛皮纸裁的、用棉线缝成的一个本子，封面上用铅笔歪歪扭扭写着"冯海鹏"三个字。翻开一看，我的眼睛湿润了！本子里面竟整齐地贴着我在报纸上发表的文章！他小声问："喜欢吗？""喜欢！爹，您……咋收集的？"母亲接过话说："你爹听村里人说你在报上发表了文章，高兴得不得了，到村长家拿了一大堆旧报纸，连夜裁下来贴上去的！""可是，我爹不识字啊！""咋不识字？你爹认识三个字了，还会写呢，就是你的名字！"

顿时，我的泪水夺眶而出！

总有一些温暖，
暖了你整个青春

自深深处

□扶 南

隔壁床的大叔问爸爸："这么着急出院，家里还有什么不放心的吗？"我以为他会说："我还有两个没结婚的女儿呢！"可是没有，他挠了挠耳朵说："我养了两只小兔，现在六七斤了，该给它们换窝了。"

自从病后，爸爸开始絮叨起很多小事，有时候他会突然提醒我说："咱家还有一个三角形的园子呢，等我回去了，就去买几棵桃树种上，我早就想种桃树了。"有时候又说："你回家吧，别守着我了，你回去找人把家里的电线线路换一换。"过两天继续叮嘱："把家里的开关也一并换吧，换带插孔的那种，手机充电方便。"在他最后的日子里，人生所有伟大的宏图，都变成了人类本能的欲望，想吃，想睡，想不痛，想一切琐碎的小事。

那时候我们已经在医院住了三个多月，看他恢复得还可以，我心里总抱着一丝侥幸。办出院手续的时候，我悄悄问医生："我爸恢复得还行吧？"医生沉默了一会儿，说："最理想的结果也就是半年吧。"

回到家后的某一天，我妹从外面买回来一兜草莓，他吃了一两个，觉得胃里很舒服，突然就提议说："咱们在窗台下面种几棵草莓吧，等来年就能长成一大片，这样咱们就可以吃到自己种的草莓了。"

"可是去哪里买草莓苗呢？"我有点儿为难地说。

"要不我去问问卖草莓的吧。"我妹说。过了一会儿她回来说，卖草莓的告诉她，他们的草莓都是从果品市场批发来的，想找草莓的苗子，可以去乡下的集市上问问。几天后，他给了我们一棵草莓苗。

我爸靠在窗边指挥我们种草莓，很简单的事情，他偏不放心，非要自己来不可，挖坑、铲土、浇水，一棵苗种下去，整个人气喘吁吁。熬过夏天，地上的草莓从一棵变成了五棵，果子却一个也没结。浇水的时候，我嘟嘟囔囔地抱怨说："怎么一个也不结啊？"其实我是害怕，我很怕爸爸到最后也吃不上他亲手种的草莓。他在窗内听到我的抱怨，不高兴地说："啥东西不得一天天地长啊，明年吃也不晚啊。""明年"这个词，让我心里一阵抽痛。

第二年，秧苗长成了一片，小草莓结得密密麻麻的，最后爸爸也没有吃上自己种的草莓。

在他走后一年多，外甥出生了。外甥三个月大的时候，我们聊起再长长就该喂辅食的事，抱怨说不知道去哪里才能买到真正无公害的水果给他吃，我妈抱着孩子说："没事，姥爷走前早就给宝宝种下一片大草莓了。"听完，妹妹就撇着嘴想哭了。

我推门出去看了看窗下的那片草莓，冬日里虽有些颓败，叶子却还是绿的，一副很健壮的样子，想来明年外甥就可以吃上新鲜无公害的草莓了。

或许等他长大后也没办法描述出姥爷的样子，可我想，那些酸酸甜甜的草莓会一直留在他的记忆里。味觉是比视觉更忠诚的东西，一个人一旦记住了某种味道，是永远都不会忘掉的。

最温柔的收藏

□马 俊

有位女儿在母亲去世五个月之后，鼓起勇气整理母亲的遗物。女儿从保险柜里找到一个发黄的塑料袋，里面有她多年前上幼儿园时的纪念册和预防接种本，甚至还有她刚出生时医院用的包被。她瞬间泪流满面。

那样的画面，会让任何一个人流泪。对父母来说，儿女的一切都是最宝贵的。父母收藏与儿女有关的旧物，就是在收藏一段美好的记忆，更是在收藏一份真挚的爱意。毫无疑问，父母的收藏是世界上最温柔的收藏。

我的母亲也喜欢收藏旧物。有的东西已经有三十多年了，还温柔地躺在母亲的包裹或者木箱里面。如母亲亲手给我织的毛衣、哥哥的军装、我得过的奖状，甚至我和哥哥用过的课本。我曾经反复叫母亲"断舍离"，把旧东西清空，给家一个清爽、开阔的空间。母亲却摇摇头说："旧东西都没了，还叫什么家哟！"原来我不理解母亲的感受，后来才觉得，在一个家里面，旧物相当于一部老电影的背景，一旦少了，就会缺少醇厚深沉的味道。我每次回到老屋，之所以感到亲切安心，就是因为旧物营造出温馨的感觉。旧物温柔，岁月悠长，母亲的收藏是时光之河淘洗之后留下的记忆。人与记忆相逢的时候，才能真切地感受到你在这个世界留下的痕迹。

在我的印象中，父亲一直是个比较粗糙的人，连他的感情也是粗糙的。父亲不善表达，也很少与我们沟通。可是那次，我竟然发现了他温柔的收藏。我在外地上学那几年，一般都是父亲给我写信。这些年里，父亲给我写的信早就没了踪影。一次，我在老屋里翻找东西，发现一个大牛皮纸袋鼓鼓的，打开来看，竟然是我写的那些信。没想到父亲一封不差地保存着，已经保存了将近三十年，连信封都保存着。我忍不住打开那些信，不由得百感交集。那时候，我的心太野，以为青春在握，整个世界才是我的舞台，家已经成为我要挣脱的茧，哪里能沉下心写一封信？有的信，我只写了一段，一两百字，不过是交代一些事情。看到那些陈年的文字，我惭愧得无地自容。

我在翻看旧信时，父亲突然进来了。他见状，脸上掠过一丝羞涩和尴尬，仿佛被人发现了秘密一样。我与父亲隔着三十年的时间长河，与曾经的自己重逢，也与曾经的父亲重逢。我低着头，使劲掩饰自己的眼泪。这个世界上最温柔的收藏，从来不是珠宝古董，那些东西再值钱，也是有价的，而父母的收藏是无价的。

我的一位朋友，这几年父母相继去世。她每隔一段时间就会回老家坐一会儿。老家的每个角落都有父母生活过的痕迹。她翻翻父母收藏的旧物，回味幼年的时光，会觉得父母依旧在身边，一直没有离开。我们通过父母留下的温柔收藏，感念他们的爱与情。旧物仍在，深情永恒。

最温柔的收藏，带着岁月的温度。我做了母亲之后，也喜欢收藏孩子用过的东西。这些年我搬过四次家，每次搬家都会带着自己的收藏。孩子现在还不懂我收藏的意义，但对我来说，这是专属于我的记忆。我相信有一天，我收藏的意义会翻倍，那时我也会给孩子一份世上最温柔的收藏。

总有一些温暖，
暖了你整个青春

童年的"蔬菜盲盒"

□袁晓露

菜坛是我童年的"蔬菜盲盒"。

在我出生、生活的小城里，几乎家家户户都会在阴凉角落里堆放一些菜坛，少则几个，多则十几个。它们个个皆是一副黑黢黢、胖嘟嘟的模样，虽其貌不扬，但人们都知道"黑胖子们"内里自有乾坤。在万物皆可腌的原则下，主妇们精心挑选着食材，在遵循一定的工艺处理后，将食材放进菜坛里腌制起来，再盖上盖子，最后浇上水，避免空气偷偷跑进菜坛。余下要做的就是静候佳音了，让时间发酵出一坛美味的腌菜。

菜坛是家庭的食物宝库，不管是孩子没有胃口吃饭的炎炎酷暑，还是蔬菜萧条、菜色不佳的寒冬腊月，主妇们都可以随时开启菜坛，变出一顿美味佳肴。因此，菜坛与我的童年记忆是息息相关的。

夏天，最让我期待的就是妈妈的泡菜坛。

小学生与路边摊常常有不解之缘，我当然不能免俗，每当放学后走在香气四溢的街道上，就会被某种诱人的食物拐了去，掏尽口袋里的铜板，把肚子吃得圆滚滚再回家。在众多的零嘴中，深受我喜爱的就是泡菜了，那酸酸甜甜的滋味，总是让我迫不及待地把它塞进嘴巴。然而，我眼里的美食几乎是妈妈眼里的"垃圾食品"，她总认为那意味着腐坏的蔬菜、肮脏的后厨。但是，不管揪着我的耳朵训诫几次，我也是左耳进、右耳出，无奈之下她只好自己在家腌起泡菜来。她从菜市场买回新鲜的莴笋、黄瓜、萝卜等，逐一削皮洗净，整齐划一地切成条状、片状，拌上特制的蒜、泡椒等调味，最后倒进菜坛里，一道让我日思夜想的美食就制作完成了。

然而，泡菜腌制的时间太长了，而我又像老鼠留不了隔夜米一般没有耐心。从菜坛压上石头那一刻起，每天我总要跑去看三四遍，看看什么时候才能开坛。"妈妈，泡菜可以吃了吗？""还早呢，才刚泡起来。"不久后，我又像失忆了一般问道："妈妈，可以吃了吗？"如此反复，总算有一天，妈妈带着"真拿你没办法"的神情，打开了菜坛。她把泡菜舀到碗里，泡菜立即散发出清新的、诱人的香味，我迫不及待地大快朵颐。那泡菜虽然因为还没到成熟的时间就被捞上来，吃起来有一点生，但是不影响整体口感，清脆爽口，美味极了。

如果说泡菜坛是专属于我和妈妈的夏日记忆，那么到了冬天，家里登台唱戏的主角就变成了奶奶的辣椒坛。

在我的记忆中，一年中总有那么一天，家里忽然就成了辣椒的海洋，客厅里因为堆满了红彤彤的辣椒，几乎让人无法下脚。再往里走，就能看见瘦小的奶奶坐在辣椒山中，卖力地择着"辣椒帽子"。我把书包一丢，夸张地摊开双手比画着："奶奶，你怎么买这么多这么多辣椒啊！"奶奶被我逗笑了，回答道："不多，等奶奶切好就不多了。"随即，奶奶搬出她的珍藏版菜刀和案板，它们比家里寻常用的要大许多，逢年过节才会被拿出来。奶奶弯着腰蜷在那里，拿着大刀，快速剁起辣椒来，就像一台不知疲惫的机器，整个过程总要持续到夜色深重才结束。这时，我会发现奶奶说的辣椒不多是真的不多，那些辣椒碎最后拢在一起也就一盆而已！奶奶倒上许多食盐，把它们搅拌均匀，最后倒进坛里腌制起来，"坛子里的辣椒"出坛就进入了倒计时。

"坛子里的辣椒"最受欢迎的时节总是冬天，因为没有太多蔬菜可供选择，这时候的它显得格外珍贵。奶奶做最拿手的香煎小鱼，出锅前放上一勺它，香气四溢；炒肉放一勺它，更加美味可口；就连素淡的阳春面，加一勺"坛子里的辣椒"后，也能香味四溢，简直像施了魔法。因此，在我心中，奶奶就是最厉害的魔法大师。

儿时的菜坛腌制了无数令我心仪的食物，而随着我的成长，它被尘封在了记忆深处。后来，我外出求学、工作，走南闯北，吃过不少全国各地最具代表性的美食，但很多时候，我仍希望手边有那么一个坛，可以像哆啦A梦为我变出童年的味道。那些锁在时间深处的味道，不仅能满足我的味蕾，更能给予我最温馨的、最美好的联想。

岁岁年年，堆在角落里的菜坛总是一副朴素平淡、不争不抢的模样，却用圆滚滚的肚子为我保存了童年的记忆。每每想起那些菜坛，我就会想起那时候妈妈、奶奶看着我大快朵颐的眼神，是那么温柔、满足。那些可爱的菜坛背后，是视我若珍宝的家人，她们用最充分的耐心和不知疲倦的爱填饱了我的胃，温暖了我的心；那些可爱的菜坛背后还有一个小小的背影，她总是一路飞奔回家，还没来得及脱鞋，就把书包一扔，高声喊道："妈妈（奶奶），可以开坛了吗？"

我们把月亮弄丢了

□ 舒丹丹

南窗不见月，北窗不见月
一年中这本该最明澈的夜晚
某位主角缺席了……
一首夜曲从空气中浮起，歌声里
有气若游丝的疼："就让黑夜注视着你
让黑丝绒般的夜色，拥抱你
如此温暖而真实"
推开门，一个人在院子里走着
有枯枝折断的声音，从心里传出
抬眼望见，木兰枝上
端坐一个黄月亮——
原来月亮隐在东坡上
原来月亮从不曾爽约
沉沦的，是我们心里的那个
是我们把月亮弄丢了
年华流泻，而月亮，始终
如寂静的彻悟，从不言语

总有一些温暖，
暖了你整个青春

灯笼袖，长啊长

□桑 枫

母亲在盛夏时节生下我。姥姥总是念叨，夏生怕冻。上小学前，我辗转在亲戚家借住，挤过各式床，身子越睡越小，嘴巴、眼睛小到谁也撬不动，但手没冻过。等到我升小学那年，和父母团聚不久，"夏生怕冻"这四字开始应验了。姥姥说，这是对大人的惩罚。

那天，雪花染白了屋顶，我的手冻了，手背肿得很严重。冬天，北方小屋密不透风，入夜后尤其严实。当晚，小屋却像四处破了洞，叹息似的风一声比一声重。伴随着我磨人的哼唧声，灯泡亮了一夜，雪也下了一夜。

母亲逢人就打听治疗冻伤的方法，也试遍了各种方法，抹、敷、揉、搓，药材、食材无所不用，但效果并不好。我那会儿刚读史铁生的书，天真又惶恐地以为我与他同病相怜，我这只左手怕是保不住了。他在文章里呻吟苦痛，几次强调，得看看书，兴许里头有活路，于是我稀里糊涂地跟风。而我的母亲也同史铁生伟大的母亲一样，有求必应，好几次不等我说完，母亲就紧握着半瘪的钱包，欢喜地跑去书店，好似书真能治冻疮。

冻疮年年光顾，母亲也年年添新法子，针线、手工技艺长进不小，为我做的手套装满了两个抽屉。

母亲身体不算好，做不了工，日子过得磕磕绊绊，件件桩桩烦事缠着她，最闹心的就是我反复冻伤的手。她一望见，眼底就掀起风浪，翻腾着歉疚。那时，我手上的冻疮看着吓人，却不严重，仅有的疼痛是我抠掉新结的痂造成的。我一再劝慰母亲无果，她的心病竟比我的冻疮更顽固。

读初中后的某日，母亲如获至宝地拿来一件冰激凌色的棉服，领子和下摆是团团簇簇的花瓣状。她尤其喜欢那双袖口，亲昵地唤它灯笼袖。棉服袖子很长，灯笼袖口更是将手藏得严严实实，里头戴双手套也能罩住。华丽的东西多半累赘，还没形成审美观的我穿着它去了学校，活像一只开屏的孔雀。

我很快发现，灯笼袖不安分，稍不留意就会扫落同桌的文具；走路时也得小心抱臂，防止袖子被钩、被剐蹭。校服袖子短，压根包不住臃肿的灯笼袖，只能由灯笼袖耷拉着。先前是盲目自信，此刻我只觉得自己是滑稽的小丑。

不管多晚回来，母亲都会第一时间搓洗灯笼袖，

162

而且是每天。她的动作分外轻柔，几乎溅不起水花，接着小心烘干它。明早，棉服又是全新的样子。每到周末，母亲还要一厘米一厘米地检查，哪里跑棉了就拆开补棉，哪块冒线头了就加固一遍，她把热切的希望全数托给灯笼袖。

社会日新月异，服饰潮流更新飞快，母亲逛遍小城的商场，也没买回一件有灯笼袖的衣服，它彻底被市场淘汰了。我松了一口气。生了多年冻疮的手戴手套并不舒服，但我咬牙忍住比疼还折磨人的痒，借口袖子短了，说什么也不肯再穿那件有灯笼袖的棉服。母亲徒劳地拉扯那对灯笼袖，不住地絮叨："是有点不够长了。"她扫过我抽条的个子后，又抱怨地说："怎么不跟着长一长……"

那段时日，灯笼袖简直成了母亲的庄稼，日日背负长长些、再长长些的期盼。是啊！她倾注了那么多心血，洗到掌心皲裂也顾不得，它怎么就不能再长些呢？我只好把旧棉服又穿了一年。

读高中时开始住校，我不用在冰天雪地里奔波，手上的冻疮彻底好了，疤去得干干净净。母亲仍担心日后会再次生冻疮，但在我的严词拒绝下，她沉默应允，将那件有灯笼袖的棉服一遍又一遍叠好，妥帖收藏，像要随时准备再用。

母亲来学校看过我几次，挎包里鼓鼓囊囊的，总要先翻来覆去检查我的手，确认好得很，才舍得放下包，依依不舍地回去。

母亲的手很白，是那种常年在水里泡出的白，冬天的风一吹，手上布满开裂的细纹，摸起来像土豆。我买来的护手霜，她没空用。"手上的活一件接一件，抹了也是浪费。"她这么推辞。角色一对换，我顿时理解她当初盼我穿灯笼袖棉服的心情了。我再三央求，直到她答应每晚睡前厚涂，这才放下心来。

那双手将我养得很好，长大后的我身体结实，心志坚毅，冻疮这种小事再不值得放在心上。但我知道，母亲的心里有一块永远上了冻，夜夜自我惩罚似的含冰咽雪，日日不知疲倦地转啊转，活成个"洗衣机"，想为我洗去脏污风霜。

风声呜咽

□[新西兰]珍妮特·弗雷姆 译/吴文权

记得有那么灰暗的一天，我站在大门旁，听着电报线间的风声。

有生以来，我头一回清醒地感知到，一种外在于自我的悲哀，抑或它虽在我心里，却来自外部，来自电线间风的呜咽。

我的目光从白色长街的这头扫到那头，却不见人的踪影。风从一处刮向另一处，刮过身边，我立在中间，倾听着，感到悲哀与孤寂沉甸甸地压在心头，似乎发生了什么，似乎有什么开始了，我心知肚明。

现在想来，当时的我还未将自己看作放眼外部世界的人，因为那时的我觉得自己就是全世界。听着风声，听着它悲愁的歌谣，我明白，所听到的悲哀与我无关，它属于这个世界。

狄仁杰：我不是"神探"

□黄 琦

在20世纪中叶的欧洲，有一本侦探小说受到了男女老少的喜爱。小说里的主人公集智慧与人格魅力于一身，他抽丝剥茧、走访查证，很快就能厘清案件并找到真凶，看了这本小说的人都会感叹——真是世间少有的神探哪！

他们看的是"福尔摩斯探案系列"吗？不，本文的主角——这位让欧洲人赞叹不已的神探并不是福尔摩斯，而是来自神秘东方大国中国的狄仁杰。

作为出生在大唐盛世的好少年，狄仁杰的梦想是通过科举，入朝为官，而不是当神探。毕竟在古代，人们重视"士农工商"的地位排名。而读书人只有好好学习，参加科举考试，才可能成为士。考得好的考生还能常驻京城，入朝为官，甚至升至宰相。更何况古代没有"神探"这种称呼，人们把搜集线索、四处探查的人称为"耳目""探子""好事人"等，这些人的地位一点儿都不高。

当然，狄仁杰不会放弃走科举取士的人生坦途，他学习勤奋、读书认真，很快考上了明经。

科举考试有两大难关：第一关是明经，考查考生对圣贤书的背诵和理解程度，这一关难不倒狄仁杰；第二关是进士考试，狄仁杰却被"卡"住了。进士考试不考背诵考创作，考生要在现场写诗作赋。这种考法难不倒颜真卿、陈子昂、白居易等大文人，却让狄仁杰抓耳挠腮，"憋"不出来答案。

虽然狄仁杰考不上进士，不能直接在京城为官，但他也算踏上了仕途，可以谋得个小官职。于是他收拾行囊，开启了为官的生涯。

狄仁杰年轻时，曾在汴州（如今的开封）当判佐，后来在他人的引荐下调去并州（如今的太原）当法曹，这两个都是"官不大、事不少"的职位，主要负责抓犯人、审案子的工作。一般的读书人见不得血腥、怕惹麻烦，根本干不好这份差事，但是年轻的狄仁杰不怕"事"，工作做得还不错。他默默无闻地做了20年的"神探"，从青年干到了中年，终于获得晋升的机会，实现了去都城担任大理寺丞的梦想。

在古代，大理寺是管理和审理案件的地方，相当于今天的最高人民法院，各地的刑狱重案都要在大理寺审核，以防错漏。

汇集全国案件的大理寺，理应是高效运作、充满权威的高端官署。但狄仁杰只是觉得：这儿也太乱了吧！摆在狄仁杰面前的，是"一堆案子"的物证、卷宗等资料，被乱七八糟地堆在那里。

上任前，狄仁杰认为大理寺里精英会聚，人才辈出，工作效率一定很高。上任之后，他才发现是自己想多了，精英和人才也会"败"给"拖延症"。堂堂"中央机构"怕不是想为难这个从地方调来的50岁"新人"？那就让我这个"新人"教教你们如何来做"判案大师"吧！

短短一年的时间，狄仁杰就使大理寺化"拖延"为"高效"：处理了大量积压的案件，涉案人数高达17000多人。如此高速地判案，且无人喊冤，这让朝廷十分震惊，从此以后，他的仕途变得更加顺畅。后来，狄仁杰先后担任了郎中等品级不太高的官职，以及地方刺史、司马等独当一面的大官职。在这期间，他不仅处理案件，还掌管军政民生，甚至处理了边疆的民族纠纷问题。做人实诚办事又很妥帖的狄仁杰，走到哪里，掌声就跟到哪里。尽管有时为了给百姓办实事，得罪过一些权贵，但这丝毫不影响他在众人心中的地位。

随着一纸调令，狄仁杰从地方又回到了都城。这一次，等待他的不仅是职位的晋升，更是成为一代女皇的左膀右臂。

唐朝为后世留下了许多传奇，比如朗朗上口的诗词、影视剧偏爱的各类言情故事，再比如我国历史上唯一一位女皇帝武则天的盛世长歌……

当狄仁杰埋头"攒经验"时，朝廷完成了一次特殊的皇位更替，开启了武则天的统治时期。60多岁的狄仁杰站在城门口——曾经心心念念的长安城，我回来了！不，现在是大周朝的都城洛阳。回来的第一件事，狄仁杰就要去面见如今的圣上——武则天。

武则天问狄仁杰："你在汝南干得挺好，但是有人在背后说你坏话，你可知道是谁吗？"狄仁杰很从容地说："如果陛下认为臣做错了，臣就改过；如果陛下明白臣并无过错，这是臣的幸运。臣不但不想知道中伤我的人是谁，而且臣会把他视为朋友。"

武则天觉得狄仁杰的回答十分大气，加上狄仁杰的经验和资历都攒够了，于是她决定给狄仁杰升官，一升到顶，当宰相——狄仁杰走到了人生的巅峰。

但，为官容易，做宰相很难。成为宰相不仅意味着高地位、高待遇，还意味着高风险、高挑战。狄仁杰治国安邦的能力很强，却也差点儿因为小人的暗算而冤死狱中。不过苦尽甘来，冤案让狄仁杰"忠臣"的形象深深印在了武则天的心里，他成了武则天最信赖的人，几乎没有之一。

无论是边疆平乱还是抗震救灾，武则天都很放心让狄仁杰处理。年过花甲，狄仁杰突然体会到科举考得好的人是怎么做官的，真的好忙。但是那又如何？大器晚成的狄仁杰正奔向事业的巅峰。

看到这里，一定有人会问，明明狄仁杰跟探案没多少关系，为什么欧洲人会写狄仁杰的探案小说呢？

原来，百姓很喜欢狄仁杰这样的治世能臣，有关狄仁杰审理案件的故事流芳百世。清朝末年，有个叫高罗佩的荷兰人听说了狄仁杰，深深地被"神探"狄仁杰的故事所吸引，于是他把狄仁杰的事迹改编了一番，带回欧洲出版，才有了文章开头的那幕。

在现实世界里，狄仁杰坐在衙门里，身后挂着"明镜高悬"的匾额，面前摆放着卷宗、证物，堂上站立着证人。当惊堂木一拍，啪的一声，他就开始升堂审案了。多数时候，他判一场案子都不用"挪窝儿"，坐着就把事情解决了。

不过欧洲人不爱看官府审案，而对神探探案情有独钟。于是高罗佩笔下的狄仁杰只好走出衙门，像欧洲人传统印象里的神探那样，亲自走访查证。欧洲读者心中的狄仁杰，是一位行走在各处的东方神探，他从容不迫，料事如神，擅长抽丝剥茧，揭开真相。人们为他痴狂，甚至有人给出版社写信，要求出版"神探"故事的续集。从那以后，东方神探狄仁杰的故事就在欧洲流传开来……

与风为友

□［美］拜伦·凯蒂　译／周玲莹

人们常形容我是"与风为友"的女人。巴斯杜是个沙漠小镇，经年累月刮着风，几乎每个人都痛恨它。

由于受不了风沙吹袭，很多人都搬离巴斯杜，而我能与风——事实真相——成为朋友，那是因为我发现别无选择，而且我也觉悟到：与它作对，根本就愚不可及。

每当与真相争辩，我准输无疑。我怎么知道风该怎么吹或该不该吹呢？反正它就是在吹呀！世上已无任何想法能改变得了它。

这不表示要你宽恕它或赞同它，只意味着你可以看着事件，既不抗拒，又不因为内心挣扎而迷失方向。

总有一些温暖，
暖了你整个青春

海 边

□ 刘 君

1

大多数树木都会为了配合现实而折腰。如果它们住在路边，为了获得更多的阳光，就会努力倾斜着身子，把树枝像手臂一样伸出。或者，如果它们从土里探出头来，发现自己正被大风雪搡来搡去，就会调整一下对自己体形的期望值。期望太沉重了，只要能抓紧自己的灵魂，弯个腰也没什么吧？

日照万平口海边的黑松林，或许就是这样说服了自己。远远望去，是一道黑色的屏障，密不透风，但走近细瞧，树身大多弯曲变形，很少与地面垂直，这是和一场一场海风厮杀的结果，身上大大小小的伤疤，是一枚枚闪亮的勋章。

生活在海边的人都知道，冬天的海风有多厉害，能把树枝折断，让那些树梢上的宝贝滚下去，但只会让黑松林轻轻摇摆，风声、海浪声里，集体跳一种扭扭舞，晃动着自己针一样的叶片，刺向寒冷。

即使风平浪静时经过，也能听到它们内心的喧嚣——与天斗，与地斗，与海风斗，其乐无穷。黑松是不会消亡的，它不存在终点。每一次风过，只不动声色地换一种姿态，你说是妥协的姿态？那也是胜利者的姿态。

有多少名画是妥协的结果。意大利文艺复兴时期，画家首先要做的不是倾听出现于心中的灵感，而是满足订购者的愿望。他需要折中、平衡、妥协，并尽力施展自己的才华，才能成就一幅名画。

在我眼里，日照万平口的黑松林也是一幅名画。

午后的阳光穿过针叶，会在地上洒下无数的光斑。当海边的风吹向树林，又从树林间跑过来，捉迷藏一般绕着它们转圈，记忆就这样突然飞奔而来，似乎不可思议。想起半个多世纪以前，父亲去新疆工作，每年单位都会组织种树。在路边种，在河边种，在一些光秃秃的山上种。有时还要反复种，因为夏天好好的树，叶子绿油油的，冬天还是冻死了。

父亲还去石河子市种过苹果树。用苹果树做行道树，想一想都是甜美的。那秋天从树下经过时就可以吃到苹果了？父亲却说结不结出来苹果并不重要，要想法扎根下来。树能扎根下来，人也就能扎根下来。

2

但树也有叛逆的时候，比如日照海滨森林公园的水杉，可以不管不顾地一直长到几十米，同样在海边，它桀骜不驯得让人觉得内心有些疯狂。

"无论遇到什么都要向上长。"它开始一定是这样想的，但在长出第1000片叶子之后，它决定停止生长。因为低头看时才发现，怎么长得那么高啊？我猜它一定吓坏了……

"够了。"它自言自语，"我要做一根结实的柱子，如果我能甩掉这些累赘的树枝。"然后便上下摇晃，剧烈扭动，成功扔掉的东西不太多，除了一些叶子和蝴蝶。它试着沉入泥土，但是铺展开来的根系只会让它长得更高，最终它就这样站在那里，筋疲力尽。旁边的老树一声不响，它以前也做过这种事，当树渴望成为另一种"树"的时候。

记得10岁时舅舅对我说：做人啊，不要太循规蹈矩，但你是女孩子，还是循规蹈矩一些更好。他希望我和他一样读理科，但我后来选了文科；他叮嘱我一定不要找中文系的男孩子做男朋友，但我偏偏找了一个中文系的男孩子。

和水杉一样，我的每个细胞都只遵循自己，终将变成唯一的模样。它们的形态和叶片上的脉络也是一次性的，树梢上叶子的最微小的动静，树干上最微小的疤痕，都是一次性的。

我有些羡慕这些水杉。生活在日照，是有它特别的幸福感吧。这里是太阳的故乡，"日出初光先照"，它们不用靠弯曲变形来追逐太阳。相反，太阳仿佛被它们吸引，甚至迷恋着它们，洒下如此热烈的光。

在快节奏的城市待久了，饱含负氧离子的空气每一口都治愈，看到孩子们追逐笑闹，很容易想起爱丽丝漫游奇境的故事，不知道这郁郁葱葱的林中会不会也跑出一只兔子，带我们进入神秘的童话世界？

3

海鸥的使命是滑翔，野草的使命是摇摆，蜘蛛的使命是顺着一缕缕蛛丝荡向高空。可对于树木来说，它的使命是站立，莒县浮来山下的那棵银杏树，已经在悠悠岁月里站了4000年。

第一次见到它的人，都会惊讶于它那巨大的树冠。毫不夸张地说，站在树下，仿佛整座定林寺都被它遮天蔽日的树冠彻底覆盖。

4000年前的树竟然能活到现在？这是我的第一反应。4000年是什么感受呢？站在这棵巨树之下向上看，只觉得看不到天空，它隔绝了喧嚣，透过树叶洒下的，仿佛不是阳光，而是宁静和平和。

究竟需要经历多少风霜雨雪，才可以成就这样伟岸的生命，伟岸又谦虚。

它曾目睹了春秋时期，莒国国君莒子与鲁国国君鲁公，在树下结盟修好。它也目睹了带着一身失意和落魄的刘勰，在短暂的余生委身于校经楼这灰色青砖的二层小楼，在几多落寞中，与经书为伴，闲望天上云卷云舒，淡看门前草枯草荣。

它还目睹了浮来山下的我们来了又走了，倾听了宁静变为喧嚣又回归宁静，感受了疏离变为亲密又变回疏离，经历了萌发变为毁灭又变回萌发。在岁月的深处，我们成了"行走的树"，彼此的枝叶看到的风景不同，你看你的，我看我的。

在银杏巨树附近，有几棵已空心的树，顶端依然生出了嫩嫩的新枝干和几片新叶，那个瞬间，感动充盈了我的内心。原来树是这样生活的啊，即使受到了伤害，亦超级坚强，不言语不抱怨，只是把所有努力，用在"继续成长为自己本来的样子"上，一如最初的模样。

牡蛎与海龟

□谢尚江

风和日丽，一只小海龟惬意地在柔软的沙滩上晒太阳。不远处，成群的海鸥时而飞翔盘旋，时而落地栖息，甚是美妙。

这时，一只肥美的牡蛎游到海岸边，探出脑袋问："海龟兄弟，我可以出来晒太阳吗？"

"当然可以！谁都有享受阳光的权利！"

牡蛎兴奋地爬上沙滩，沐浴阳光，昏昏欲睡。

此刻，一只海鸥掠过，突然一个急速俯冲，将牡蛎一口啄食。

知人者智，自知者明。盲目跟从，必将付出代价。